石油高职教育"工学结合"规划教材

矿物岩石识别与鉴定

(富媒体)

李 莉 王 满 李开荣 主编

石油工业出版社

内 容 提 要

本书从油气地质勘探过程中矿物岩石识别与鉴定的工作过程和岗位技能需求出发，设置了包括矿物手标本的系统鉴定、偏光显微镜下常见透明矿物的系统鉴定、岩浆岩的系统鉴定、变质岩的系统鉴定、沉积岩的系统鉴定共计5个情境28个项目的相关内容。本书采用工作手册的形式，落实课程思政要求，建立"校企合一，全程共育，分段实施"职业岗位学习情境，实现教材内容与职业标准对接，具有一定的可操作性、综合性和实用性，助力提升学生实操能力及岗位适应能力。

本书可用于高职院校石油和天然气开采行业相关专业教学，也可作为地质勘探技术、录井工程技术相关从业人员的培训和自学参考用书。

图书在版编目（CIP）数据

矿物岩石识别与鉴定：富媒体 / 李莉，王满，李开荣主编 . -- 北京：石油工业出版社，2025.1. --（石油高职教育"工学结合"规划教材）. -- ISBN 978-7-5183-7126-6

Ⅰ . P585

中国国家版本馆 CIP 数据核字第 20249MV312 号

出版发行：石油工业出版社
（北京市朝阳区安华里二区1号楼　100011）
网　址：www.petropub.com
编辑部：（010）64523697
图书营销中心：（010）64523633
经　销：全国新华书店
排　版：三河市聚拓图文制作有限公司
印　刷：北京中石油彩色印刷有限责任公司

2025年1月第1版　　2025年1月第1次印刷
787毫米×1092毫米　　开本：1/16　　印张：14.25
字数：370千字

定价：36.00元
（如发现印装质量问题，我社图书营销中心负责调换）
版权所有，翻印必究

《矿物岩石识别与鉴定（富媒体）》编写人员名单

主　编：	李　莉	克拉玛依职业技术学院
	王　满	克拉玛依职业技术学院
	李开荣	中国石油西部钻探工程有限公司地质研究院
副主编：	唐雅妮	克拉玛依职业技术学院
	吴雪婷	克拉玛依职业技术学院
	周晓丽	巴音郭楞职业技术学院
参　编：	孙新铭	克拉玛依职业技术学院
	段吉星	克拉玛依职业技术学院
	杨　召	中国石油新疆油田公司勘探开发研究院
	郭友哲	克拉玛依职业技术学院
	井春丽	克拉玛依职业技术学院
	也尔哈那提·黑扎提	克拉玛依职业技术学院
	吴发平	中国石油西部钻探工程有限公司地质研究院
	臧　强	克拉玛依职业技术学院
	李怀军	中国石油西部钻探工程有限公司地质研究院
	于　铁	新疆广陆能源科技股份有限公司
	吴丛文	中国石油新疆油田公司陆梁油田作业区
	徐媛媛	克拉玛依职业技术学院
	樊丁山	克拉玛依职业技术学院
	白志豪	克拉玛依职业技术学院

前　言

《国家职业教育改革实施方案》（国发〔2019〕4号）提出"建设一大批校企'双元'合作开发的国家规划教材，倡导使用新型活页式、工作手册式教材并配套开发信息化资源。"为贯彻落实《国家职业教育改革实施方案》，教育部等九部门2020年9月印发《职业教育提质培优行动计划（2020—2023年）》。克拉玛依职业技术学院在相关政策指导下，深化工学结合人才培养模式，推进课程建设与改革，进行了模块化专业课程体系的重构与课程标准的制订。

随着国家教育数字化战略行动的扎实推进，学科基础知识与工作过程均可通过快速高效的查询来学习。本书结合微课资源、虚拟仿真实训课程资源、题库等各类教学资源，本着基于工作过程的教学方法，以工作任务为导向、以项目为载体、以"工学结合，校企合作"为原则、以油气地质勘探过程中岩矿分析与鉴定岗位技能标准为标准，编写了这本供地质勘探技术、录井工程技术相关从业人员学习的富媒体教材。

本书吸取企业生产操作指导手册的专业性、规范性、标准化等元素，设置了包括矿物手标本的系统鉴定、偏光显微镜下常见透明矿物的系统鉴定、岩浆岩的系统鉴定、变质岩的系统鉴定、沉积岩的系统鉴定共计5个情境28个项目，以单项任务实训为核心，强调内容的科学性、系统性和完整性，帮助学生构建坚实的知识基础，培养学生自主学习能力和实践操作技能，提升学生的综合素质。

本书的主要特色如下：

（1）编写思路上，按照职业技能等级证书配套教学资源进行编写，既能应用于职业院校的学历教育，也能适用于职业技能证书培训。将地质勘探、地质录井等职业技能等级标准和"矿物岩石识别与鉴定"课程教学标准相结合，将证书培训内容有机融入教材，优化教材结构和教学内容，为学生强化岗位技能学习、尽快适应岗位需求打下基础。

（2）在编写过程中充分发挥校企合作优势，编写团队既有经验丰富的职业院校老师，也有资深企业专家。教材内容紧密结合石油企业对油气勘探开发生产一线专业技术人才的需要和职业岗位实际工作任务所需要的知识、能力、素质要求。教材使用的图片、资料和考评表格等均来自企业现场，在总体内容上，注重理实结合、图文并茂，大力提高教材的实用性和可读性。

（3）教材配有丰富的微课视频，可通过扫描书中二维码在线观看，力求满足职业院校和企业员工进行矿物岩石分析相关岗位的学习和培训要求。

（4）教材配套考核按照项目考评的方式进行，每一个考评项目均包括理论考评和技能考评两部分，通过学生互评，教师、企业教师共同评价，集知识、技能、素质三位一体，明确了各考评点及各项目所占分值比，按照单项任务考核、综合考核的程序评定学生成绩，充分体现了"工学结合，校企合作""以学生为主体""基于工作过程"的教学模式。

（5）教材的课程思政元素以爱国奉献精神、劳模精神、劳动精神、工匠精神、石油精神、安全生产为指引，运用贴合行业现场、社会生活的题材和内容，全面提高教材使用者的专业素质和职业素养，配合开展专业课程的思政元素挖掘及教学案例设计。

本书的编写与出版离不开众多老师和企业专家的倾力相助，李莉负责设计模块化课程框架、重构知识点以及情境一的撰写，段吉星、吴雪婷、郭友哲负责情境一、情境二的撰写，周晓丽负责情境三、情境四的撰写，唐雅妮负责情境五的撰写，孙新铭、王满、井春丽、杨召、徐媛媛负责微课资源的制作与拍摄，也尔哈那提·黑扎提、臧强、樊丁山、郭友哲、白志豪等参与了教学案例的讨论及部分文字整理工作，企业专家李开荣、李怀军、吴发平、于铁全程指导、提供部分图文素材和题库资源。李莉负责全书统稿。

建议教材使用流程如下：独立思考并在教材上记录关键词及操作步骤；借助网络及 AI 工具拓展学习与收集信息；辩证提出操作方案并通过线上资源及课堂讨论更正与补充理论知识及操作技能技巧；更新教材观点，将书本变成自己的技能成长手册。

教材编写过程中得到了克拉玛依职业技术学院油气地质勘探技术专业国家级职业教育教师创新团队、克拉玛依职业技术学院石油工程分院、中国石油集团测井有限公司新疆分公司、新疆亚新煤层气投资开发（集团）有限责任公司的大力支持；中国石油新疆油田公司高级工程师吴丛文对本书的编写提出了宝贵意见，在此一并表示感谢。

由于本书涉及面广，编者水平有限，书中难免存在不足和疏漏之处，敬请使用本教材的广大师生和工程技术专家提出宝贵意见，诚邀各位教师与企业技术骨干参与课程、教学、教材研讨与资源库建设，我们将虚心吸取大家的意见和建议，不断完善和深化本书中的相关内容。

编　者
2024 年 7 月

目 录

学习情境一　矿物手标本的系统鉴定 ··· 1
　　项目一　矿物结晶质属性的观察与描述 ··· 1
　　项目二　晶体形成与对称型的观察与描述 ··· 6
　　项目三　晶体单形与聚形的观察与描述 ··· 15
　　项目四　双晶的观察与描述 ··· 22
　　项目五　矿物形态与物理性质的观察与描述 ··· 27
　　项目六　矿物的分类与命名 ··· 39
　　项目七　矿物手标本的鉴别 ··· 45

学习情境二　偏光显微镜下常见透明矿物的系统鉴定 ··· 49
　　项目一　光在矿物晶体内传播的基本特性的认识 ··· 49
　　项目二　偏光显微镜的使用 ··· 60
　　项目三　单偏光镜下矿物的光学性质观察与描述 ··· 67
　　项目四　正交偏光镜下矿物的光学性质观察与描述 ·· 79
　　项目五　锥光镜下矿物的光学性质观察与描述 ·· 100
　　项目六　偏光显微镜下常见透明矿物的鉴定 ··· 106

学习情境三　岩浆岩的系统鉴定 ··· 110
　　项目一　岩浆岩矿物成分的鉴别 ··· 110
　　项目二　岩浆岩结构与构造的鉴别 ·· 113
　　项目三　岩浆岩的分类与命名 ·· 122
　　项目四　岩浆岩主要岩石类型的鉴定 ·· 127

学习情境四　变质岩的系统鉴定 ··· 146
　　项目一　变质岩矿物成分的鉴别 ··· 146
　　项目二　变质岩结构与构造的鉴别 ·· 148
　　项目三　变质岩的分类与命名 ·· 154
　　项目四　变质岩主要岩石类型的鉴定 ·· 156

学习情境五　沉积岩的系统鉴定 ··· 172
　　项目一　沉积岩分类及常见沉积构造的鉴定 ··· 172
　　项目二　陆源碎屑岩结构组分与结构特征的鉴定 ··· 180
　　项目三　陆源碎屑岩主要岩石类型的鉴定 ·· 184
　　项目四　碳酸盐岩构造与矿物成分的鉴定 ·· 195

项目五　碳酸盐岩结构组分的鉴定……………………………………………… 198
　　项目六　碳酸盐岩成岩作用标志的鉴别…………………………………………… 200
　　项目七　碳酸盐岩主要岩石类型的鉴定…………………………………………… 204
参考文献………………………………………………………………………………… 215
附录　课程思政案例设计……………………………………………………………… 216

富媒体资源目录

序号	资源类型	资源名称	页码
1	微课视频	视频1 晶体及空间格子的认识	2
2	微课视频	视频2 晶体基本性质的认识	3
3	微课视频	视频3 晶体的对称性分析	10
4	微课视频	视频4 晶体单形和聚形的基本认识	15
5	微课视频	视频5 晶体的47种单形	17
6	微课视频	视频6 双晶	22
7	微课视频	视频7 矿物的自然形态认识	27
8	微课视频	视频8 矿物的物理性质——光学性质	31
9	微课视频	视频9 矿物的物理性质——力学性质	35
10	微课视频	视频10 矿物的分类与命名	39
11	微课视频	视频11 肉眼鉴定矿物的方法	46
12	微课视频	视频12 晶体光学基础知识	49
13	微课视频	视频13 光率体的认识	55
14	微课视频	视频14 偏光显微镜的结构及使用方法	60
15	微课视频	视频15 单偏光镜下的晶体光学性质	67
16	微课视频	视频16 正交偏光镜下的晶体光学性质	79
17	微课视频	视频17 正交偏光镜下晶体光学性质的观察与测定	106
18	微课视频	视频18 岩浆与岩浆岩的认识	110
19	微课视频	视频19 岩浆岩的成分	110
20	微课视频	视频20 岩浆岩的结构	113
21	微课视频	视频21 岩浆岩的构造	119
22	微课视频	视频22 岩浆岩的分类与命名	122
23	微课视频	视频23 常见岩浆岩的结构和构造的认识	128
24	微课视频	视频24 超基性岩类手标本的观察与描述	131
25	微课视频	视频25 超基性岩类镜下薄片的观察与描述	131
26	微课视频	视频26 基性岩类手标本的观察与描述	133
27	微课视频	视频27 基性岩类镜下薄片的观察与描述	133
28	微课视频	视频28 中性岩类手标本的观察与描述	136

续表

序号	资源类型	资源名称		页码
29	微课视频	视频 29	中性岩类镜下薄片的观察与描述	136
30	微课视频	视频 30	酸性岩类手标本的观察与描述	139
31	微课视频	视频 31	酸性岩类镜下薄片的观察与描述	139
32	微课视频	视频 32	变质岩的概念及影响变质作用的因素	146
33	微课视频	视频 33	变质岩的结构与构造	148
34	微课视频	视频 34	区域变质岩类手标本的观察与描述	157
35	微课视频	视频 35	区域变质岩类镜下薄片的观察与描述	157
36	微课视频	视频 36	接触变质岩类手标本的观察与描述	160
37	微课视频	视频 37	接触变质岩类镜下薄片的观察与描述	160
38	微课视频	视频 38	动力变质岩类手标本的观察与描述	162
39	微课视频	视频 39	动力变质岩类镜下薄片的观察与描述	163
40	微课视频	视频 40	交代变质岩类手标本的观察与描述	166
41	微课视频	视频 41	交代变质岩类镜下薄片的观察与描述	166
42	微课视频	视频 42	混合岩类手标本的观察与描述	169
43	微课视频	视频 43	混合岩类镜下薄片的观察与描述	169
44	微课视频	视频 44	沉积岩的概念及成分	172
45	微课视频	视频 45	沉积岩的颜色和结构	172
46	微课视频	视频 46	沉积岩的构造	173
47	微课视频	视频 47	碎屑岩类手标本的观察与描述	185
48	微课视频	视频 48	碎屑岩类镜下薄片的观察与描述	185
49	微课视频	视频 49	黏土岩类手标本的观察与描述	193
50	微课视频	视频 50	黏土岩类镜下薄片的观察与描述	193
51	微课视频	视频 51	碳酸盐岩类手标本的观察与描述	205
52	微课视频	视频 52	碳酸盐岩类镜下薄片的观察与描述	205

学习情境一　矿物手标本的系统鉴定

　　手标本鉴别矿物的目的有两点：其一，识别常见的矿物，为岩石及矿石的物质成分鉴别与分类命名、地层和储层划分对比提供基础资料；其二，确定有价值或疑难的矿物，采集样品供进一步分析研究使用。手标本中矿物与岩石的鉴别，是生产及科研现场的基本工作内容，是地质勘探技术从业人员的一项最基本技能。那么，该从哪几方面入手来鉴定矿物手标本呢？本情境从识别矿物晶体特征入手，介绍晶体结构、形态及其物理性质的观察与描述方法等专业技能知识。

知识目标

（1）熟悉并掌握矿物的结晶质和晶体的基本性质，认识类质同象和同质多象现象；
（2）掌握晶体对称型分析方法，晶体单形、聚形、双晶的鉴别方法与技巧；
（3）掌握矿物形态和物理性质的观察、描述方法与技巧；
（4）掌握矿物手标本的鉴别方法与技巧。

技能目标

（1）能够正确区分隐晶质矿物与显晶质矿物；
（2）能够正确观测矿物的结晶习性，判断矿物的所属晶系，分析并描述单形、聚形、双晶特征；
（3）能够正确观测并描述矿物的形态及物理性质，进而确定矿物的名称；
（4）能够综合、准确鉴别矿物手标本，填写鉴定报告。

项目一　矿物结晶质属性的观察与描述

任务描述

　　自然界产出的各种矿物中，除个别矿物如水铝英石和某些蛋白石等外，其余均属晶体之列，它们具有一切晶体所共有的特性，因此，在最开始认识矿物时，需要认识矿物的晶体特性。通过本任务的学习，熟悉常见的矿物，正确区分隐晶质矿物与显晶质矿物，熟悉晶体的基本性质，认识类质同象和同质多象现象。

相关知识

一、结晶质与晶体的基本性质

　　按内部质点的排列方式，固态物质可分为结晶质和非晶质。凡内部质点（原子、离子、络阴离子或分子等）在三维空间作周期性重复排列的固态物质称为结晶质，或称为晶质。由结晶质构成的物体则称为晶体［视频1、图1-1(a)(b)］。凡内部质点在三维空间随机堆积而不具有周期性重复特性的固态物质称为非晶质。由非晶质构成的物体称为非晶体。研究证实，自然界的固态矿物和人造的固态物质，几乎都是结晶质，仅极少数为非晶质。

视频1　晶体及空间格子的认识

结晶质内部的性质、环境和方位上完全相同的"几何点"，称为相当点或结点，由相当点所组成的几何图形称为空间格子[图1-1(c)]。空间格子中，共线的结点称为行列，共面的结点称为面网。由相互正交或近于正交的行列所围成的、体积最小的、能反映空间格子对称特性的平行六面体，称为单位空间格子[图1-1(d)]。表征单位空间格子形状及大小的3个棱长（即棱方向上的结点间距）a_0、b_0、c_0和三者之间的交角α、β、γ，称为单位空间格子参数，又称为"晶胞参数"。

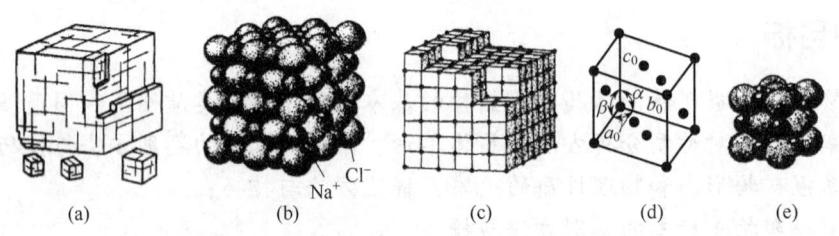

图1-1　石盐的晶体（a）、晶体结构（b）、空间格子（c）、单位空间格子（d）与晶胞（e）

实际晶体中由具体质点（离子、原子、络阴离子及分子等）所构成的、其形状和大小与相应单位空间格子一致的最小晶体，称为晶胞[图1-1(e)]。晶体是由晶胞在三维空间无间断地平移叠置而成。不同类型的矿物晶体，晶胞参数各不相同。物质组成有差异的同类晶体，晶胞参数也各不相同。因此，晶胞参数是鉴别矿物的重要依据之一。

依据单位空间格子（或晶胞）参数间的关系，空间格子可分为七类，相应的矿物晶体分属7个晶系（表1-1）。依据其中的结点分布，单位空间格子可分为原始格子、底心格子、面心格子和体心格子4种基本类型，而按格子参数的差异划分则共有14种空间格子类型。

表1-1　矿物晶体分类表

晶族		晶系		空间格子	晶胞及晶体参数	晶类（对称型）
名称	特征	名称	特征			
低级晶族	无高次对称轴	三斜晶系	仅1个C或L	三斜格子	$a_0 \neq b_0 \neq c_0$ $\alpha \neq \beta \neq \gamma \neq 90°$	(1) L　(2) c[①]
^^	^^	单斜晶系	L^2和P不多于1个	单斜格子	$a_0 \neq b_0 \neq c_0$ $\alpha = \gamma = 90°, \beta \neq 90°$	(3) P　(4) L^2 (5) L^2PC[①]
^^	^^	斜方晶系	L^2和P的总数不少于3个	斜方格子	$a_0 \neq b_0 \neq c_0$ $\alpha = \beta = \gamma = 90°$	(6) $3L^2$　(7) $L^2 2P$ (8) $3L^2 3PC$[①]

续表

晶族		晶系		空间格子	晶胞及晶体参数	晶类（对称型）	
名称	特征	名称	特征				
中级晶族	必有唯一的高次对称轴，如有其他对称要素时，它们必与高次轴平行或垂直	四方晶系	有唯一的高次轴 L^4 或 L_i^4	四方格子	$a_0=b_0\neq c_0$ $\alpha=\beta=\gamma=90°$	(9) L^4 (11) L^4PC② (13) $L^4 4P$ (15) $L^4 4L^2 5PC$①	(10) L_i^4 (12) $L^4 4L^2$ (14) $L_i^4 2L^2 2P$
		三方晶系	有唯一的高次对称轴 L^3	三方格子	$a_0=b_0\neq c_0$ $\alpha=\beta=90°$ $\gamma=120°$③	(16) L^3 (18) $L^3 3L^2$② (20) $L^3 3L^2 3PC$①	(17) L^3C② (19) $L^3 3P$
		六方晶系	有唯一的高次轴 L^6 或 L_i^6	六方格子	$a_0=b_0\neq c_0$ $\alpha=\beta=90°$ $\gamma=120°$	(21) L^6 (23) L^6PC② (25) $L^6 6P$ (27) $L^6 6L^2 7PC$①	(22) L_i^6 (24) $L^6 6L^2$ (26) $L_i^6 3L^2 3P$
高级晶族	有多个高次对称轴	等轴晶系	必有 4 个 L^3；必有 3 个互相垂直的 L^2 或 L^4 或 L_i^4，且与 L^3 均以等角相交	立方格子	$a_0=b_0=c_0$ $\alpha=\beta=\gamma=90°$	(28) $3L^2 4L$ (30) $3L^4 4L^3 6L^2$ (32) $3L^4 4L^3 6L^2 9PC$①	(29) $3L^2 4L^3 3PC$② (31) $3L_i^4 4L^3 6P$

①矿物中最常见晶类及对称型；②矿物中常见晶类及对称型；③三方晶系还可按三方取向，其相应晶胞参数为 $a_0=b_0=c_0$，$\alpha=\beta=\gamma\neq 90°$。

晶体的本质是具有空间格子结构。由空间格子所决定的性质，即晶体的基本性质，有自限性、均一性、异向性、对称性、固定熔点等。这些性质为晶体所固有，是晶体与非晶体相互区别的特征，也是不同类型不同矿物晶体相互区别的标志（视频 2）。

视频 2　晶体基本性质的认识

晶体的自限性是指晶体在物理化学条件适宜且空间充足的环境中生长，均能自发地形成封闭的、规则的几何多面体的特性。实际晶体受生长空间的限制，往往形成不规则的歪晶和他形晶粒，但如让这些不规则外形的晶粒在空间充足、条件适宜的环境中继续生长，仍可以形成规则几何多面体外形。

晶体的均一性是指晶体的任何部分都具有相同性质的特性。例如，把一个晶体分为许多小碎块，每一细小的碎块都具有相同的物理化学性质，即在三维空间上晶体是均一的。

晶体的异向性是指晶体的性质因观察方向的不同而表现出差异的特性，在一维或二维空间上晶体的物理性质及化学性质是各不相同的。例如，光在矿物晶体（等轴晶系矿物除外）的不同方向上传播时，吸收系数、反射率、折射率等常常各不相同，都是晶体异向性的具体表现。

晶体的对称性是晶体中相同晶面、晶棱及解理等性质，可凭借对称要素和对称操作而彼此重复的特性。晶体都具有对称性；晶体的对称既表现在外形上，还表现在内部结构与物理化学性质上；晶体的对称要素的类型与数量、对称型数量都是有限的。

晶体具有固定熔点，是因为同一个晶体的各个部分质点的组成与排列相同，破坏其不同部分所需能量是相同的，故有一定的熔点。

晶体的内能最小，稳定性最高。在相同的热力学条件下，晶体因具有最低的动能与势能而最稳定；相同化学成分的非晶体则具有较高的动能与势能，是不稳定的（或是准稳定的），因此会自发地转变为晶体。

二、类质同象与同质多象

1. 类质同象

类质同象是结晶格子中的某种质点的位置可被性质相似的质点所代替，代替后除晶格常数略有变化外，晶体结构类型并不改变的现象。类质同象晶体又称为固溶体。依据组分在晶格中所能代替的范围，可分为完全类质同象系列和不完全类质同象系列。根据互相代替的离子的电价是否相等，又可分为等价类质同象和异价类质同象。

离子类型是决定类质同象的首要因素，即只有离子类型相同的离子才能形成类质同象代替。在电价和离子类型相同的条件下，类质同象代替能力随离子半径大小差别的增大而减小。温度升高，类质同象代替的能力增强；温度降低，类质同象代替的能力减弱，甚至使混合晶体产生分离。压力增加有利于类质同象的分离，压力降低有利于类质同象的形成。组分浓度也有明显影响。类质同象是自然界中最普遍存在的现象，是矿物化学成分变化和矿物多样性的主要原因，相应地会导致矿物的晶胞参数、物理性质发生规律变化，有助于矿物的实验鉴别。

2. 同质多象

同质多象是在不同的物理化学环境中，相同的化学组分能形成多种不同晶体结构矿物的现象。这些物质成分相同而结构不同的矿物晶体，称为该成分的同质多象变体。按变体的多少，可称为同质二象、同质三象等。

同质多象变体间的结构差异可以很大也可以很小。例如：金刚石为典型的原子晶格，石墨碳原子层内为共价键、层间为分子键，结构与性质均相差很大；α-石英和β-石英的晶体结构基本一样，α-石英 Si-O-Si 间的键角为 137°，β-石英为 150°（图 1-2）。同质多象变体都有一定的形成和稳定的物理化学条件。如上述β-石英常压下形成并稳定于 573℃以上，而α-石英则在 573℃以下形成并稳定。当环境的物理化学条件改变并超出了某一变体的稳定范围时，就会发生同质多象转变，形成同质多象的另一变体。石墨变为金刚石的转变属重建式转变，转变前后结构有重大改组，一般是不可逆的；α-石英与β-石英间的同质多象转变属改造式（移位式）转变，转变前后结构只稍有

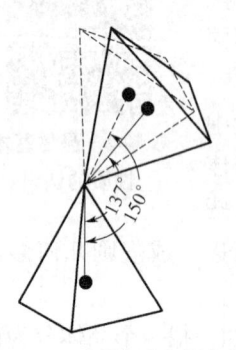

图 1-2 α-石英（上部实线）与β-石英（上部虚线）中 Si-O-Si 四面体的交角

变动，能迅速完成，往往是可逆的。一定条件下，同质多象变体转变的温度是固定的，根据某种变体的存在，可推测存在该矿物的地质体的形成温度。

任务实施

一、目的要求

（1）能够正确区分晶体和非晶质体；

(2) 能够正确分析晶体的空间格子构造，理解晶体的基本性质。

二、资料和工具

（1）工作任务单；
（2）晶体格子模型。

任务考评

一、理论考评

（1）试判别下列生活中常见的物质（玻璃、石盐、冰糖、合成金刚石、水晶、水、冰、沥青、天然气）哪些是晶体？哪些是非晶质体？
晶体：_____
非晶质体：_____
（2）晶体和非晶质体在内部结构和基本性质上的根本区别是什么？
_____
（3）晶体的均一性和异向性有矛盾吗？
_____
_____

（4）判断题。
① 矿物在一定的物理化学条件下相对稳定方能得以保存，因此它们并非是固定不变的。（　　）
② 矿物一旦形成就不会发生变化。（　　）
③ 同一晶体的不同部分物理化学性质完全相同。（　　）
④ 晶体比非晶质体稳定。（　　）
⑤ 蓝晶石的不同方向上硬度相同。（　　）
⑥ 晶体可以自发地转变为非晶质体。（　　）
⑦ 同质多象转变是指某种晶体，在热力学条件改变时转变为另一种在新条件下稳定的晶体。它们在转变前后的成分相同，但晶体结构不同。（　　）
⑧ 火山玻璃经过千百年以上的长时间以后，可逐渐转变为结晶质。（　　）

二、技能考评

根据计划方案实施晶体的空间格子示意图绘制，并写出其晶胞参数。
（1）立方格子　　　　　　　　　　　　（2）六方格子

（3）四方格子　　　　　　　　　　　　（4）三方格子

(5) 斜方格子　　　　　　　　　　(6) 单斜格子

(7) 三斜格子　　　　　　　　　　(8) 面心格子

项目二　晶体形成与对称型的观察与描述

任务一　认识晶体的形成过程

任务描述

物质可以呈气态、液态和固态三种状态出现，晶体也可以从这三种状态中结晶而成。形成晶体的作用称为结晶作用。晶体的形成过程就是由任何一种相态转变成晶质固相的过程。那么其形成方式有哪几种类型呢？晶体的生长与其生长环境是密不可分的，在适当的环境条件下，组成晶体的质点就会按空间格子规律聚集并结合形成体积微小的晶体微粒即晶核，然后晶体便以晶核为中心继续生长。在这个过程中，晶体究竟是如何生长的，这是矿物晶体研究者非常关心的问题。本任务从以上两个问题展开，要求学生能够认识晶体的状态、形成过程和生长方式，同时掌握通过测定晶面夹角的方法来鉴别矿物。

相关知识

一、晶体的形成

1. 由气相转变为晶体

由气相转变为晶体，即凝华作用，气态物质在过饱和蒸气压或过冷却条件下，可以直接转变为晶体，而无需经过液相阶段，如冬季玻璃窗上的冰花以及火山口周围由火山口喷出的气体直接凝华而成的硫磺等。

2. 由液相转变为晶体

由液相转变为晶体是最为常见的一种转变方式，包括从熔体中结晶和从液体中结晶两种情况。前者如岩浆岩中的橄榄石、辉石、石英、长石等，是在过冷却条件下从岩浆中结晶而成的；溶液中的溶质当其达到过饱和时可以结晶，形成晶体，如盐湖中的卤水可结晶出石盐、钾盐、石膏等，在实验室中也可以很容易地从溶液中获得明矾、冰糖等的晶体。

3. 由固相转变为晶体

由固相转变为晶体不经过液相阶段，而由固相直接结晶成晶体。这种转变最为复杂，大致可有以下几种情况：（1）非晶质的脱玻化。如火山喷发时由于岩浆快速冷却而形成的火山玻璃在漫长的地质时代中可转变为玉髓、石英、长石等矿物的雏晶或晶体。（2）细小颗粒的长大。如石灰岩受高温影响发生方解石晶粒的再生长而转变为大理岩。（3）变质反应。如泥岩中的高岭石、蒙脱石等黏土矿物在变质作用过程中可转变为红柱石、堇青石、十字石等。（4）固溶体分离。如钾钠长石在高温下为均一的固相，当温度降低到一定程度时便发生固溶体分离而形成钾长石和钠长石两种物相。（5）同质多象转变。晶体形成后由于热力学条件的改变，可以由一种结晶相转变为另一种结晶相，物质的结构发生改变，而成分不变。如在自然条件下，文石可以转变为方解石，以及当温度达573℃以上时，α-石英转变为β-石英等。不过，严格地讲，矿物的转化及重结晶作用都是在有溶液参与的条件下进行的。

二、晶体的生长理论

1. 科塞尔理论

晶体的发生、成长过程实际上就是质点互相吸引形成晶核，并持续往晶核上黏结而使结晶格子逐渐扩大的过程。显然质点的黏结并不是按概率的简单堆积，那么，它是如何选择其就位位置的呢？如图1-3是一个正在生长的立方晶格，在最简单的情况下，介质中的质点黏结到晶核表面，可以有三种不同的位置可供选择，即三面凹角（A）、二面凹角（B）和一般位置（C）。

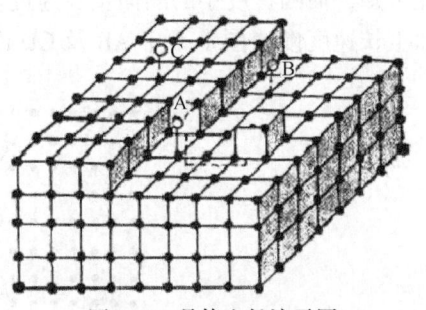

图1-3 晶体生长演示图

质点进入位置A后三面凹角并不消失，而是往前移动了一个位置。如此逐步迁移，直到整个行列都被质点占据后，三面凹角才消失。如果晶体继续生长，质点将进入二面凹角B；而一旦质点落入二面凹角后，便立即导致三面凹角的出现，这样必然重复上一个生长程序，一个行列接一个行列生长，直到该层面网全部长成；这时晶体表面已没有A、B两类位置，晶体若要继续生长，质点只有落入一般位置C；而质点一旦落入一般位置C，一个二面凹角就出现了，接着便出现三面凹角，于是新的一层面网就开始形成。只要晶体合适的生长环境继续得以保持，上述作用就不会停止。因此，在理想条件下，晶体的生长将是长完了一个行列再长相邻的行列，长满了一层面网再长相邻的另一层面网，晶面（晶体最外层面网）是平行向外推移而生长的，这就是科塞尔理论，也称层生长理论。

这个理论说明了晶体生长的基本规律。根据这个理论可以解释为什么晶体会自发地形成面平、棱直、角尖的规则的几何多面体，以及矿物中存在的环带构造（图1-4）。但是这个理论还是过于理想化了，实际情况要复杂得多。质点的堆积往往不是一个质点一个质点往晶核上黏结，而一次黏结上去的往往是厚达几万或几十万个分子的分子层，当一层面网还没长完，上面一层就已经开始堆积了，这样继续下去，最后晶体常形成不平坦的阶梯状表面（图1-5）。

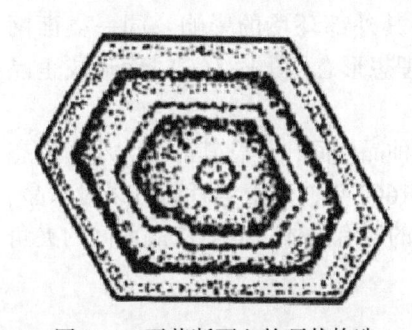

图1-4 石英断面上的环状构造

2. 布拉维法则

晶体中面网的数目是无限的，实际晶体上常见的晶面的数目则是有限的，为什么并不是所有的面网都能最

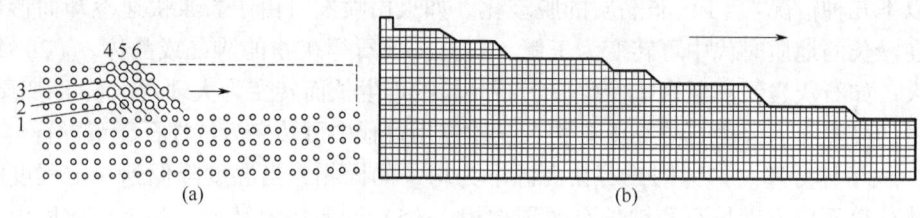

图 1-5　晶体阶梯状生长示意图
(a) 一个晶体中质点的堆积次序；(b) 若干个阶梯同时平行向外推移

终发育成晶面呢？

人们从对晶体环带结构的研究发现，同一时间内不同的面网往外推移的距离是不同的。单位时间内晶面垂直往外推移的距离称为生长速度，生长速度的大小和面网密度成反比。由此可知，面网密度小的晶面生长速度快，在晶体生长过程中逐渐消失了，而面网密度大的晶面生长速度慢（图1-6中AB及CD面网），最后得以保留下来成为实际晶面。

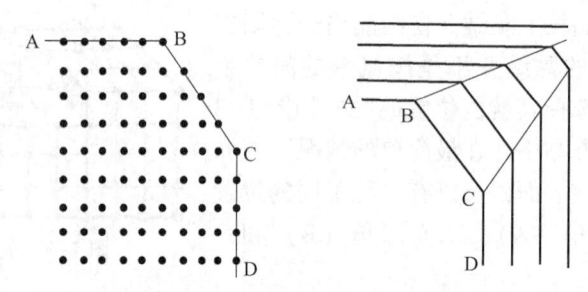

图 1-6　晶体构造中面网密度与生长速度关系图解

综上所述，在晶体生长过程中，面网密度小的晶面将逐渐缩小以至消失，面网密度大的晶面则相对增大而成为实际晶面，因此，实际晶体往往被面网密度大的晶面所包围。这一结论是法国结晶学家 A. 布拉维提出的，因此称为布拉维法则。

布拉维法则很好地解释了为什么在同种物质的晶体上，大晶体上的晶面数目少而简单，而小晶体上的晶面数目多而往往复杂的原因。但布拉维法则也较粗略，实际上晶体生长除受晶面生长速度的影响外，质点的性质、质点间的键型、结构缺陷以及生长时的温度、压力、溶液浓度等内部及外部环境，都会对晶体生长过程产生影响。

3. 面角守恒定律

由布拉维法则可知，晶体中往往只有少数密度最大的面网能发育成实际晶面。密度相同的一类面网，其相应的生长速度是一致的，因而在理想条件下，晶体应是形态十分规则的几何多面体。然而在晶体自然的生长环境中，由于其外部环境的影响，同一类面网其生长速度也可以出现差异，使实际晶体的形态偏离其理想形态[图1-7(a)]而形成歪晶[图1-7(b)(c)]。

歪晶在自然界是普遍存在的，不同环境下所形成的同种晶体间，尽管其晶面大小、形态可以各不相同，但晶面间还是存在明显的相互对应关系。1669年，丹麦学者斯丹诺对水晶、金刚石、黄铁矿等晶体进行了大量的研究，发现同一物质的所有晶体，其对应晶面间的夹角恒等。这就是面角守恒定律。

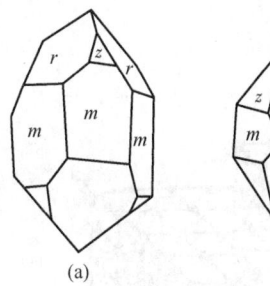

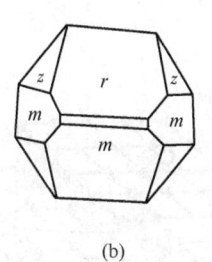

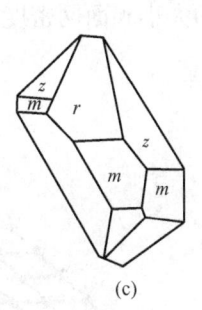

图 1-7　石英晶体及其歪晶

任务实施

一、目的要求

（1）能够知道晶体的形成方式；
（2）能够明白晶体的形成过程。

二、资料和工具

（1）工作任务单；
（2）典型矿物晶体。

任务考评

一、理论考评

（1）晶体的形成方式主要有哪几种？
_____
（2）晶体的生长理论有哪些？
_____
（3）名词解释。
科塞尔理论：_____
布拉维法则：_____
面角守恒定律：_____
（4）判断题。
① 晶体的形成过程就是由任何一种相态转变成晶质固相的过程。（　　）
② 盐湖中的卤水可结晶出石盐、钾盐、石膏等晶体。（　　）
③ 晶体是由一个质点一个质点往晶核上黏结形成的。（　　）
④ 晶体生长只受晶面生长速度的影响。（　　）
⑤ 密度相同的一类面网，其相应的生长速度是一致的。（　　）
⑥ 歪晶在自然界是普遍存在的。（　　）
⑦ 在理想条件下，晶体的生长将是长完了一个行列再长相邻的行列，长满了一层面网再长相邻的另一层面网，晶面（晶体最外层面网）是平行向外推移而生长的。（　　）

⑧ 生长速度的大小和面网密度成反比。( )

二、技能考评

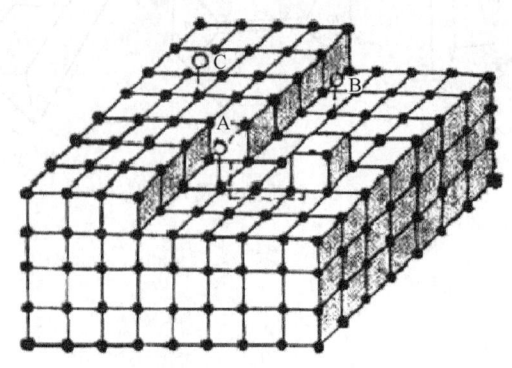

(1) 图中 A、B、C 三点各受的引力大小是多少？

(2) 质点落入 A、B、C 三点顺序是什么？

任务二　鉴别晶体对称型

任务描述

视频3　晶体的对称性分析

在自然界和日常生活中，对称是人们所熟知和广泛存在的现象。西汉时期，韩婴在《韩诗外传》中就曾指出雪花晶体的六重对称。又如自然界中的蝴蝶、花卉等动植物，为了适应自然生存环境的要求，以及高大的建筑物为了稳定平衡，在其外观形态上大都表现出某种对称的特点。晶体都是对称的（视频3），但它与其他非晶体物质（动植物、建筑物等）的对称相比，具有本质的区别：第一，晶体的对称是由晶体内部的格子构造所决定的，只有符合格子构造规律的对称才能在晶体上出现，因而晶体的对称是有限的；第二，晶体的对称不仅表现在外形上，还表现在物理、化学性质上。本任务通过分析晶体的对称关系，掌握正确的书写晶体对称型的方法，从而能够对晶体进行分类和识别。

相关知识

一、对称要素与对称操作

1. 对称中心

对称中心，也可简称为对称心，是晶体中一个假想的几何点，通过此点的任意直线与晶面相交的两交点，必是距该点等距离的对应点。对称中心用符号 C 表示。

对称中心位于晶体的几何中心。与对称中心相应的对称操作是对于该点的反伸。晶体中可以没有对称中心，如果有则只能有一个，而且晶体中所有的晶面都两两相互平行、同形等大、方向相反（图1-8）。

2. 对称面

对称面是一个假想的平面，它把晶体分为互成镜像反映的两个相等部分。对称面以符号 P 表示。

与对称面相应的对称操作是对此平面的反映。对称面的存在有两个必要条件：一是该平面能把晶体分为相等的两部分；二是这两部分间互成镜像关系。如图 1-9 中，P_1 和 P_2 都把晶体分为相等的两部分，其中 P_1 是对称面，而 P_2 则不是，因为 P_2 所分隔的两部分不呈镜像关系。

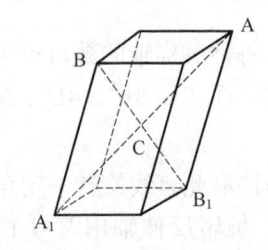

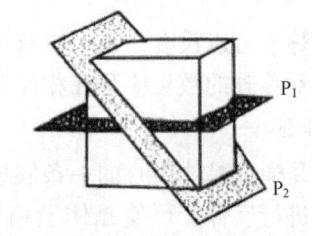

图 1-8　有对称中心 C 的图形　　图 1-9　晶体中对称面存在的可能位置

对称面在晶体中可以没有，也可以有一个或数个，最多可达 9 个。描述时把对称面的数目写在符号前面，如立方体中有 9 个对称面，则记为 9P。晶体中如果有对称面存在，它必定通过晶体的几何中心。此外，对称面可以垂直平分晶面或晶棱、平分晶面夹角，也可以包含晶棱。

3. 对称轴

对称轴是通过晶体中心的一条假想的直线，晶体围绕此直线旋转一定角度后，可使晶体上的相等部分重复出现。对称轴以符号 L^n 表示。与对称轴相应的对称操作为绕此假想直线的旋转。

晶体绕对称轴旋转一周所重复出现的次数称为轴次（n），重复时所旋转的最小角度称为基转角（α），基转角和轴次之间存在如下关系：

$$n = 360°/\alpha$$

上述公式并不说明晶体中存在任意轴次的对称轴。实际上由于受格子构造规律的制约，晶体中可能存在的对称轴的轴次并不是任意的，只能是 1、2、3、4、6，与轴次相对应的对称轴也只能是 L^1、L^2、L^3、L^4、L^6（图 1-10）。这一规律称为晶体对称定律。垂直对称轴所形成的多边形网孔见图 1-11。

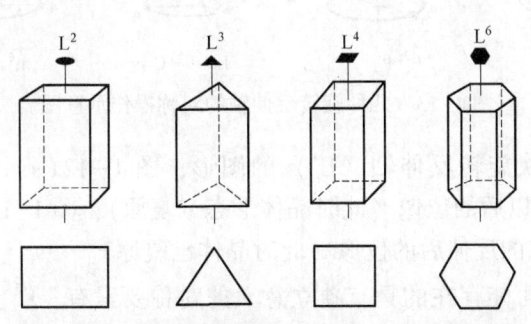

图 1-10　晶体中的对称轴 L^2、L^3、L^4 和 L^6 举例
下面的图表示垂直该轴的切面

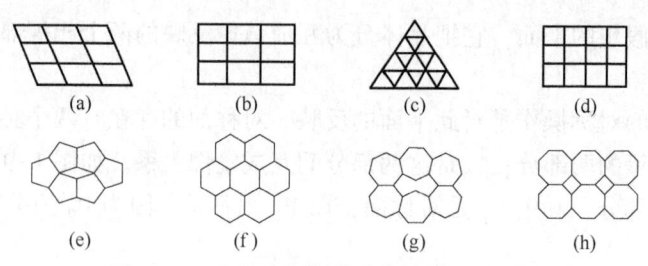

图 1-11　垂直对称轴所形成的多边形网孔

晶体中的对称轴可以没有，也可以有一种或几种，每种对称轴的数目也可以有一个或几个。在描述时，对称轴的数目应写在相应对称轴符号的前面，如 $3L^4$、$4L^3$、$6L^2$ 等。

4. 旋转反伸轴

旋转反伸轴是通过晶体中心的一条假想的直线，晶体沿此直线旋转一定角度后，再对此直线上的中心点进行反伸，可使晶体上相等部分重合。旋转反伸轴用符号 L_i^n 表示，其中 i 表示反伸，n 表示轴次。相应的对称操作是围绕一条直线的旋转和对此直线上一个点反伸的复合操作。如 L_i^4 即为围绕该旋转反伸轴旋转 90° 和对其上一个定点进行反伸的复合操作（图 1-12、图 1-13）。

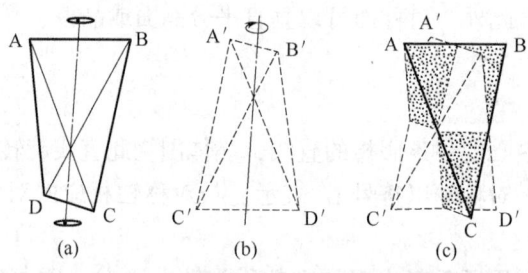

图 1-12　四次旋转反伸轴的对称操作

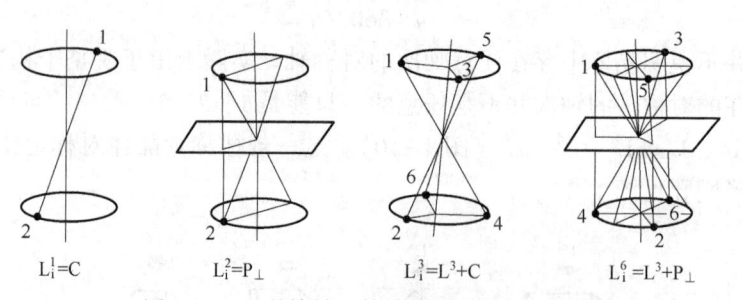

$L_i^1 = C$　　$L_i^2 = P_\perp$　　$L_i^3 = L^3 + C$　　$L_i^6 = L^3 + P_\perp$

图 1-13　几种旋转反伸轴的对称操作示意图

图 1-12 为具有四次旋转反伸轴（L_i^4）的图形，图 1-12(a) 表示晶体的起始位置，图 1-12(b) 为旋转 90°以后的位像（此时晶体形态未复原），图 1-12(c) 为图 1-12(b) 的位像经过位于 L_i^4 中心点的反伸后的位像（此时晶体已复原）。

综上所述，晶体中可能存在的具有独立意义的对称要素有：L^1、L^2、L^3、L^4、L^6、L_i^4、L_i^6、P、C 九种。

二、对称型与晶体的对称分类

1. 对称型

不同晶体的对称程度不同，晶体中存在的对称要素的种类及各种对称要素的数目也是不同的，如有的只有一个对称要素单独存在，有的是由若干对称要素组合在一起。在一个结晶多面体中，全部对称要素的组合称为该结晶多面体的对称型。

对称型的书写方法为：按高次轴、低次轴、对称面、对称中心的顺序依次书写。若晶体中存在多个同轴次对称轴或多个对称面时，其个数写在相应对称要素的前面，如立方体的对称型为$3L^4 4L^3 6L^2 9PC$，三方单锥的对称型为$L^3 3P$。

2. 晶体的对称分类

对称型是反映晶体宏观对称性的基本形式，依据晶体的对称型，可以对晶体进行分类。晶体中对称要素的组合受对称规律的控制，因而晶体中存在的对称型是有限的。经推导，总共只有32种，见表1-2。

表1-2 晶体对称分类一览表

晶族名称	晶族对称特点	晶系名称	晶系对称特点	对称型（晶类）					
低级晶族	无高次轴	三斜	只有一个L^1或C	(1) L^1	(2*) C				
		单斜	有一个L^2或P	(3) L^2	(4) P	(5*) L^2PC			
		斜方	L^2或P多于一个	(6) $3L^2$	(7) $L^2 2P$	(8*) $3L^2 3PC$			
中级晶族	有一个高次轴	三方	有一个L^3	(9) L^3	(10) $L^3 C$	(11*) $L^3 3P$	(12*) $L3 3Z2$	(13*) $L^3 3L^2 3PC$	
		四方	有一个L^4或L	(14) L^4	(15) $L^4 PC$	(16) $L^4 4P$	(17) $L4 4L^2$	(18*) $L^4 4L^2 5PC$	(19) L^4	(20) $L9 2 L^2 2P$
		六方	有一个L^6或L6	(21) L^6	(22) $L^6 PC$	(23) $L^6 6P$	(24) $L^6 6L^2$	(25*) $L^6 L^2 7PC$	(26) $L^5 = L^3 P$	(27) $L9 3L^2 3P = L^3 3L^2 4P$
高级晶族	高次轴多于一个	等轴	有四个L^3	(28) $4L^3 3L^2$	(29*) $4L^3 3L^2 3PC$	(30*) $4L^3 3L46P$	(31) $3L^4 L^3 6L^2$	(32*) $3L^4 4L^3 6L^2 9PC$	

*为较常见的对称型。

首先把属于同一对称型的晶体归为一类，称为晶类。晶体中有32种对称型，相应的应有32个晶类。其次为是否存在高次轴，以及高次轴为一个还是多个，把32种对称型分为三个晶族：高级晶族、中级晶族、低级晶族。然后各晶族根据对称特点划分晶系，一共划分出七个晶系：等轴晶系、六方晶系、四方晶系、三方晶系、斜方晶系、单斜晶系和三斜晶系。

任务实施

一、目的要求

(1) 能够正确书写晶体的对称型；
(2) 能够正确对晶体的对称进行分类。

二、资料和工具

(1) 工作任务单；
(2) 典型矿物晶体。

任务考评

一、理论考评

(1) 晶体的对称要素是什么？
_____

(2) 对称型的书写方法是什么？
_____

(3) 名词解释。

对称中心：_____

对称面：_____

旋转反伸轴：_____

对称型：_____

(4) 判断题。

① 晶体都是对称的。（   ）

② 对称中心位于晶体的几何中心。（   ）

③ 对称面是一个假想的平面，它把晶体分为互成镜像反映的两个相等部分。（   ）

④ 一次对称轴 L^1 没有实际意义。（   ）

⑤ 晶体中存在的对称型总共只有 32 种。（   ）

⑥ 旋转反伸轴是通过晶体中心的一条真实的直线。（   ）

二、技能考评

书写下列晶体的对称型：

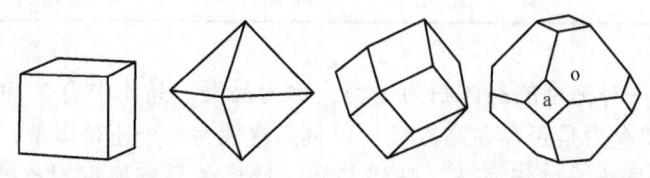

项目三 晶体单形与聚形的观察与描述

任务一 鉴别晶体的单形

任务描述

晶体的宏观对称性最直观的表现就在于，晶体上各个晶面都是对称分布的，它们彼此可以借助于对称要素的作用而发生有规律的重复。在一个晶体中，借助于对称型全部对称要素的作用而相互间能对称重复联系起来的一组晶面的组合，称为单形（视频4）。因此，同一单形的各晶面性质都是相同的，在理想生长情况下，属于同一单形中各晶面的形状、大小必定相同且物理、化学等性质也完全相同。通过本任务的学习，学生能够熟悉常见的单形，并能够对晶体单形进行分类和识别。

视频4 晶体单形和聚形的基本认识

相关知识

一、单形的基本性质

单形中的晶面都是同形等大的，而且任意选定一个晶面作为原始面，通过对称要素的作用，可以将其余晶面全部推导出来。如给定一对称型 L^4PC 以及一个与 L^4 和 P 均斜交的原始晶面 K，通过 L^4 的作用能把 P 以上的四个晶面推导出来，再通过 P 或 C 的反映或反伸则可以把 P 以下的四个晶面推导出来，因而单形是由对称要素联系起来的一组晶面的组合。

根据给出的原始面的位置不同，每一种对称型可推导出一至七种单形。这样 32 种对称型总共可以推导出可能存在的 146 种结晶单形，如果仅考虑其几何形态，去掉重复的单形，晶体中可能出现的几何单形一共有 47 种（图 1-14）。

1. 单面　2. 平行双面　3. 反映双面及轴双面　4. 斜方柱　5. 斜方四面体　6. 斜方单锥　7. 斜方双锥

(a) 低级晶族的单形

8. 三方柱　9. 复三方柱　10. 四方柱　11. 复四方柱　12. 六方柱　13. 复六方柱

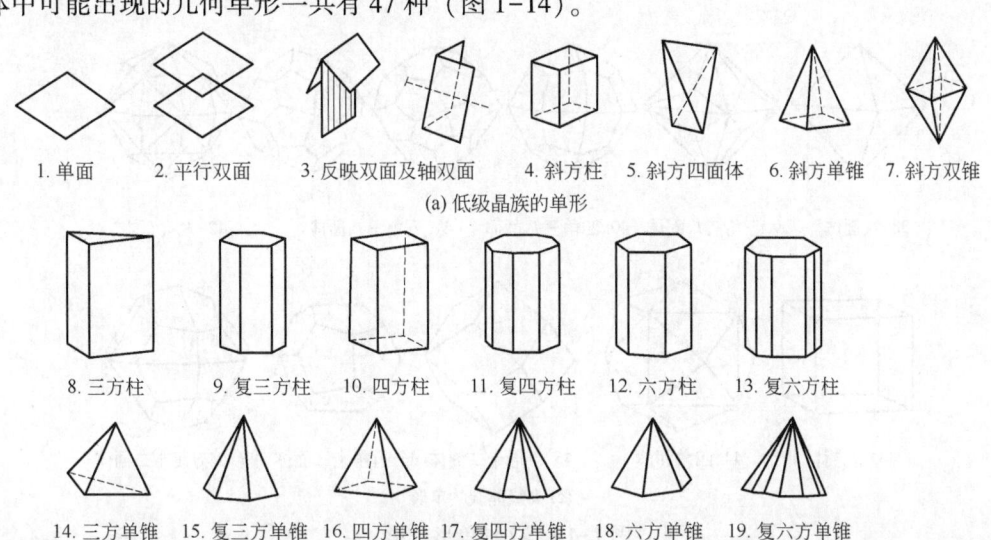

14. 三方单锥　15. 复三方单锥　16. 四方单锥　17. 复四方单锥　18. 六方单锥　19. 复六方单锥

图 1-14　47 种单形

20. 三方双锥　21. 复三方双锥　22. 四方双锥　23. 复四方双锥　24. 六方双锥　25. 复六方双锥

26. 四方四面体　　27. 菱面体　　28. 复四方偏三角面体　29. 复三方偏三角面体

左形　　右形　　左形　　右形　　左形　　右形
30. 三方偏方面体　　31. 四方偏方面体　　32. 六方偏方面体

(b) 中级晶族的单形

　　　　　　　　　　　　　　　　　　　　左形　　右形
33. 四面体　34. 三角三四面体　35. 四角三四面体　36. 五角三四面体　37. 六四面体

　　　　　　　　　　　　　　　　　　　　左形　　右形
38. 八面体　39. 三角三八面体　40. 四角三八面体　41. 五角三八面体　42. 六八面体

43. 立方体　44. 四六面体　45. 菱形十二面体　46. 五角十二面体　47. 偏方复十二面体

(c) 高级晶族的单形

图 1-14　47 种单形（续）

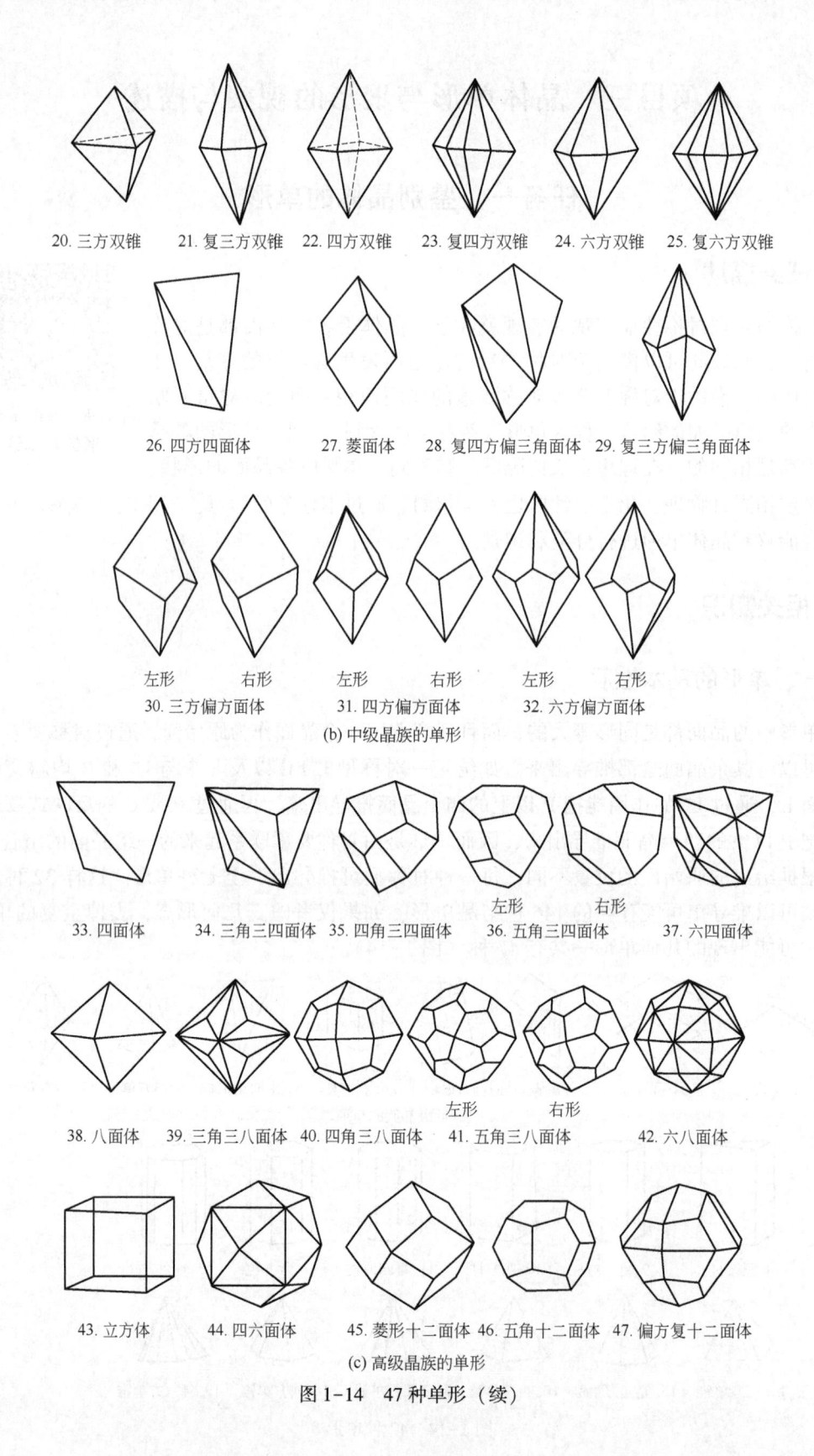

二、单形的分类和命名

32 种对称型可以推导出 47 种几何单形（视频 5），其中低级晶族占 7 种、中级晶族占 25 种、高级晶族占 15 种。单形的命名主要依据晶面数目、形状、晶面间相互关系以及单形的横切面形状等。分析单形上述几个方面的特征，有助于了解相似单形的区别并认识单形。

视频 5　晶体的 47 种单形

1. 低级晶族的单形

（1）单面：由一个晶面组成。

（2）平行双面：由两个互相平行的晶面组成。

（3）双面：由两个相交的晶面组成，包括轴双面和反映双面，前者两晶面通过 L^2 相连，后者则通过对称面相连。

（4）斜方柱：由四个两两平行的晶面组成，晶面间的交棱都相互平行而构成柱体，单形的横切面为菱形。

（5）斜方四面体：由四个不等边三角形组成，每个晶面都与其他三个晶面相交，交棱的中点都是 L^2 的出露点，通过晶体中心的横切面为菱形。

（6）斜方单锥：由四个不等边三角形组成，晶面、晶棱相交于一点而构成单锥体，锥体顶点为 L^2 出露点，单形横切面为菱形。

（7）斜方双锥：由八个不等边的三角形晶面组成，可视为由两个斜方单锥以底面相连而构成，单形横切面为菱形。

2. 中级晶族的单形

中级晶族中单形数目较多，几何形态特征比较复杂。单形中冠有"三方"、"四方"和"六方"者，分别对应于三方晶系、四方晶系和六方晶系。中级晶族单形有 25 种，此外单面和平行双面也可出现，其位置和高次轴垂直。根据其晶面特征可以分为柱类、单锥类、双锥类、四方四面体类、菱面体类和偏方面体类等（图 1-14、表 1-3）。

表 1-3　晶族单形特征一览表

晶系	分类	编号及单形名称	晶面数目	单形晶面形态	晶面间几何关系	通过晶体中心的横切面形状
三斜、单斜和斜方		1. 单面	1	开形，晶面形状与相聚单形及相聚方向有关，多为三角形及多边形	无平行晶面	
		2. 双面	2		成对相互平行	
		3. 平行双面	2		相交	
		4. 斜方柱*	4		成对平行，交棱对应平行	垂直于棱的切面菱形
		5. 斜方单锥	4		所有晶面互不平行且交于一点	垂直于 L^2 的切面菱形
		6. 斜方四面体	4	不等边三角形	晶面互不平行，交棱互不平行	过中心且垂直于 L^2 的切面为菱形
		7. 斜方双锥	8		成对平行，半数晶面分别交于一点，恰似二成镜像的单锥结合构成	垂直于 L^2 的切面均是菱形

续表

晶系	分类	编号及单形名称	晶面数目	单形晶面形态	晶面间几何关系	通过晶体中心的横切面形状
三方	柱类	8. 三方柱	3	开形，晶面形状与相聚单形及相聚方向有关，多为三角形及多边形	所有交棱相互平行，除三方柱和复三方柱外，晶面成对平行	正三边形
		9. 复三方柱	6			复三边形
四方		10. 四方柱*	4			正四边形
		11. 复四方柱*	8			复四边形
六方		12. 六方柱*	6			正六边形
		13. 复六方柱	12			复六边形
三方	单锥类	14. 三方单锥	3		全部晶面及晶棱相交于一点	正三边形
		15. 复三方单锥	6			复三边形
四方		16. 四方单锥	4			正四边形
		17. 复四方单锥	8			复四边形
六方		18. 六方单锥	6			正六边形
		19. 复六方单锥	12			复六边形
三方	双锥类	20. 三方双锥	6	等腰三角形	上下各半数晶面分别相交于一点，恰似由上下二互成镜像的单锥结合构成，除三方和复三方双锥外，晶面均成对平行	正三边形
		21. 复三方双锥	12	不等边三角形		复三边形
四方		22. 四方双锥	8	等腰三角形		正四边形
		23. 复四方双锥*	16	不等边三角形		复四边形
六方		24. 六方双锥	12	等腰三角形		正六边形
		25. 复六方双锥	24	不等边三角形		复六边形
三方	菱面体类	26. 菱面体	6	菱形	六个菱形晶面两两平行，上下各三个晶面分别交L^3于一点，上下晶面绕L^3错开60°	六方形
四方	四方四面体类	27. 四方四面体	4	等腰三角形	四个晶面互不平行，两个晶面以底边相交，其交棱的中点为L_i^4出露点，绕L_i^4上部晶面与下部晶面错开90°	正方形
		28. 复四方偏三角面体	8	不等边三角形	上下各半数晶面分别相交于L_i^4，恰似由四方四面体的每一晶面等分为两个晶面而成，所有晶面均不互相平行	复四方形
三方	菱面体类	29. 复三方偏三角面体	12		上下各半数晶面分别相交于L^3，恰似由菱面体的每一晶面等分为两个晶面而成，上下晶面绕L^3相互错开，晶面成对平行	复六方形
三方	偏方面体类	30. 三方偏方面体	6	有两条邻边相等的不等边四边形	上下各半数晶面分别相交于一点（高次轴出露点），上部、下部晶面间错开了一定角度，错开角度不等于基转角的1/2；所有晶面均互不平行	复三方形
四方		31. 四方偏方面体	8			复四方形
六方		32. 六方偏方面体	12			复六方形

*表示常见单形，后同。

3. 高级晶族单形

为了便于描述和记忆，高级晶族单形可分为立方体类、八面体类、四面体类、十二面体类四类（表1-4）。

表1-4 高级晶族单形特征一览表

分类	编号及单形名称	晶面数目	单形晶面形态	晶面及对称特征
四面体类	33. 四面体	4	等边三角形	晶面互不平行，两两相交，晶面中心为 L^3 出露点，晶棱中点出露 L^2 或 L^4
	34. 三角三四面体	12	等腰三角形	可视为由四面体的每一晶面突起分为三个（六四面体为六个）相应的多边形晶面
	35. 四角三四面体	12	边两两相等的四边形	
	36. 五角三四面体	12	偏五角形	
	37. 六四面体	24	不等边三角形	
八面体类	38. 八面体	8	等边三角形	晶面两两平行，每四个晶面的交点为 L^4 出露点，晶面中心为 L^3 出露点
	39. 三角三八面体	24	等腰三角形	可视为由四面体的每一晶面突起分为三个（六八面体为六个）相应的多边形晶面
	40. 四角三八面体	24	边两两相等的四边形	
	41. 五角三八面体	24	偏五角形	
	42. 六八面体	48	不等边三角形	
立方体类	43. 立方体	6	正方形	晶面两两平行，三对晶面之间相互垂直
	44. 四六面体	24	等腰三角形	可视为立方体的每一个晶面突起并平分为三个等腰三角形晶面
十二面体类	45. 菱形十二面体	12	菱形	晶面两两平行，相邻晶面间的交角为90°或120°
	46. 五角十二面体	12	具四等边的五角形	可视为立方体的每个晶面突起并平分为两个具四个等边的五角形晶面
	47. 偏方复十二面体	24	具两等长邻边的四边形	可视为五角十二面体晶面突起并平分为两个具两等长邻边的四边形晶面

任务实施

一、目的要求

（1）能够正确区分出单形；
（2）能够正确记住47种单形特征。

二、资料和工具

（1）工作任务单；
（2）单形晶体模型。

任务考评

一、理论考评

（1）单形命名原则是什么？

_____

（2）单形有哪些分类？

_____

（3）名词解释。

单形：_____

四方四面体：_____

立方体：_____

（4）判断题。

① 单形中的晶面都是同形等大的。（   ）

② 根据给出的原始面的位置不同，每一种对称型可推导出一至七种单形。（   ）

③ 斜方柱是由两个两两平行的晶面组成。（   ）

④ 八面体由 8 个等边三角形晶面所组成。（   ）

⑤ 所有晶棱与晶体中唯一的最高次对称轴平行。（   ）

⑥ 晶体中可能出现的几何单形一共有 47 种。（   ）

二、技能考评

判断下列 6 个单形属于什么单形，并写出其名字。

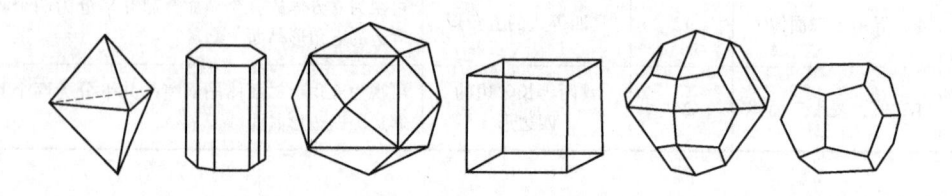

任务二　分析晶体聚形

任务描述

晶体都是一个自我封闭的凸几何多面体，在上述 47 种几何学单形中，由于单面、双面、平行双面以及各种柱和单锥等 17 种单形，仅仅由这样一个单形本身的全部晶面是不能围成封闭空间的，故称为开形。而其余 30 种单形本身的所有晶面都能合围成闭合的凸多面体的单形，即闭形。自然界的晶体常常不是呈一种单形出现，多数是由几种单形相互聚合而成的，这种晶形称为聚形。通过本任务的学习，学生能够明确聚形的基本特征，并能够对晶体聚形进行简单分析。

相关知识

一、聚形的基本特征

由两个或两个以上单形聚合而成的晶形称为聚形。图 1-15（a） 就是由一个四方柱和四方双锥组成的聚形，图 1-15（b） 则是由一个立方体和菱形十二面体组成的聚形，粗线勾画的是该聚形的实际形态。

聚形的形成并不是任意的。只有相同对称型的单形才能组成聚形；每一聚形中可能出现的单形种类不会超过七种，但同一种单形在同一聚形中可以出现多次（不同方位）。在聚形中尽管同一单形中，每个晶面的形态发生了变化，但各晶面仍然是同形等大的（不同单形的晶面一般大小形态不同），单形的晶面数目及各晶面与对称要素间的相对位置不变。聚形的晶面数目等于各单形晶面数目之和。

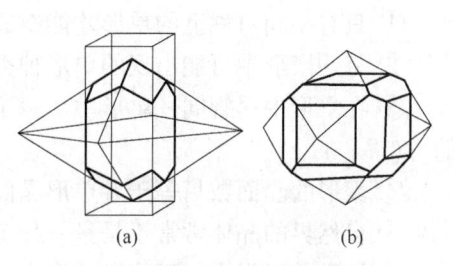

图 1-15 聚形
（a）四方柱和四方双锥的聚形；
（b）立方体和菱形十二面体的聚形

二、聚形的简单分析

聚形中由于晶面数目较多，且其晶面形态也和单形中的不同，因而给聚形分析（分析聚形中的单形类型）带来很大的困难。聚形分析应遵循以下三个步骤：

（1）确定聚形的对称型和晶系，以判断该聚形中可能出现的单形类型。

（2）根据晶面的形状确定组成聚形的单形数目，如发现聚形中不同大小和形状的晶面共有五种，则可以确定该聚形是由五个单形聚合而成的。

（3）找出各单形中所有晶面，再根据晶面数目和晶面的分布特点，确定各个单形的名称。

任务实施

一、目的要求

（1）能够正确区分出单形与聚形；
（2）能够正确认出组成聚形的所有单形。

二、资料和工具

（1）工作任务单；
（2）单形与聚形晶体模型。

任务考评

一、理论考评

（1）聚形分析步骤有哪些？

（2）单形与聚形的区别是什么？

（3）名词解释。

聚形：

闭形：

（4）判断题。

① 只有相同对称型的单形才能组成聚形。（ ）

② 每一聚形中可能出现的单形种类不会超过七种。（ ）

③ 在聚形中尽管同一单形中，每个晶面的形态发生了变化，但各晶面仍然是同形等大的。（ ）

④ 聚形的晶面数目等于各单形晶面数目之和。（ ）

⑤ 自然界的晶体常常不是呈一种单形出现。（ ）

⑥ 柱类单形根本就不能以单形出现，只能和两个平行双面或相应的锥类单形组成聚形。（ ）

二、技能考评

书写下列组成聚形的所有单形：

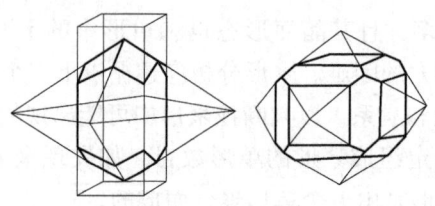

项目四 双晶的观察与描述

任务描述

视频6 双晶

自然界中，矿物的晶体不但能够形成多种多样外形的单体，而且常常形成两个或两个以上的单体聚合生长在一起，此现象就称为晶体的连生。双晶也称孪晶，是由两个或两个以上互不平行的同种单体，彼此间按一定的对称关系组成的规则连生晶体（视频6）。构成双晶的相邻两个单体之间可以互成镜像反映关系，也可以由其中一个单体旋转180°后与另一单体重合或平行。外观上构成双晶的两个单体间必有部分对应的结晶方向（晶面、晶棱）彼此平行；但它们的结晶方位是完全相反的，因而两者内部格子构造则是互不平行连续的。双晶的规律可借助双晶要素来加以分析。本任务通过分析双晶要素、双晶类型、双晶形成方式，掌握双晶的鉴别方法，从而能够对双晶进行分类和识别。

相关知识

一、双晶要素

双晶的相邻个体间也存在对称关系，也可以通过旋转、反映操作使其发生重合或平行，在此过程中所凭借的几何图形称为双晶要素。双晶要素包括双晶面和双晶轴（表1-5）。

表1-5 常见矿物的典型双晶

矿物	双晶律	素描图	矿物	双晶律	素描图
尖晶石	尖晶石律，2个八面体组成接触双晶 双晶轴⊥(111) 双晶面//(111) 结合面//(111)		萤石	由2个立方体穿插构成穿插双晶 双晶轴⊥(111) 双晶面//(111) 结合面为曲面	
闪锌矿	2个四面体构成接触双晶 双晶轴⊥(111) 结合面//(111)		黄铁矿	铁十字律双晶，2个五角十二面体穿插构成 双晶轴⊥(111) 结合面为曲面	
锡石金红石	膝状双晶，由2个四方双锥构成接触双晶 双晶轴⊥(011) 双晶面//(011) 结合面//(011)		方解石1	2个菱形面体或2个复三方偏三角面体接触构成 双晶轴⊥(0001) 双晶面//(0001) 结合面//(0001)	
方解石2	由二复三方偏三角面体构成接触双晶 双晶面//(10$\bar{1}$1) 结合面//(10$\bar{1}$1)		方解石3	聚片双晶 双晶面//(01$\bar{1}$2) 结合面//(01$\bar{1}$2)	
石英1	道芬双晶，由2个左形或2个右形构成穿插双晶 双晶轴//Z轴 结合面不规则，缝合线不规则		石英2	巴西双晶，1个左形与1个右形穿插构成 双晶面//(11$\bar{2}$0) 结合面//(11$\bar{2}$0) 缝合线为直线	
辰砂	穿插双晶 双晶轴//Z轴 结合面不规则 缝合线不规则		文石	接触双晶、三连晶 双晶轴⊥(110) 双晶面//(110) 结合面//(110)	
十字石	十字（穿插）双晶 A律，双晶面//(032) B律，双晶面//(032) 结合面不规则		石膏	燕尾（接触）双晶 双晶轴⊥(100) 双晶面//(100) 结合面//(100)	

续表

矿物	双晶律	素描图	矿物	双晶律	素描图
正长石1	卡斯巴（接触或穿插）双晶 双晶轴//Z轴 A律，结合面//（010） B律，结合面//（010） 穿插双晶结合面不规则		正长石2	巴温诺双晶 左律，双晶轴⊥（021），双晶面//（021），结合面//（021）； 右律，双晶轴⊥（02$\bar{1}$），双晶面//（02$\bar{1}$），结合面//（02$\bar{1}$）	
正长石3	曼尼巴（接触）双晶 双晶轴⊥（001） 双晶面//（001） 结合面//（001）		钠长石	钠长石聚片（接触）双晶 双晶轴⊥（010） 双晶面//（010） 结合面//（010）	

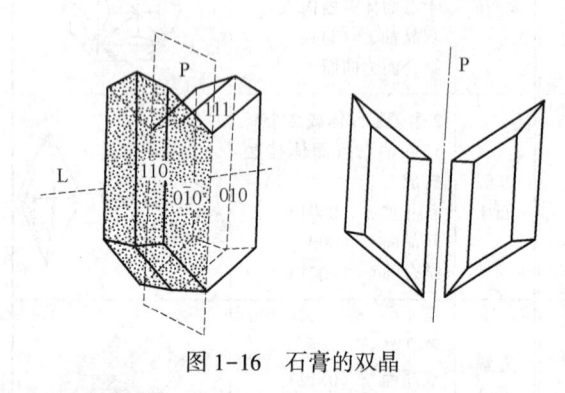

图 1-16 石膏的双晶

1. 双晶面

双晶面为一假想的平面，双晶中的一个个体通过它的反映能和相邻的个体重合或平行。如图 1-16 中 P 即为双晶面。

双晶面以 P 来表示，它一般平行于晶体的实际晶面或可能的晶面，因而可以用所平行的晶面或可能的晶面来描述双晶面。如图 1-16 中的双晶面平行于可能晶面（100），则把该双晶面描述为：双晶面//（100）。

双晶面不能平行于双晶个体上的对称面，否则就意味着双晶面两侧的格子构造是一个平行而连续的整体，两个个体也就处于平行的位置而成为平行连生，这与双晶的概念是矛盾的。

2. 双晶轴

双晶轴为一假想的直线，双晶中的一个个体绕它旋转180°后，可与另一个个体重合或平行。如图 1-16 所示，石膏燕尾双晶的左侧个体，围绕垂直于双晶面 P 的一条假想直线旋转180°后，可与右侧个体（不带阴影）平行。双晶轴常与结晶轴或奇次对称轴平行，或与晶体的一个实际或可能的晶面垂直，因此可用与它垂直的晶面的符号来表示。如图 1-16 所示，由于双晶轴垂直可能的晶面为（100），因而把它描述为：双晶轴垂直于（100），记为⊥（100）。双晶轴不能平行于单晶体上的偶次对称轴，否则也与双晶的概念不相符合。

在双晶中，双晶面和双晶轴可以同时存在，且数目可以不止一个；如果个体存在对称中心，则双晶轴和双晶面同时存在，并且互相垂直。此外，在双晶描述时，还用到双晶结合面，它是相邻两个个体的实际接触界面，是属于两个个体的共用面网，因此一般也用晶面符号来表示。如图 1-16 中的双晶结合面平行于（100），记为双晶结合面//（100）。双晶面与结合面可以重合，也可以不重合；结合面既可以是简单的平面（如前述石膏的双晶面），也可以是复杂、不规则的平面，如 α-石英的道芬双晶的结合面（图 1-17）。

二、双晶类型

根据双晶个体间的连生方式不同，可将双晶分为接触双晶、穿插双晶、复合双晶。

1. 接触双晶

接触双晶是指双晶个体间以简单的平面相互接触而连生。接触双晶可进一步分为：

(1) 简单接触双晶：仅由两个个体组成，如石膏的燕尾双晶。

(2) 聚片双晶：由多个片状个体按同一双晶律结合而成，结合面相互平行，如钠长石的聚片双晶（图1-18）。

(3) 轮式双晶：也称环状双晶，由两个以上个体以同一双晶律结合而成，但双晶面互不平行，彼此以等角度相交。根据连生个体的数目可分为三连晶、四连晶、六连晶等（图1-19）。

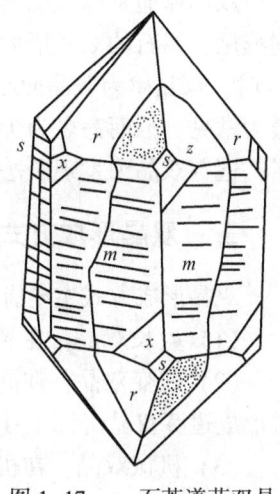

图1-17　α-石英道芬双晶

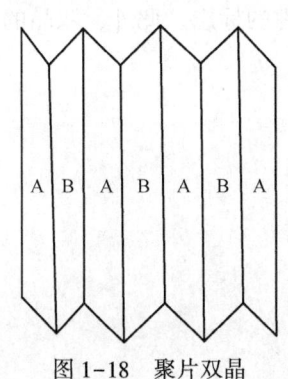

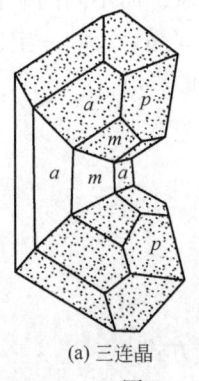

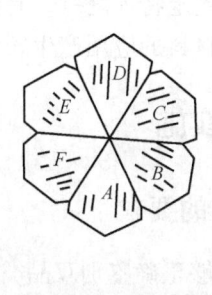

图1-18　聚片双晶

(a) 三连晶　　(b) 六连晶

图1-19　轮式双晶

2. 穿插双晶

穿插双晶也称为贯穿双晶，由单晶体间互相穿插而成，双晶结合面不平整，如十字石的穿插双晶（图1-20）和萤石的穿插双晶（图1-21）。

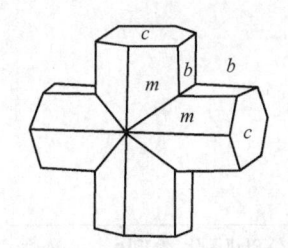

图1-20　十字石的穿插双晶　　图1-21　萤石的穿插双晶

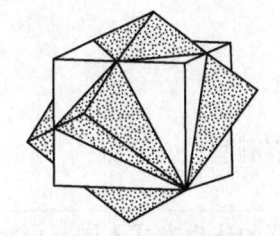

3. 复合双晶

复合双晶是由两个以上的个体按不同的双晶律结合而成的双晶。复合双晶可以是接触式的，也可以是贯穿式的。

双晶结合的规律称为双晶律。双晶律可用双晶要素、结合面来表示。如石膏的燕尾双晶，其双晶律表示为：双晶面//(100)、双晶轴⊥(100)、结合面//(100)。

双晶律通常以双晶的形状、矿物的名称或首先发现的地名来加以命名。如石膏的双晶形同燕尾、锡石的双晶形如膝状，因而分别命名为燕尾双晶（图1-16）和膝状双晶[图1-19(a)]；双晶律为双晶面//（111）、双晶轴⊥（111）、结合面//（111）的双晶在尖晶石中最为常见，因而命名为尖晶石律；正长石的卡斯巴双晶律因最初发现于捷克的卡斯巴而得名，道芬双晶因发现于法国的道芬而得名。

三、双晶形成方式

双晶形成方式主要有以下三种：

（1）生长双晶：在晶体生长过程中形成的双晶。它由原始的双晶芽发育而成。

（2）转变双晶：在同质多象转变过程中形成的双晶。如 β-石英转变为 α-石英过程中常形成道芬双晶（图1-17）。

（3）机械双晶：在机械力作用下，可使晶体的一部分沿着一定的面网发生滑动而形成双晶。机械双晶通常都表现为聚片双晶。

双晶是许多矿物中常见的现象，而不同的矿物一般具有不同的双晶律，因此，双晶可以作为矿物的鉴定特征之一。有的双晶是反映一定成因条件的标志。此外，双晶的存在也可以对某些晶体材料的应用产生较大的影响。

任务实施

一、目的要求

（1）能够正确鉴别双晶类型；
（2）能够正确理解双晶形成方式。

二、资料和工具

（1）工作任务单；
（2）双晶矿物。

任务考评

一、理论考评

（1）双晶要素有哪些？
_____

（2）双晶个体间的连生方式不同，可将双晶分为哪些类型？
_____

（3）名词解释。

接触双晶：_____

穿插双晶：_____

复合双晶：_____

双晶：_____

(4) 判断题。

① 两个单晶体间的结晶方位是相反的。（　　）

② 双晶的相邻个体间可以通过旋转、反映操作使其发生重合或平行。（　　）

③ 对称面是一个假想的平面，它把晶体分为互成镜像反映的两个相等部分。（　　）

④ 双晶面不能平行于双晶个体上的对称面。（　　）

⑤ 双晶中，双晶面和双晶轴可以同时存在，且数目可以不止一个。（　　）

⑥ 在机械力作用下，可使晶体的一部分沿着一定的面网发生滑动而形成双晶。（　　）

二、技能考评

鉴别下列双晶：

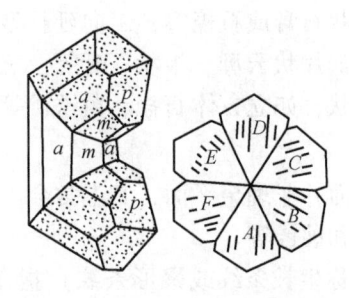

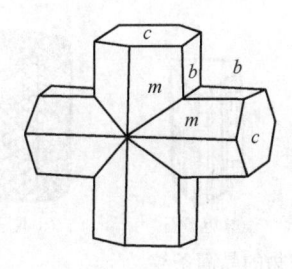

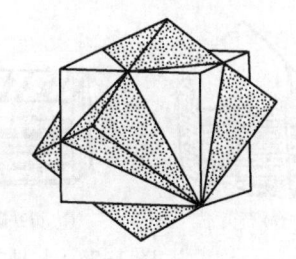

项目五　矿物形态与物理性质的观察与描述

任务一　鉴别矿物单体与集合体形态

任务描述

形态是矿物最醒目的外观特征之一（视频7）。不同的矿物，由于内部结构、成分等不同，往往有其特征性形态；同一种矿物，因为形成条件不同，也可能以不同的形态出现。因此，矿物的形态不仅是识别矿物的标志，也是分析矿物成因的依据。对晶质矿物形态的研究以单体和集合体为主；对固态非晶质准（或似）矿物，则只有集合体形态。通过本任务的学习，正确区分矿物的单体与集合体矿物形态，熟悉两类矿物的基本性质及鉴别方法。

视频7　矿物的自然形态认识

相关知识

一、矿物的单体形态

矿物的单体形态主要包括矿物晶体结晶习性（具体体现在晶体形状上）及晶面花纹两个方面。

1. 结晶习性

生长条件一定时，同种晶体总能发育成一定的形状，这种性质称晶体的结晶习性，简称晶习或晶癖。根据矿物晶体在三维空间的发育特征，通常将结晶习性分为三种基本类型，即一向延长型：晶体沿一个方向特别发育，呈柱状、针状、纤维状等形态，如柱状石英、针状普通角闪石、纤维状石膏或石棉等；二向延长型：晶体沿两个方向特别发育，呈鳞片状、片状、板状等形态，如片状云母、板状石膏等；三向等长型：晶体在三维空间发育程度近于相等，呈等轴状或粒状，如立方体石盐、黄铁矿等。

2. 晶面花纹

实际晶体的晶面并非理想平面，其上常会出现多种凹凸花纹，即晶面花纹。肉眼较易识别的包括晶面条纹和蚀像等。

晶面条纹（又称生长条纹或聚形条纹）指在晶体的晶面上出现且沿一定方向排列的直线状条纹（图1-22）。

(a) 石英　　(b) 黄铁矿　　(c) 电气石　　(d) 刚玉

图1-22　几种常见矿物的晶面条纹

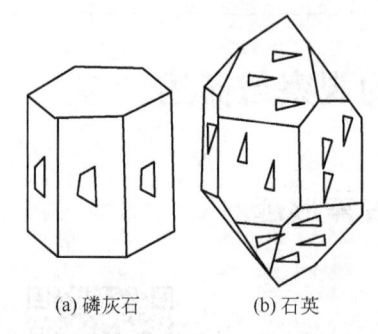

蚀像是晶体形成以后，晶面受溶蚀而产生的凹坑。蚀像的形成、形状和分布主要受晶体内部质点的排列方式控制。不同矿物种类，或同一矿物晶体上内部质点排列方式不同的晶面，其蚀像的形状和位向一般也不相同，因此，蚀像可用来鉴定矿物。图1-23是磷灰石和石英晶面上的蚀像。

(a) 磷灰石　　(b) 石英

图1-23　磷灰石和石英蚀像

二、矿物的集合体形态

自然界中，矿物（准矿物）的个体大多是集合在一起以所谓集合体形式出现的。而集合体又有同种和异种矿物集合体之分。这里所说的集合体形态是指由同种矿物的许多个体集合在一起构成的形态。根据集合体中矿物颗粒大小，可将集合体形态分为三类：显晶集合体形态（肉眼可以看出晶体颗粒的）、隐晶集合体形态（肉眼不能看出晶体颗粒，但显微镜下可看出晶体颗粒的）、胶态（准矿物）集合体形态（显微镜下也不能看出晶体颗粒的）。结晶质矿物的集合体形态主要取决于单体的形状和它们集合的方式；胶体准矿物的集合体形态与形成条件关系密切。

矿物形态的观测应首先区分显晶质与隐晶质。裸眼及放大镜下可以辨别矿物晶体大小者为显晶质，不可辨别矿物大小者为隐晶质。隐晶质可细分为显微晶质、显微隐晶质和玻璃质，手标本中三者难以区分，统称隐晶质为宜。

对显晶质矿物，应首先观测描述单晶体。同一单晶体的晶面、解理面和晶面花纹是连续的，光泽与颜色是均匀的。相邻两单晶体之间的分界线常有凹入角，界线两侧的晶面花纹、解理纹不连续，色泽和光泽总有不同程度的差异。其次，观测与描述单晶体的晶习。一向伸长者，按长与宽比值的不同，用柱状、棒状、针状、纤维状来描述；二向延展者，按长与厚比值的不同，用板状、片状、鳞片状来描述；三向等长者，用粒状来描述。继而全面观测矿物的排列、生长、组合关系，描述显晶质集合体的类型。晶体丛生于一个基面之上、近平行排列时，为晶簇状集合体；晶体从一个中心向周围生长时，为放射状集合体；当晶体呈束状排列时，为束状集合体；当单晶体无明显排列规律时，则为粒状（或柱状、片状……）集合体。

隐晶质的晶粒及胶体的胶粒都是肉眼无法看出的，而且胶体老化后常变成隐晶质，因此隐晶集合体和胶态集合体形态有许多共同之处。

对隐晶质矿物，可从形态、大小、层纹、表面特征、致密程度等方面观测描述。

由胶体或溶液在孔洞及裂隙内渐次沉淀形成的隐晶质集合体，以中心可有晶簇或残余孔隙，常有与外壁近于平行的"层纹"，可有中心"晶簇"或"残余孔隙"，称为分泌体，常细分为杏仁体（<1cm）和晶腺体（>1cm）。

由黄铁矿物、菱铁矿物等矿物围绕一个核心渐次沉淀形成的隐晶质集合体，多呈孤立的球状、凸镜状、瘤状及不规则状，大小悬殊，常有同心圆（球）状的彼此平行的层纹，有时具放射状结构，称为结核体。由方解石、赤铁矿等矿物同时围绕多个核心渐次沉淀形成的隐晶质集合体，其中包含无数个大小相近的鱼卵状的"球粒"，每个球粒均有核心和包壳，包壳多为同心球状，有时为放射状，称为鲕状集合体（粒径<2mm）和豆状集合体（粒径>2mm）。

由方解石、赤铁矿物、硬锰矿等矿物的溶液或胶体，在洞穴中沿同一基底同时向外逐层生长而形成的半球状、圆锥状、圆钟状、圆柱状的隐晶质集合体，其大小悬殊，切面上常有与外表面近于平行的"层纹"，通称为钟乳体。

隐晶质集合体常依据形态特征细分为：肾状集合体（腰果状、较均一、数厘米大小）、被膜状及皮壳状集合体（厚度仅毫米大小、外表波状起伏、大小不一）、葡萄状集合体（厘米级大小、较均匀的球状、半球状）、石钟乳（圆锥状、自上而下生长、悬于洞穴顶上）、石笋（自下而上生长、圆锥状）、石柱（由石笋与石钟乳相联接而成）。

在描述矿物集合体形态时，还经常用到其他一些术语。以隐晶集合体为例，如矿物呈细粉末状较疏松地聚集成不规则块体，称土状集合体；如矿物呈粉末状散附在其他矿物或岩石表面上，称粉末状集合体；如矿物呈薄层状沉淀在其他矿物或岩石表面上，称被膜状集合体；可溶性盐类矿物的被膜称盐华。

此外，当隐晶质矿物疏松地、无规律地聚集，呈不规则块体时称为土状集合体，粉末状矿物依附在岩石表面上称为粉末状集合体。可溶性盐类矿物所形成的被膜称为盐华状集合体，晶粒边界不能分辨的（隐晶质或显晶质）矿物紧密聚集而形成的不规则块体，称为致密状集合体，如黄铜矿致密块状集合体、铝土矿致密块状集合体等。

矿物都是以岩石的形式产出的，因此矿物单体与集合体的形态同岩石的结构、构造之间并无截然不同的界限。前者强调单一的同种矿物，以定性为主；后者是面向岩石中的各种矿物（主要的与次要的），既定性又定量。

任务实施

一、目的要求

（1）能够正确区分单晶体和集合体；
（2）能够正确鉴别单晶体和集合体的形态。

二、资料和工具

（1）工作任务单；
（2）晶体格子模型。

任务考评

一、理论考评

（1）什么是结晶习性？
_____
_____

（2）什么是晶面条纹？
_____
_____
_____

（3）矿物的集合体形态有哪些？
_____
_____

（4）判断题。
① 用放大镜容易区分出块状矿物集合体的颗粒界限。（   ）
② 隐晶质的矿物集合体不存在矿物单体。（   ）
③ 同一晶体的不同部分物理化学性质完全相同。（   ）
④ 岩石是由一种或多种矿物或岩屑组成的有规律的集合体，是地质作用的产物。（   ）
⑤ 矿物集合体的形态一定比单晶体的形态更复杂。（   ）
⑥ 矿物单晶体的物理性质在不同方向上一定相同。（   ）
⑦ 集合体中矿物单晶体的生长方向一定是一致的。（   ）
⑧ 单晶体一定具有规则的几何外形，集合体一定没有规则的几何外形。（   ）
⑨ 矿物单晶体的化学成分一定均匀，集合体的化学成分一定不均匀。（   ）
⑩ 所有的矿物都能以单晶体和集合体两种形态存在。（   ）

二、技能考评

根据计划方案实施操作：观察下列图片中矿物单体、集合体形态。

任务二 鉴别手标本中矿物光学性质

📖 任务描述

在地质学和矿物学的研究中，准确鉴别矿物的光学性质对于确定矿物种类、了解其形成环境及评估其应用价值具有重要意义。矿物在物理学研究所涉及的光学、力学、电学、磁学等方面表现出来的性质称为矿物的物理性质。它们主要取决于矿物的化学成分和内部结构，手标本中矿物光学性质的鉴别主要是矿物的颜色、条痕、光泽和透明度的鉴别（视频8）。本次任务旨在通过对手标本的观察和分析，鉴别出矿物的主要光学性质。

视频8 矿物的物理性质——光学性质

📖 相关知识

矿物的光学性质主要包括矿物对可见光吸收、反射、折射和透射时所表现的颜色、条痕、光泽、透明度等性质，也包括矿物受外部能量激发所产生的发光性等。

一、颜色

矿物的颜色是矿物对入射可见光中不同波长的光线选择吸收后，透射和反射的各种波长可见光的混合色。如果矿物对不同波长的光均匀吸收，则随吸收量由多到少而呈现黑、深灰、灰、浅灰、白等色。如果矿物对不同波长的光选择吸收，则呈现被吸收光的补色。

根据矿物颜色产生的原因,可将其分为自色、他色和假色三种类型。自色是由矿物本身固有的化学成分和结构所决定的颜色,如赤铁矿的红色。他色是由非矿物本身固有的因素(如类质同象混入的微量的杂质元素,带色的细微机械混入物等)引起的颜色,如红宝石(Al_2O_3)的红色是由于有微量的 Cr^{3+} 替代 Al^{3+} 引起的。假色是由于光的干涉等物理原因引起的,如白云母、方解石的解理面上虹霓般的晕色,某些硫化物矿物表面上由氧化薄膜引起的锖色等。自色因其主要由矿物固有因素决定,对鉴定矿物有重要意义;他色可作为鉴定某些矿物的辅助依据;假色只对个别矿物有鉴定意义。

矿物颜色命名描述方法常有两种。其一是标准色谱法,典型矿物的标准色谱色是:红色,辰砂(粉末);橙色,铬铅矿;黄色,雌黄;绿色,孔雀石;蓝色,蓝铜矿;紫色,紫水晶;褐色,褐铁矿;黑色,石墨;灰色,铝土矿;白色,斜长石。当矿物颜色与标准色谱的颜色有深浅等差别时,可在标准色谱色名前加上适当的形容词,如浅灰色、淡红色等;当矿物颜色介于两种标准色谱色之间时,可将次要颜色名称作为主要颜色的形容词写在主要颜色名称之前,如黄绿色表示以绿色为主,其中带有黄色色调。其二是类比法,即以生活中常见实物的颜色来描述矿物的颜色,如赤铁矿的猪肝色、橄榄石的橄榄绿色、雄黄的橘红色等。

在观察与描述矿物颜色时,应以矿物单晶体新鲜晶面或断面的颜色为准,对于隐晶质应以纯净集合体新鲜断面的颜色为准。如表面风化时,需刮去风化物至新鲜面再进行观察描述。由于条件限制只能获得风化样品时,描述样品"风化面呈某色"也可。

二、条痕

条痕是矿物极细粉末的颜色,一般是将矿物在白色素烧瓷板上(条痕板)刻划即可获得条痕色。条痕与颜色的描述方法相同。当不能直接划时也可以用小刀刮下粉末放在瓷板上或白纸上进行观察。条痕可以消除假色、减弱他色的影响,比矿物颜色更加稳定,是手标本中鉴定矿物的重要标志之一,可以根据条痕的颜色初步鉴定矿物类质同象的亚种。

此外,条痕也不适用于硬度高于条痕板的矿物。但是,由于条痕消除了假色、减弱了他色,因而比矿物的颜色更为固定,在鉴别某些不透明矿物时可具特殊意义。例如,赤铁矿可呈猪肝色、黑色,但其条痕均为樱红色。不透明矿物的条痕色调多样而明朗,具有极重要的鉴别意义;透明矿物的条痕都是浅灰色至白色或无色,其鉴别意义不大。

三、光泽

光泽是矿物的晶面或平滑断面反射可见光的能力,其强度是由化学成分及晶格类型决定的,是不透明矿物鉴别的最重要标志,也是评价宝石的重要标准。通常根据矿物晶体平坦表面反射光由强到弱的顺序,将光泽分为四级,其名称及基本特征介绍如下:

金属光泽:呈明显的金属状光亮的光泽,如黄铁矿的光泽。
半金属光泽:如同未经磨光的金属表面的光泽,如磁铁矿的光泽。
金刚光泽:像钻石表面一样光亮的光泽,如闪锌矿的光泽。
玻璃光泽:类似平板玻璃表面光亮的光泽,如石英、方解石晶面的光泽。

此外,由于受矿物的颜色、表面平坦程度、解理发育及集合方式等因素影响,矿物常表现出一些特殊的光泽,主要有:(1)油脂光泽,在不平坦的断面上所呈现的如同固态油脂一样的光泽,如石榴子石等矿物的断口具有这种光泽;(2)丝绢光泽,纤维状集合体表面具有的丝绸一样的光泽,如石棉、纤维状石膏集合体表面的光泽;(3)珍珠光泽,部分透明、解理完全或极完全的矿物,由于内层解理面反射光相互干涉形成类似珍珠或贝壳珍珠层表面的光亮,如白云母、黑云母解理面上的光泽;(4)土状光泽,粉末状或土状隐晶质矿物集合体表面呈现的光泽,表面暗淡无光,如高岭石集合体具有的光泽;(5)沥青光泽,解理不发育的半透明或不透明黑色矿物的致密块状集合体表面所呈现的类似沥青状的光泽,如钛铁矿、铌钽铁矿等的光泽。

四、透明度

透明度,指的是矿物晶体透过可见光的能力,其透明程度主要取决于矿物的化学组成与内部结构,还与矿物的厚度、矿物所含杂质及包裹体等密切相关。肉眼观察矿物的透明度时,为避免矿物厚度影响,通常依据矿物在"薄片"厚度(约0.03mm)下能否透光而将矿物分为透明矿物和不透明矿物两类,隔着矿物薄片或碎块的刃边观察光亮处的近物,并根据所见物体的清晰程度将其粗略分为透明、半透明和不透明三种(表1-6)。

表1-6 矿物光学性质的相关特性

颜色	非金属色(透射色为主)		金属色(反射色为主)	
透明度	透明	透明—半透明	微透明	不透明
条痕色	白(无)色	白(无)色—彩色	深彩色	深彩色—黑色
光泽(反射率)	玻璃光泽(4%~10%)	金刚光泽(10%~19%)	半金属光泽(19%~25%)	金属光泽(25%~95%)
晶格类型	离子晶格;相对分子质量小的分子晶格;相对密度较小的向原子晶格过渡的离子晶格	原子晶格;相对分子质量大的分子晶格;相对密度较大的离子晶格;向原子晶格过渡的离子晶格	向金属晶格过渡的离子晶格	金属晶格;向金属晶格过渡的离子晶格
实例	石盐、方解石、石英	金刚石、闪锌矿	赤铁矿、磁铁矿	方铅矿、黄铁矿

颜色、条痕、光泽和透明度等都取决于矿物的化学组成和晶体结构,因此,它们彼此间具有必然的相关性。一般而言,呈金属色的矿物,其条痕为深色,具金属或半金属光泽、不透明;呈非金属色的矿物,其条痕为浅色,具金刚光泽、玻璃光泽等,透明度较高。

五、发光性

矿物受到外界能量激发(如加热,紫光、紫外线、X射线、阴极射线照射)时发出可见光的性质称为发光性。矿物发光性的实质是其晶体结构中的质点受外界能量激发,发生电子跃迁,在电子由激发态回到基态的过程中,又将吸收的能量以可见光的形式释放出来。按发光的性质不同,发光性分为荧光性和磷光性两种。矿物在受外界能量激发时发光,激发停止后发光立即停止的称为荧光性,如金刚石、白钨矿等在紫外线照射下的发光现象;激发停止后仍能继续发光一段时间的称为磷光性,如磷灰石的热发光等。通常当矿物含有稀土元素离子或过渡元素离子等活化剂时即具发光性。手标本鉴别时,可利用发光性鉴别某些矿物。如白钨矿在紫外线照射下可发浅蓝色荧光。

任务实施

一、目的要求

(1) 理解并掌握矿物的颜色、条痕、光泽、透明度、发光性等光学性质的基本概念和定义；

(2) 学会通过肉眼观察和简单工具辅助，准确鉴别不同矿物的光学性质；

(3) 能够区分相似光学性质的矿物，并说出它们之间的细微差别。

二、资料和工具

(1) 工作任务单；
(2) 放大镜等辅助观察工具。

任务考评

一、理论考评

(1) 矿物的颜色和条痕之间有何关系？举例说明颜色与条痕不一致的矿物，并解释原因。
_____
_____

(2) 请描述三种不同类型的光泽（如金属光泽、半金属光泽、非金属光泽），并各列举一种具有相应光泽的矿物。
_____
_____

(3) 透明度是如何影响矿物外观的？举例说明一些透明度较高和较低的常见矿物。
_____
_____

(4) 判断题。

① 所有矿物的颜色都与其条痕颜色相同。（   ）
② 具有金属光泽的矿物一定是金属矿物。（   ）
③ 矿物的透明度越高，其光泽就越强。（   ）
④ 只要矿物的颜色鲜艳，其光泽就一定是金属光泽。（   ）
⑤ 石英的颜色总是白色。（   ）
⑥ 矿物的条痕颜色比其自身颜色更稳定，更具有鉴定意义。（   ）
⑦ 透明度高的矿物一定是玻璃光泽。（   ）
⑧ 只要是黑色的矿物，条痕一定是黑色。（   ）
⑨ 所有的非金属矿物都具有非金属光泽。（   ）
⑩ 矿物的光泽在不同的观察角度下不会发生变化。（   ）

二、技能考评

根据计划方案实施操作：观察常见矿物物理性质，并填写下表。

序号	光学性质			
	颜色	条痕	光泽	透明度
1	滑石			
2	石膏			
3	方解石			
4	萤石			
5	磷灰石			
6	正长石			
7	石英			
8	黄玉			
9	刚玉			
10	金刚石			

任务三　鉴别手标本中矿物力学性质

📖 任务描述

矿物的力学性质也是矿物的物理性质之一（视频9），它是指矿物在受到外力作用时所表现出来的各种物理特性，主要包括硬度、解理、断口、延展性、弹性、挠性和脆性等物理性质。其中，硬度、解理、断口等对矿物鉴定最有意义，是鉴别矿物的主要标志之一。本任务需要掌握硬度、解理、断口的基本定义，并学会区别三者之间的关系。

视频9　矿物的物理性质——力学性质

📖 相关知识

一、硬度

硬度，是矿物抵抗刻划、压入等机械作用力侵入的能力。在矿物肉眼鉴定工作中，广泛应用的是摩氏硬度。摩氏硬度是一种刻划硬度，即以10种硬度不同的代表性矿物的硬度为标准，从软到硬，定为1至10，共10个硬度等级。摩氏硬度等级及其代表性矿物的名称分别是：1—滑石；2—石膏；3—方解石；4—萤石；5—磷灰石；6—正长石；7—石英；8—黄玉；9—刚玉；10—金刚石。

由上述10种矿物构成了摩氏硬度计。其他矿物的硬度可通过与摩氏硬度计中的标准矿物互相刻划，经比较来确定。例如，黄铁矿能轻微刻动正长石，但不能刻动石英，因此，其摩氏硬度为6.5左右。在野外，常用指甲（硬度2左右）、铜钥匙（3）、铁刀（5~5.5）、碎瓷片（6~6.5）等较易得到的东西帮助测定矿物的硬度。

在测量矿物的硬度时，要在洁净、新鲜的单个晶体上进行。刻划时，用力要缓且均匀，避免用力压掘。

二、解理和断口

解理，是矿物晶体在外力（敲打、冲击等）的作用下，严格地沿一定结晶学方向破裂并形成平整平面的性质，所裂成的平整平面，称为解理面。解理是晶体异向性的有力证据，是矿物相互区别的重要标志之一。通常将解理的完善程度分为以下五个级别：

（1）极完全解理：极易产生解理，解理片极薄，解理面大而平坦光滑，如白云母、黑云母的｛001｝底面解理。

（2）完全解理：容易产生解理，并形成规则的解理块，解理面较大，且平坦光滑，如方解石的｛1011｝菱面体解理。

（3）中等解理：较易产生解理，但解理面不大，且平坦及光滑程度较差，碎块上既有解理面又有断口，如普通辉石的｛110｝解理。

（4）不完全解理：较难产生解理，解理面小且平坦，光滑程度差，碎块上以断口为主，如磷灰石的｛0001｝解理。

（5）极不完全解理（或称无解理）：肉眼见不到解理面，碎块上只发育断口。例如，肉眼观察见不到 α-石英的解理面，只有借助有关仪器才能见到其零星的｛1011｝菱面体解理面。

裂开，是同种矿物晶体的某些个体，在外力的作用下可沿确定的结晶学方向裂开形成平整光滑破裂面的现象。裂开和解理类似，具有常成组出现、在对称的方向上出现、有确定的结晶学方向、可用单形符号来描述的特点。裂开不是矿物的固有属性，只可以作为某些矿物的辅助鉴别标志。

断口，是矿物受外力作用发生破裂后，形成不平整、不光滑、无确定的结晶学方向随机分布的破裂面。断口不仅见于晶质矿物，也见于非晶质矿物，还可见于矿物的集合体及岩石中。

依据断口呈现的形态特征，可将其划分为：

（1）贝壳状断口，呈圆形的或椭圆形的曲面，并具有以受力点为中心的不规则的同心环状波纹、形似贝壳的花纹，石英等矿物常具有此类断口，如 α-石英的断口（图1-24）。

图1-24 α-石英的贝壳状断口

（2）锯齿状断口，呈尖锐的锯齿状，延展性很强的自然铜、自然金等具有此类断口。

（3）参差状断口，破裂面参差不齐，粗糙不平，且起伏的幅度较贝壳状断口大、较锯齿状断口小，如磷灰石等绝大多数矿物具有此类断口。

（4）土状断口，破裂面总体上较为平整，但呈粗糙状、细粉状或细粒状，为隐晶质土状矿物集合体，如高岭石块体等常具有此类断口。

矿物解理与断口常具有互为消长的关系，即矿物受力破碎时，在具有极完全解理和完全解理的方向上，常常发育解理面而不形成断口或极少有断口；在无解理的矿物和矿物无解理的方向上，常常发育不同类型的断口。如石英的破裂面几乎均是断口，云母类矿物在｛001｝的方向上均是解理面而无断口，但在垂直于｛001｝及其他的方向上经常有断口分布。

三、相对密度

相对密度，是指纯净的单一矿物在空气中的质量与同体积的4℃的纯水的质量之比。相对密度是一个无量纲的物理量。

在手标本观测时，一般是用手掂量的方式，将矿物的相对密度粗略地分为三级：轻级，相对密度在2.5以下，石膏、自然硫等属轻相对密度级的矿物；中级，相对密度在2.5与4.0之间，大多数矿物的相对密度属于中相对密度级别；重级，相对密度大于4.0，重晶石、方铅矿属重相对密度的。

其他的力学性质还有弹性、挠性、脆性、延展性及可塑性等。这些性质，同样与矿物的物质组成与结构特征直接相关。不过几乎均须使用专有仪器和纯净单矿物，方可进行观测与鉴别。手标本鉴别时，通常只用永久磁铁鉴别磁铁矿磁性、观测云母片的弹性、观测纯净黏土矿物的可塑性，余下的导电性等均暂时不进行观测与鉴别。

任务实施

一、目的要求

(1) 通过对矿物力学性质的鉴别，精准地确定矿物的种类；
(2) 学会通过矿物的力学性质，对岩石的整体特征进行分析和鉴定。

二、资料和工具

(1) 工作任务单；
(2) 常见矿物及辅助观察设备。

任务考评

一、理论考评

(1) 简述硬度在矿物力学性质鉴别中的重要性，以及常用的硬度测量方法。举例说明如何通过硬度鉴别两种相似的矿物，如长石和石英。

(2) 什么是矿物的解理？解理的等级如何划分？请举例说明具有不同解理等级的矿物。

(3) 描述断口的主要类型，并阐述如何通过断口特征来鉴别矿物，例如对比黄铁矿和自然铜的断口。

（4）在野外观察矿物手标本时，如果没有专业的测试工具，如何初步判断矿物的硬度和解理？

_____

_____

（5）判断题。

① 所有矿物的硬度都可以用摩氏硬度计准确测量。（   ）
② 具有完全解理的矿物一定比具有不完全解理的矿物更容易破碎。（   ）
③ 矿物的断口一定是不平坦的。（   ）
④ 硬度越大的矿物，其韧性也一定越强。（   ）
⑤ 只要观察到矿物有解理，就可以确定其种类。（   ）
⑥ 脆性矿物在受到外力时一定会断裂成尖锐的碎片。（   ）
⑦ 同一种矿物的硬度在不同的环境中是不变的。（   ）
⑧ 具有贝壳状断口的矿物一定是玻璃光泽。（   ）
⑨ 解理面的反光通常比断口面的反光更强烈。（   ）
⑩ 所有的金属矿物都是韧性的。（   ）

二、技能考评

（1）根据计划方案实施操作：观察常见矿物物理性质，并填写下表。

序号	种类	力学性质				
		硬度	解理	断口	相对密度	其他
1	橄榄石					
2	辉石					
3	角闪石					
4	黑云母					
5	石墨					
6	黄铁矿					
7	黑钨矿					
8	赤铁矿					
9	高岭石					
10	石英					

（2）假设在野外采集到一种矿物，发现其具有良好的片状解理，硬度在2~3之间。请推测该矿物可能是什么，并说明理由。

_____

_____

_____

项目六　矿物的分类与命名

任务一　认识矿物的分类

📖 任务描述

目前已知的矿物约有 3700 多种。为便于系统地、全面地研究和认识矿物，必须对它们进行科学的分类（视频 10）。在矿物学发展过程中，出现过多种矿物分类方案。早期采用单纯的以化学成分为依据的矿物化学成分分类方案。此后，又提出以组成矿物的元素的地球化学特征为依据的矿物地球化学分类方案，以矿物成因为依据的矿物成因分类方案，以矿物的成分、结构为依据的矿物晶体化学分类方案。此外，还有人从不同的研究、应用目的出发，提出了其他的分类方案。

视频 10　矿物的分类与命名

📖 相关知识

矿物的本质在于成分和结构的统一。由于晶体化学分类方案将矿物的化学成分和内部结构联系起来，便于阐明成分与结构之间以及成分、结构与矿物的形态、物理性质等之间的关系，因此，目前在矿物学中被广泛采用。

一、晶体化学分类的基本原则

（1）化学组成。矿物的化学组成是分类的基础。根据主要化学成分的差异，将矿物分为不同的大类和类。

（2）晶体结构。晶体结构决定了矿物的物理性质和化学性质。相似的晶体结构往往导致相似的性质，因此在分类中具有重要地位。

（3）离子类型和化学键。考虑矿物中离子的类型（如阳离子和阴离子）以及它们之间形成的化学键（如离子键、共价键、金属键等）。

二、具体分类及各类矿物特点

1. 自然元素矿物大类

金属元素矿物，包括金（Au）、银（Ag）、铜（Cu）等。这些矿物通常具有金属光泽，良好的导电性和导热性，硬度较低，延展性好。例如，自然金常以颗粒状或块状存在，颜色金黄，是重要的贵金属。

半金属元素矿物，如砷（As）、锑（Sb）、铋（Bi）等。它们的物理性质介于金属和非金属之间。砷通常呈灰色，具有金属光泽，但硬度相对较高。

非金属元素矿物，包括碳（如金刚石、石墨）、硫（S）等。金刚石具有极高的硬度和优异的光学性质；石墨则具有良好的导电性和润滑性。

2. 硫化物及其类似化合物矿物大类

简单硫化物，如方铅矿（PbS）、闪锌矿（ZnS）等。晶体结构简单，物理性质多为金属光泽，硬度较低。方铅矿常呈立方体晶形，是重要的铅矿石。

复硫化物，如黄铁矿（FeS_2）、黄铜矿（$CuFeS_2$）等。结构相对复杂，颜色较深。黄铁矿俗称"愚人金"，金黄色，常被误认为是黄金。

3. 氧化物和氢氧化物矿物大类

氧化物矿物，如赤铁矿（Fe_2O_3）、磁铁矿（Fe_3O_4）等。硬度较高，颜色多样。赤铁矿是重要的铁矿石，颜色呈红色至暗红色。

氢氧化物矿物，如针铁矿[$FeO(OH)$]、铝土矿（主要为水铝石和三水铝石）等。硬度较低，通常呈土状或隐晶质集合体。针铁矿常形成于铁矿床的氧化带。

4. 卤化物矿物大类

氟化物矿物，如萤石（CaF_2），颜色多样，具有荧光性。萤石是重要的工业原料，用于炼钢、制玻璃等。

氯化物矿物，如石盐（$NaCl$），无色透明或白色，是食盐的主要来源。

5. 碳酸盐矿物大类

方解石族，以方解石（$CaCO_3$）为代表，具有良好的菱面体解理，遇稀盐酸剧烈起泡。广泛存在于石灰岩中。

白云石族，如白云石[$CaMg(CO_3)_2$]，与方解石相似，但遇稀盐酸反应较弱。常与方解石共生。

6. 硫酸盐矿物大类

无水硫酸盐，如重晶石（$BaSO_4$），白色，相对密度较大，是重要的钡矿石。

含水硫酸盐，如石膏（$CaSO_4 \cdot 2H_2O$），白色，具有极完全解理，是重要的建筑材料和工业原料。

7. 磷酸盐矿物大类

正磷酸盐，如磷灰石[$Ca_5(PO_4)_3(F,Cl,OH)$]，颜色多样，是重要的磷矿石。广泛分布于沉积岩和变质岩中。

环状磷酸盐，如绿松石[$CuAl_6(PO_4)_4(OH)_8 \cdot 4H_2O$]，蓝色或绿色，是珍贵的宝石。

8. 硼酸盐矿物大类

硼砂（$Na_2[B_4O_5(OH)_4] \cdot 8H_2O$），无色透明，易溶于水。常用于玻璃和陶瓷工业。

9. 硅酸盐矿物大类

岛状结构硅酸盐，如橄榄石[$(Mg,Fe)_2SiO_4$]，颜色呈橄榄绿色。常见于基性和超基性岩石中。

环状结构硅酸盐，如绿柱石[$Be_3Al_2(SiO_3)_6$]，颜色多样，是重要的宝石矿物。

链状结构硅酸盐，如辉石族（如普通辉石（$Ca(Mg,Fe,Al)[(Si,Al)_2O_6]$）和角闪石族，是岩浆岩和变质岩中的常见矿物。

层状结构硅酸盐，如云母[如白云母（$KAl_2AlSi_3O_{102}$）]和滑石（$Mg_3Si_4O_{102}$），具有良好的片状解理。

架状结构硅酸盐，如长石族[如钾长石（$K[AlSi_3O_8]$）]和石英（SiO_2），是地壳中最常见的矿物之一。

随着科学技术的不断进步，如高分辨率电子显微镜、同步辐射技术和计算矿物学的发展，对矿物的晶体结构和化学成分的研究将更加深入和精确，这将进一步完善和优化晶体化学分类体系。同时，跨学科研究的兴起，如地球化学、材料科学和环境科学与矿物学的交叉融合，也将为矿物分类带来新的视角和需求。未来，晶体化学分类可能会更加注重矿物的纳米尺度结构、表面性质和环境效应等方面，以适应地球科学和相关领域研究的不断深入和拓展。

📖 任务实施

一、目的要求

（1）明确矿物的种类有助于寻找特定的矿产资源；
（2）学会识别矿物的种类为后续的地质工作打好基础。

二、资料和工具

（1）工作任务单；
（2）各类矿物。

📖 任务考评

一、理论考评

（1）矿物分类的主要依据有哪些？请举例说明。
_____
_____

（2）简述自然元素矿物、硫化物矿物、氧化物和氢氧化物矿物、卤化物矿物、碳酸盐矿物、硫酸盐矿物、磷酸盐矿物、硅酸盐矿物这八大类矿物的特点，并各举一个常见例子。
_____
_____
_____
_____

（3）在硅酸盐矿物分类中，岛状结构、链状结构、层状结构和架状结构的代表矿物分别是什么？
_____
_____
_____

（4）判断题。
① 方解石属于碳酸盐矿物。（　　）
② 石英是硅酸盐矿物。（　　）
③ 磁铁矿属于氧化物矿物。（　　）
④ 卤化物矿物一定是硬度很高的矿物。（　　）

⑤ 黄铁矿是硫化物矿物，颜色一定是黄色。（　　）
⑥ 白云母属于层状结构的硅酸盐矿物。（　　）
⑦ 氧化物矿物在自然界中的分布比硫化物矿物广泛。（　　）
⑧ 石墨和金刚石因为都是碳组成，所以属于同一类矿物。（　　）
⑨ 长石是架状结构的硅酸盐矿物。（　　）
⑩ 辉石是链状结构的硅酸盐矿物。（　　）

二、技能考评

（1）提供若干常见矿物（石英、长石、方解石、黄铁矿、磁铁矿）标本，请观察矿物的颜色、光泽、透明度、硬度等物理性质。

根据观察结果，判断矿物所属的大致分类（如氧化物、硫化物、碳酸盐等）。

_____
_____
_____

（2）矿物分类表格填写：

序号	矿物名称	化学式	晶体结构	所属分类
1	橄榄石			
2	绿柱石			
3	石英			
4	白云母			
5	辉石			
6	正长石			

任务二　认识矿物的命名

📖 任务描述

目前在矿物学中所用的大量中文矿物名称，其来源不一。有的是沿用我国古代的有关名称，如辰砂、雄黄等；有的是由我国近现代学者根据矿物发现地点首创的，如香花石、包头矿等；有的是借用日文中的汉字名称，如绿帘石、天河石等；有的是历年来我国矿物学工作者从外文文献中转译而来的……了解矿物名称来源并掌握矿物名称的含义，对学习矿物学知识有一定的意义。

📖 相关知识

矿物，作为构成地球岩石圈的基本单元，其种类繁多、性质各异。为了有效地识别、研究和交流关于矿物的信息，一套科学合理且规范的命名体系显得尤为重要。矿物的命名不仅是给予它们一个简单的称呼，更是对其内在特性、形成环境以及发现历程等多方面信息的浓缩和概括。

一、化学成分优先原则

1. 简单化合物

对于由单一元素组成的矿物，通常直接以该元素的名称来命名。例如，自然金（Au）、自然铜（Cu）等。以自然金为例，其名称直接表明了其主要成分就是金元素，这种简洁明了的命名方式使得人们能够迅速了解矿物的核心成分。自然铜也是如此，突出了铜元素在矿物中的主导地位。

这类矿物的名称也可以直接由其化学组成决定。比如氯化钠（NaCl）称为石盐，硫化汞（HgS）称为辰砂。

2. 复合化合物

当矿物由两种或两种以上的元素组成时，命名会反映其主要化学成分及比例。比如橄榄石，其化学成分为$(Mg,Fe)_2SiO_4$，名称体现了其中镁（Mg）、铁（Fe）、硅（Si）、氧（O）的存在。例如，铁铝榴石（$Fe_3Al_2[SiO_4]_3$），表明了其中铁、铝、硅和氧的存在及比例。

再如石榴子石，其化学通式为$A_3B_2[SiO_4]_3$，其中A可以是钙（Ca）、镁（Mg）、铁（Fe）等，B可以是铝（Al）、铁（Fe）、铬（Cr）等。石榴子石这一名称虽然没有直接体现其具体的化学成分，但在矿物学领域已经形成了固定的称呼，被广泛接受和使用。

二、晶体结构特征原则

1. 典型晶体形态

有些矿物因其独特且典型的晶体形态而得名。例如，石英常呈六方柱状晶体，其名称"石英"就与这种常见的晶体形状有关。像橄榄石，因其晶体常呈橄榄绿色的粒状而得名。方解石的晶体常呈菱面体状，这一特征在其名称中也有所体现。

2. 内部结构特点

对于具有特殊内部结构的矿物，命名会强调这一结构特性。沸石族矿物具有空旷的架状结构，能够容纳水分子和其他阳离子，"沸石"这一名称就突出了其结构上的特点。

三、物理性质命名原则

1. 颜色

不少矿物依据其显著的颜色特征来命名。红宝石呈现鲜艳的红色，蓝宝石则包括除红色以外的多种颜色，如蓝色、黄色、粉色等。黄铁矿因其金黄色而被称为"黄铁矿"。这种直观的颜色描述使得人们能够通过名称对矿物的外观有一个初步的印象。

2. 光泽

矿物的光泽性质也是命名的重要依据之一。具有金属光泽的矿物如自然金被称为"金"，具有玻璃光泽的矿物如石英。雄黄具有金刚光泽，其名称中的"雄"字在一定程度上反映了其光泽的独特性。

3. 硬度

硬度较大的矿物如刚玉，其名称体现了其坚硬的物理特性。滑石则因硬度较低、手感滑腻而得名。

4. 解理

具有明显解理特性的矿物，如云母，因其解理片薄如纸而得名。方铅矿具有三组完全解理，这一特征在其名称中虽未直接体现，但在矿物学研究和描述中是重要的鉴别标志。

四、产地命名原则

某些矿物以其首次发现或主要产出的地点来命名。例如，辰砂因最早在辰州（今湖南沅陵）发现而得名。高岭石的典型产地为江西景德镇附近的"高岭"。香花石首先发现于湖南省香花岭。岫玉因产于辽宁岫岩而被称为岫玉。托帕石（Topaz），其名称源于红海一个名为"Topazios"的岛屿。这种以产地命名的方式有助于追溯矿物的发现历史和地域特色。

五、人名命名原则

为了纪念对地质学或矿物学做出杰出贡献的人物，一些矿物以他们的名字命名。例如，以德国矿物学家维尔纳（Abraham Gottlob Werner）命名的维尔纳石。还有以其他相关领域的重要人物命名的矿物，如以美国地质学家詹姆斯·德怀特·达纳（James Dwight Dana）命名的达纳石，彰显了他们在矿物学研究中的重要地位和贡献。章氏硼镁石是为纪念其发现者、我国著名地质学家章鸿钊而命名的，也称鸿钊石。

任务实施

一、目的要求

（1）助力科学交流，能准确理解和探讨不同矿物，推动相关研究发展；
（2）更好地认识矿物特性，包括成分、结构和成因，为地质勘探及资源利用提供依据。

二、资料和工具

（1）工作任务单；
（2）各类常见矿物。

任务考评

一、理论考评

（1）说出至少三个因产地而得名的矿物，并说明其产地。

（2）矿物命名中，依据化学成分命名的原则有哪些？请举例说明。

（3）请阐述以晶体结构为依据对矿物进行命名的常见方式，并列举相应矿物。

（4）判断题。
① 所有矿物的命名都依据其化学成分。（ ）
② 以人名命名的矿物一定是为了纪念该人物在矿物学领域的贡献。（ ）
③ 只要是新发现的矿物，就可以随意命名。（ ）
④ 晶体结构相同的矿物一定有相同的命名。（ ）
⑤ 物理性质相似的矿物，命名也一定相似。（ ）
⑥ 以晶体形态命名的矿物，其晶体形态一定非常独特。（ ）
⑦ 所有复合化合物矿物的命名都能直接反映其化学组成比例。（ ）
⑧ 矿物的解理特征不会影响其命名。（ ）
⑨ 矿物的光泽是其命名的重要参考因素之一。（ ）
⑩ 矿物命名一旦确定，就永远不会改变。（ ）

二、技能考评

新发现了一种矿物，其主要化学成分为：氧化镁（MgO）含量约40%，氧化铝（Al_2O_3）含量约60%。该矿物晶体呈短柱状，具有明显的玻璃光泽，硬度在7~8之间，解理不明显，颜色为浅蓝色。发现地为中国云南省的一座山脉。

问题：
（1）请根据上述信息，为这种新矿物拟定一个合适的名称，并说明命名的依据。
（2）分析这种命名方式可能存在的优缺点。
（3）如果要对该矿物进行更深入的研究，在命名上还可以考虑哪些因素？

项目七　矿物手标本的鉴别

任务描述

矿物手标本鉴别的目的有两点：其一，识别常见的矿物，为岩石及矿石的物质成分鉴别与分类命名、为地层和储层划分对比提供基础资料；其二，确定有价值或疑难的矿物，采集样品供进一步分析研究使用。手标本中矿物与岩石的鉴别，是生产及科研现场的基本工作内容，是地质技术从业人员的一项最基本技能。通过本次学习，学生能够准确鉴别常见矿物手标本的种类，掌握其主要的物理性质和力学性质，并能运用所学知识进行初步的地质分析。

相关知识

一、基本方法

矿物手标本的鉴别是地质学研究中的一项重要基础技能。准确鉴别矿物对于理解地球的组成、地质过程及矿产资源的勘探和开发都具有关键意义。在进行矿物手标本鉴别时，选择合适的工具并掌握正确的方法至关重要（视频11）。

（1）初步观察，对矿物手标本进行全面的外观观察，包括颜色、光泽、透明度、形状等，记录下初步的特征。

（2）物理性质测试，依次进行硬度测试、解理与断口观察、相对密度估计等物理性质的测试，并将结果与已知矿物的特征进行对比。

视频11 肉眼鉴定矿物的方法

（3）化学测试，对于一些难以通过物理性质确定的矿物，可以考虑进行简单的化学测试，但要注意安全和环保。

（4）查阅资料与对比，查阅矿物学相关的书籍、图谱和数据库，将观察和测试结果与资料中的矿物特征进行多方面对比，包括物理性质、化学性质、产出环境等。

（5）综合判断，综合考虑所有的观察和测试结果，结合矿物的形成环境和地质背景，做出最终的鉴别结论。

二、实例分析

1. 石英的鉴别

外观特征：通常为无色、白色，透明至半透明，玻璃光泽，呈六方柱状晶体。

物理性质：硬度为7，无解理，贝壳状断口，相对密度约2.65。

与相似矿物的区分：与长石的区分在于解理，长石有两组解理，而石英无解理；与方解石的区分在于硬度，方解石硬度小于石英。

2. 方解石的鉴别

外观特点：白色、无色，透明至半透明，玻璃光泽。

物理性质：硬度为3，三组完全解理，菱面体解理块，相对密度约2.71，遇盐酸剧烈起泡。

与相似矿物的区分：与白云石的区分在于白云石遇盐酸反应较缓慢；与石膏的区分在于石膏硬度更低，且解理不如方解石完全。

3. 磁铁矿的鉴别

外观表现：黑色，金属光泽，不透明。

物理特性：硬度5.5~6.5，无解理，断口不平坦，具有强磁性。

与磁赤铁矿的区分：磁赤铁矿的磁性较弱，颜色较红；磁铁矿磁性更强，颜色更黑。

任务实施

一、目的要求

(1) 学会鉴别矿物手标本，深入理解岩石的成因、分类和特性；
(2) 学会鉴别不同时期形成的矿物，推断地质过程和构造运动。

二、资料和工具

(1) 工作任务单；
(2) 放大镜等辅助观察工具。

任务考评

一、理论考评

(1) 如何区分金属矿物和非金属矿物手标本？请列举至少三个鉴别特征。
_____
_____

(2) 在手标本中，如何鉴别碳酸盐类矿物（如方解石和白云石）？
_____
_____

(3) 硅酸盐矿物类别众多，以长石和石英为例，阐述它们在手标本鉴别上的关键差异。
_____
_____

(4) 判断题。
① 所有的硅酸盐矿物都具有解理。（   ）
② 磁铁矿和赤铁矿都能被磁铁吸引。（   ）
③ 方解石和菱镁矿的手标本可以通过硬度来区分。（   ）
④ 硫化物矿物的颜色通常比氧化物矿物更鲜艳。（   ）
⑤ 白云石属于碳酸盐矿物，滴盐酸会剧烈冒泡。（   ）
⑥ 自然金和黄铁矿在手标本上都呈现金黄色，所以无法区分。（   ）
⑦ 长石类矿物的解理夹角总是90°。（   ）
⑧ 辉石和角闪石都属于硅酸盐矿物，它们的手标本外观完全相同。（   ）
⑨ 石英和橄榄石都具有贝壳状断口。（   ）
⑩ 闪锌矿和方铅矿都属于硫化物矿物，它们的光泽相同。（   ）

二、技能考评

根据计划方案实施操作：观察常见矿物物理性质，并回答以下问题。

如图所示，请详细描述此矿物标本的外观特征（颜色、光泽、形状等）、物理性质（硬度、解理、相对密度等）以及可能所属的矿物类别。

_____

_____

学习情境二 偏光显微镜下常见透明矿物的系统鉴定

偏光显微镜下鉴定常见透明矿物的目的有两点：其一，识别常见透明矿物，为岩石及矿石的光学性质鉴定、为地层和储层划分对比提供基础资料；其二，确定有价值或疑难的矿物，观察其光学特征供进一步分析研究使用。"薄片"的显微镜实验常规分析实验方法，依然是生产和科研中最基本、最便捷、最广泛应用的方法，是地质勘探技术从业人员的一项基本技能。那么，该从哪几方面入手来鉴定矿物手标本呢？本情境从矿物晶体光学属性及偏光显微镜构造入手，介绍矿物薄片在单偏光镜、正交偏光镜和锥光镜系统下透明矿物的光学性质等专业技能知识。

知识目标

（1）熟悉并掌握晶体的光学基础，认识偏光显微镜的构造；
（2）掌握单偏光镜系统下透明矿物的光学性质鉴别方法与技巧；
（3）掌握正交偏光镜系统下透明矿物的光学性质鉴别方法与技巧；
（4）掌握锥光镜系统下透明矿物的光学性质鉴别方法与技巧。

技能目标

（1）能够正确使用偏光显微镜观察晶体光学特征；
（2）能够正确使用单偏光镜观测矿物的形态和解理，判断矿物的多色性和吸收性，分析矿物的折射率；
（3）能够正确使用正交偏光镜观测矿物消光、干涉色、双折射率、消光类型、吸收性，可以对光率体椭圆切面轴名测定；
（4）能够综合、准确使用偏光显微镜鉴定常见透明矿物，填写鉴定报告。

项目一 光在矿物晶体内传播的基本特性的认识

任务一 认识光的基本性质

任务描述

晶体光学是研究可见光通过晶体时所产生的一系列光学性质及其规律的一门科学（视频12）。由于不同的矿物晶体具有不同的光学性质，因此晶体光学是研究和鉴定透明矿物的重要方法。用偏光显微镜对矿物

视频12 晶体光学基础知识

岩石和储层薄片进行实验研究的过程中，将会涉及一些重要的物理光学现象和原理，本任务就这些光学问题进行简要讨论。通过本任务的学习，使学生熟悉矿物晶体的光学性质，为使用偏光显微镜鉴别矿物晶体打下基础。

相关知识

一、光的本质与偏振光

现代物理学研究已充分证明，光具有粒子性和波动性双重性质，光既是由光量子组成（称为光线）的，同时也是一种电磁波。光的电磁波理论能方便地解释光的反射、折射、干涉和偏振等现象，因此，在矿物晶体光学属性的讨论中主要涉及光的波动特性，称其为光波。

无线电波至 γ 射线的各种电磁波组成连续的电磁波谱，肉眼能感知的可见光波是其中波长为 390~770nm 的电磁波（图 2-1）。可见光波长不同而呈现红、橙、黄、绿、青、蓝、紫共 7 种颜色，通常所见的白光，是这 7 种色光按比例组成的混合光。

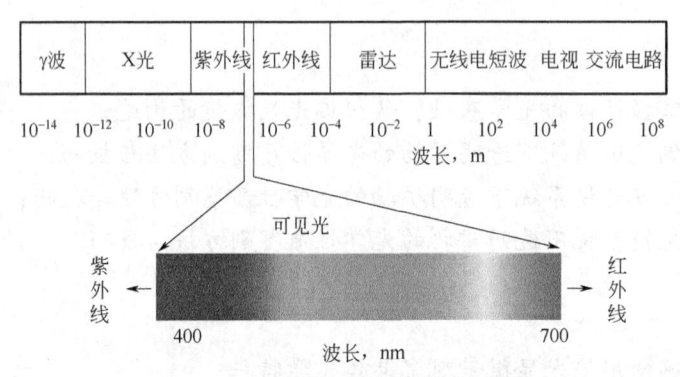

图 2-1 可见光在电磁波谱中的位置

光波作为电磁波，是依靠交变电磁场之间的相互作用而传播的。光源中一个原子一次辐射形成的光波可用两个互相垂直的电矢量 E 与磁矢量 H 来表征，二者同时垂直于光波的传播方向（图 2-2）。实验表明，产生感光作用和生理作用的是光波中的电矢量 E，所以讨论光的作用时，一般只考虑电矢量 E 的振动，又将 E 称为光矢量，E 的振动称为光振动。传播方向与振动方向垂直的波是横波，因而光波是一种横波（图 2-3）。

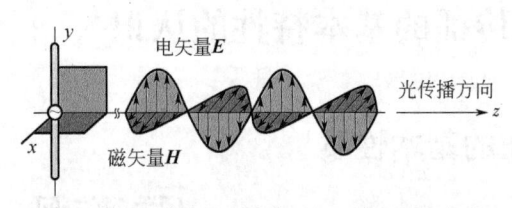

图 2-2 光波传播方向与电、磁矢量的关系

根据光波振动特点的不同，可以把光波分为自然光和偏振光（图 2-4）。一切实际的光源，如阳光、烛光、电灯光等，所发出的光波都是自然光。自然光的特征是，光波在垂直其传播方向的平面内做任意方向的振动，其振动面均匀对称、瞬息万变，而且各个振动方向的振幅相等。

二、光的折射、反射与吸收

光在同一种介质中沿直线传播，当光传播到两种介质的界面时，如空气与水或空气与玻璃等的界面时，部分光会进入第二种介质传播，部分光将继续在第一种介质中传播，而发生折射与反射。进入第二种介质传播的光称为折射光，继续在第一种介质中传播的光称为反射光，它们各自遵循折射定律和反射定律（图2-5）。

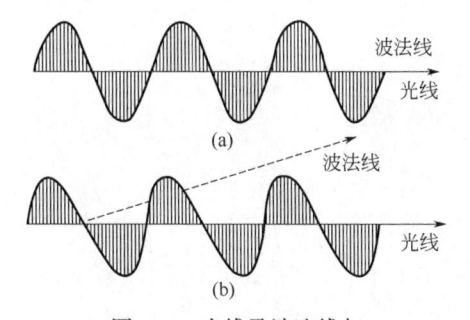

图2-3 光线及波法线与光矢量方向的关系

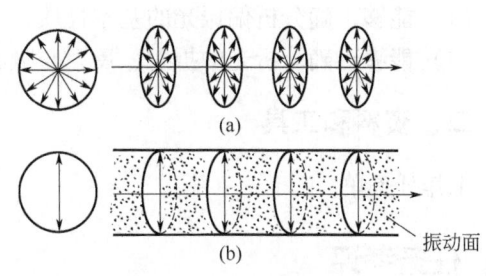

图2-4 自然光（a）与平面偏光（b）的振动特点

折射率的数值和光的传播速率，与介质的物质组成和内部结构密切相关。折射率的大小还与入射光波长有关，不同波长的单色光，折射进入同种介质时，其折射率往往各不相同。通常所指的折射率，如无附加说明均是对黄光而言。折射率是矿物最重要的光学常数，是薄片中鉴定矿物与岩石的重要依据之一。

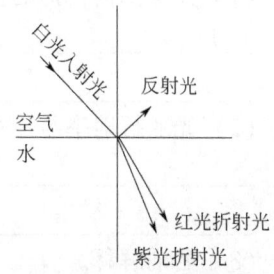

图2-5 光的折射与反射

矿物表面反射光的强弱与反射能力的高低，常用反射率 R 来描述。反射率的高低，与介质的物质组成、化学键类型等密切相关，还与其表面光滑程度、入射角、入射光频率等因素有关。因此，反射率的精确测定，必须磨平抛光表面，用单色光源和显微光度计来完成。通常还可以依据类比原则，与标准矿物样品比较，来确定矿物反射率的大小与等级。反射率是矿物（尤其是不透明矿物）的重要光学常数与鉴别依据之一。

实验表明，光波在介质内传播的过程中，随传播距离的增加，光强及光矢量的振幅将逐渐衰减，最终变为0，此现象称为介质的吸收性。

反射率与吸收系数，是金属、不透明介质及不透明矿物最重要的光学常数，是应用反光显微镜鉴定不透明矿物的主要特征之一，在储层的成岩作用研究中也获得应用。

三、全反射与全反射临界角

由折射定律可知，当光线由折射率较小的光疏介质进入折射率较大的光密介质时，相对折射率大于1，即 sin$i$/sin$r$>1，入射角 i 大于折射角 r，其折射光更靠近法线，不论入射角多大，折射光线均在光密介质内传播。反之，光线由折射率较大的光密介质进入折射率较小的光疏介质时，其相对折射率小于1，即 sin$i$/sin$r$<1，其入射角 i 恒小于折射角 r，折射线向远离法线的方向偏折；若逐渐增大入射角 i，折射角 r 也逐渐增大，当折射角 r 增大至90°时，入射光不再进入光疏介质，而是一部分沿界面方向射出，一部分反射回光密介质中，此时的入射角称"全反射临界角"，以 φ 表示。若继续增大入射角 i，即 $i>\varphi$，入射光不再进入光疏介质而是全部被反射回光密介质中，这种现象称为"全反射"。

任务实施

一、目的要求

（1）能够正确分析偏振光的基本性质；
（2）能够正确分析光的折射、反射与吸收。

二、资料和工具

工作任务单。

任务考评

一、理论考评

（1）光是如何传播的？
_____
_____

（2）光的折射率与什么有关？
_____
_____

（3）名词解释。
偏振光：_____
光的折射：_____
光的反射：_____
全反射：_____

（4）判断题。
① 光是一种电磁波。（　　）
② 传播方向与振动方向垂直的波是横波。（　　）
③ 光在同一种介质中不沿直线传播。（　　）
④ 折射率的大小与入射光波长有关。（　　）
⑤ 波长较长的光折射率较小。（　　）
⑥ 反射光和折射光均为自然光。（　　）

任务二　认识光性均质体和光性非均质体

任务描述

矿物是自然界分布最广泛的天然光学介质，依据光传播的特征，可分为光性均质体与光性非均质体两大类，光性非均质体又可细分为一轴晶矿物和二轴晶矿物。本任务通过分析光在矿物晶体内传播的基本特性，区分光性均质体与光性非均质体，进行一轴晶和二轴晶双折射的比较。

相关知识

一、光性均质体

一切未受应力作用的高级晶族的矿物（如萤石、石榴子石等）、非晶质矿物（如蛋白石、火山玻璃等）、空气、玻璃等，都是光性均质体。

大量的实验研究表明，光在这些均质体中传播，无论其传播方向如何，也无论是自然光或是偏振光，其传播速率不变，折射率恒定相等，即光的速率和折射率与传播方向无关，也与光的振动方向无关；光在均质体内传播过程中，波前面或为圆球面（点光源辐射光）或为平面（平行光），波法线方向与光线（光能）传播方向始终平行重合；当光由空气等介质经界面正入射到这些矿物中传播时，正入射光为自然光，折射光与反射光仍为自然光，正入射光为固定方向振动的偏振光，折射光与反射光也为偏振光，且振动面方向与入射光一致（斜入射时因布儒斯特现象而较为复杂）；光在传播至均质体界面上时，将发生折射和反射，并将完全遵循折射定律和反射定律。

光性均质体最主要的特点是光学性质各向同性。光在其中传播时，光的速率和折射率恒定不变，吸收系数、反射率、颜色等恒定不变，波法线方向与光线方向始终重合一致，可以传播任意方向的自然光和偏振光，光传播至两种均质体的界面时，有反射与折射发生，且遵循反射定律和折射定律，正入射时不改变入射光的振动特点。

二、光性非均质体

一切中级晶族和低级晶族的矿物晶体，以及受过应力作用的高级晶族的晶体，光学性质与其内部结构一样，是各向异性的，统称为光性非均质体。

光由空气等介质正入射或斜入射到光性非均质体中传播时，入射光与折射光的振动特性会发生明显的改变：入射光为自然光，折射光常常被分解为振动面方向互相垂直的两列平面偏振光；入射光为偏振光，折射光也常常被分解为振动面方向互相正交的两列平面偏振光（特殊情况除外）；并且，两列偏振光的传播速率不同、折射率大小各异。光性非均质体将入射光分解为速度不等、折射率各异、振动面方向互相正交的两列平面偏光的现象称为双折射，两列偏振光折射率之差值称为双折射率（重折射率）。

双折射现象和双折射率是光性非均质体专有的光学属性，是光性非均质体与光性均质体最本质的区别。可以认为，凡具有双折射特征的介质均是光性非均质体，凡无双折射现象、无双折射率（或双折射率为零）的介质均是光性均质体。

详细研究表明，光在非均质体矿物中的某一个（或两个）特殊方向传播时，不发生双折射，这种特殊的不产生双折射的方向称为非均质体的"光轴"。据此可将光性非均质体分为一轴晶和二轴晶。

光性均质体与光性非均质体是迥然不同的介质，其差异概括于表 2-1 中。

表 2-1 光性均质体与光性非均质体的比较

属性	光性均质体	光性非均质体
折射率与光速	恒定不变，与方向无关	随方向的变化而改变，具双折射现象，双折射率不为零
波前与波法线	波前面为圆球面或平面，光线始终与波法线平行重合	波前面为椭球面或平面，光线与波法线分离（特殊方向除外）

续表

属性	光性均质体	光性非均质体
光的振动特性	折射光与入射光振动特性相同，既透过自然光也透过偏光	入射光与折射光的振动特性常各不相同，仅能在互相垂直的两平面内透过偏振光，该两平面分别为二偏光的振动面，振动面的交线为二偏光共有的波法线
折射定律的适用性	折射光与入射光的关系可用折射定律精确描述	折射光可分为常光与非常光，折射定律适用于前者而不适用于后者
对称性及分类	未受应力作用的等轴晶系矿物及非晶质矿物，对称程度极高	中级晶族、低级晶族的矿物以及受应力作用的等轴晶系与非晶质矿物；对称性中等至差，具明显的异向性；可细分为一轴晶矿物和二轴晶矿物
其他性质	颜色、吸收性等均无异向性	颜色、吸收性等与方向有关，常具不同程度的多色性

任务实施

一、目的要求

（1）能够正确区分光性均质体与光性非均质体；
（2）能够正确分析二轴晶的基本特征。

二、资料和工具

（1）工作任务单；
（2）一轴晶与二轴晶模型。

任务考评

一、理论考评

（1）光性均质体有哪些特征？
_____
（2）光性非均质体有哪些特征？
_____
（3）名词解释。
一轴晶：_____
二轴晶：_____
双折射：_____
非均质体：_____
（4）判断题。
① 空气、玻璃，都是光性均质体。（　　）
② 中级晶族的矿物晶体和受应力作用晶格变形的等轴晶系的矿物，有一个且只有一个方向的光轴。（　　）
③ 二轴晶是自然界中分布更为广泛的光性非均质体。（　　）
④ 矿物是自然界分布最广泛的天然光学介质。（　　）

⑤ 光在其中传播时，光的速率和折射率恒定不变。（　　）
⑥ 光的速率和折射率与传播方向无关。（　　）

二、技能考评

书写下列二轴晶中不同位置所对应的名称：

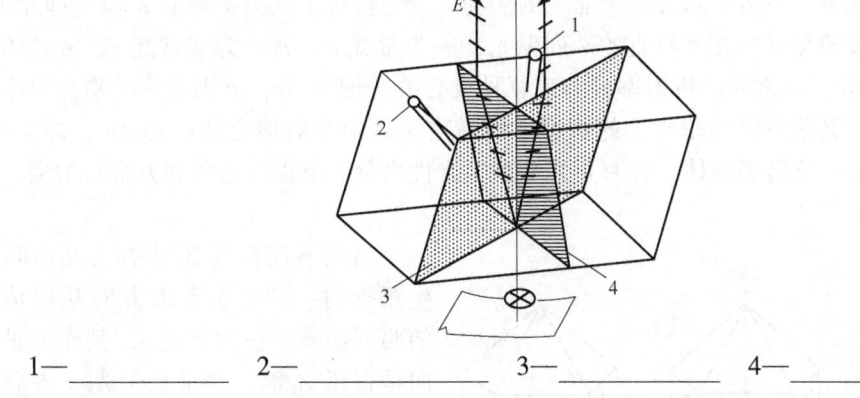

1—_____　2—_____　3—_____　4—_____

任务三　认识光率体及光性方向

任务描述

光波在光性非均质体内传播时，偏光的振动面方向及对应的折射率因晶体的不同而异，对同一晶体，当共有波法线方向变化时，偏光振动面方向与对应折射率也相应变化。为形象地描述这些现象，表征其规律，并从中找出其内在联系，引入光率体的概念（视频13）。本任务通过分析晶体的光率体特征，掌握一轴晶/二轴晶光率体的构成，通过二轴晶光率体不同切面来对晶体进行鉴定，可以确定晶体的光性方向。

视频13　光率体的认识

相关知识

一、光率体概念

光率体，或称光性指示体，是表征晶体内偏光的振动方向、对应的折射率及其变化规律的立体几何图形，也是晶体内偏光振动方向、对应折射率及其变化规律的光性指示体。

光率体充分反映了矿物光学性质中最本质的特点，形象直观，在晶体光学中获得了广泛的应用。依据光率体，就能很方便地依据共有波法线（或正入射光）的方向，确定偏光振动面的方向及对应的折射率；同样，依据光率体所反映的偏光振动面方向及相应折射率的变化规律，能够解释许多晶体光学现象；还可以依据光率体的形态和大小（光率体各半径的长短与比值），区分鉴定矿物；用偏光显微镜鉴定矿物和岩石时，也是以光率体的大小、形态及其在矿物晶轴的位置关系为依据的。

高级晶族和一切非晶质的矿物具有各向同性的特征，光在这些物质中传播时，沿任何方向振动的光波的折射率均相等。所以均质体的光率体是一个圆球体。均质体光率体任意方向的切面都是半径相等的圆,圆的半径代表均质体的折射率值(N),即均质体任何方向上的折射率均恒定不变。不同均质体矿物光学性质的差异主要表现在球形光率体的半径各不相同,即不同均质体矿物的区别在于其折射率的数值各不相等。

二、一轴晶光率体

一轴晶包括四方、三方、六方三个晶系的矿物。当光垂直于这类矿物的 Z 轴(即光轴)正入射时,折射形成振动面相互垂直的两列偏光,一为常光 o,另一为非常光 e。常光的折射率为定值记为 No,非常光的折射率(与矿物种类有关)记为 Ne,分别为该矿物折射率的最大值和最小值,其他方向的非常光的折射率值递变于这两个数值之间记为 Ne'。即是说,一轴晶的光率体为一旋转椭球体,并有正光性和负光性之分。下面以石英和方解石为例,分别进行说明。

当光垂直石英 Z 轴射入晶体时发生双折射,产生振动面方向互相垂直的两列偏光。一为常光 o,其光矢量方向垂直于 Z 轴,并垂直于光波传播方向,在折射率仪上测得其折射率 $No=1.544$。另一为非常光 e,其振动面方向平行 Z 轴,在折射率仪上测得其折射率 $Ne=1.553$。自晶体中心在平行 Z 轴的方向上按比例截取 $Ne=1.553$ 的长度,在垂直 Z 轴方向按比例截取 $No=1.544$ 的长度。以此二线段为长短半径,可构成一个椭圆形切面。垂直 Z 轴的其他任何方向射入的光,均可构

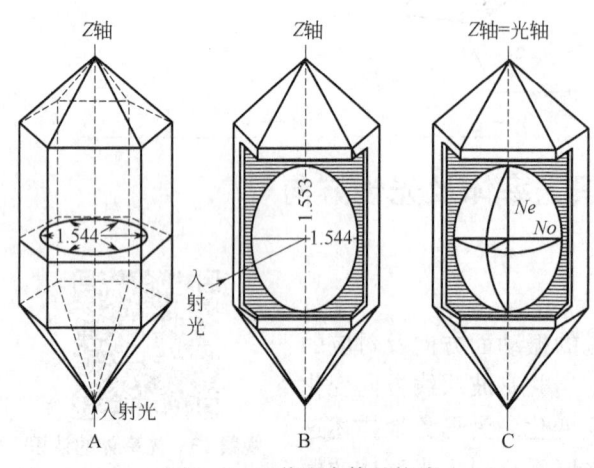

图 2-6 石英光率体的构成

成相同的椭圆切面。将这一系列椭圆切面联系起来,便构成一个以 Z 轴为旋转轴的旋转椭球体,这就是石英的光率体(图 2-6)。

这种光率体的特点是:以结晶轴 Z 轴(即高次对称轴 L^3 与光轴)为旋转轴的"细长"的旋转椭球体,即旋转轴的长度大,是光率体的长轴。表明振动面平行光轴的非常光 e 的折射率,总是比光矢量与光轴垂直的常光 o 的折射率大,即 $Ne>Ne'>No$。凡具有这种形态光率体的晶体矿物,统称为一轴晶正光性矿物,或简称为一轴正晶。

一轴晶(正或负光性)光率体的旋转轴即是光轴,其半径长度恒与非常光折射率 Ne 对应,水平轴的半径长度与常光折射率 No 对应。显然,Ne 与 No 分别是矿物晶体折射率的最大值和最小值,同种矿物 Ne 与 No 是唯一的,称 Ne 和 No 为一轴晶矿物的"主折射率",Ne 与 No 之差为一轴晶最大双折射率。光率体的形状和大小仅与 Ne 和 No 的长短有关,又称其为一轴晶矿物的"光学主轴"。

三、二轴晶光率体

二轴晶包括低级晶族的斜方、单斜及三斜三个晶系的矿物。以斜方晶系的橄榄石为例,说明二轴(正)晶光率体的构成。

斜方晶系有相互垂直的三个方向的结晶轴(即 X 轴、Y 轴和 Z 轴),当正入射光(或折

射光波法线）平行 Z 轴时（图2-7），经折射形成振动面正交的二偏光，测得振动面平行 X 轴偏光的折射率最大值 $Ng=1.692$，振动面平行 Y 轴偏光的折射率最小值 $Np=1.657$，以此为半径可作一椭圆。

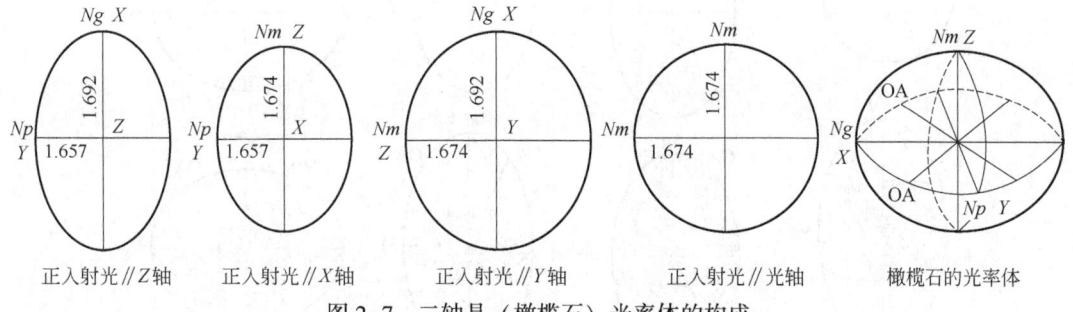

图2-7 二轴晶（橄榄石）光率体的构成

当正入射光（或折射光波法线）平行 X 轴时，经折射形成振动面正交的二偏光，测得振动面平行 Y 轴偏光的折射率最小值 $Np=1.657$，振动面平行 Z 轴偏光的折射率中间值 $Nm=1.674$，以此为半径可作一椭圆。

当正入射光（或折射光波法线）平行 Y 轴时，经折射形成振动面正交的二偏光，测得振动面平行 X 轴偏光的折射率最大值 $Ng=1.692$，振动面平行 Z 轴偏光的折射率中间值 $Nm=1.674$，以此为半径可作一椭圆。

当正入射光（或折射光波法线）平行光轴 OA 时，不发生双折射，即振动面可在任意方向发生，测得其折射率恒为 $Nm=1.674$，以此为半径可作一圆。

将上述椭圆和圆按相应关系在空间上组合起来，即得到二轴晶（橄榄石）的三轴椭球形的光率体。

光率体中包含两个方向主轴的切面，称为二轴晶的"主轴面"，又称为"光学主平面"或"光学对称面"，二轴晶有 Ng—Nm 主轴面、Ng—Np 主轴面和 Nm—Np 主轴面，三主轴面互相垂直，每一主轴面又垂直于另一主轴。在二轴晶光率体中垂直光轴 OA 的切面为圆切面，这样的圆切面共有 2 个方向，二圆切面过主轴 Nm 且半径长为 Nm，对称地分布于 Ng 或 Np 的两侧。相应二圆切面的法线方向即为二光轴 OA_1 和 OA_2（图2-8）。

四、光性方位与光性异常

矿物晶体中，光率体与晶轴之间的关系称为光性方位。光率体在晶体中的位置，受晶体对称要素的支配，不同的矿物其光率体光学主轴与结晶轴的关系常是各不相同的，了解这些关系对研究晶体的光学性质与矿物鉴定均有重要的价值。

一轴晶光率体为旋转椭球体，中级晶族的三方晶系、四方晶系和六方晶系的矿物均有唯一高次对称轴，对称程度较高，二者间的关系较为简单，即光率体的旋转轴 Ne（即光轴 OA）与中级晶族晶体的 Z 轴（即高次对称轴 L^3、L^4、L^6）相重合一致（图2-9）。

二轴晶光率体为三轴椭球体，有三个相互垂直的

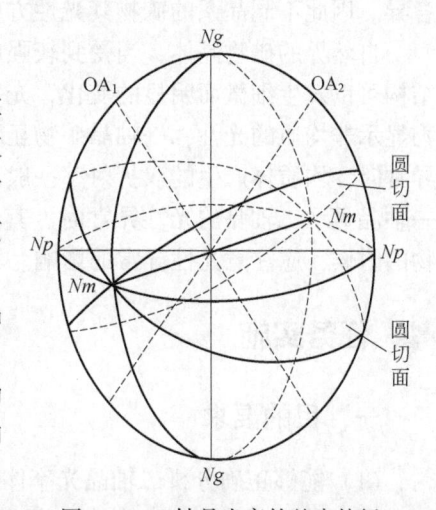

图2-8 二轴晶光率的基本特征

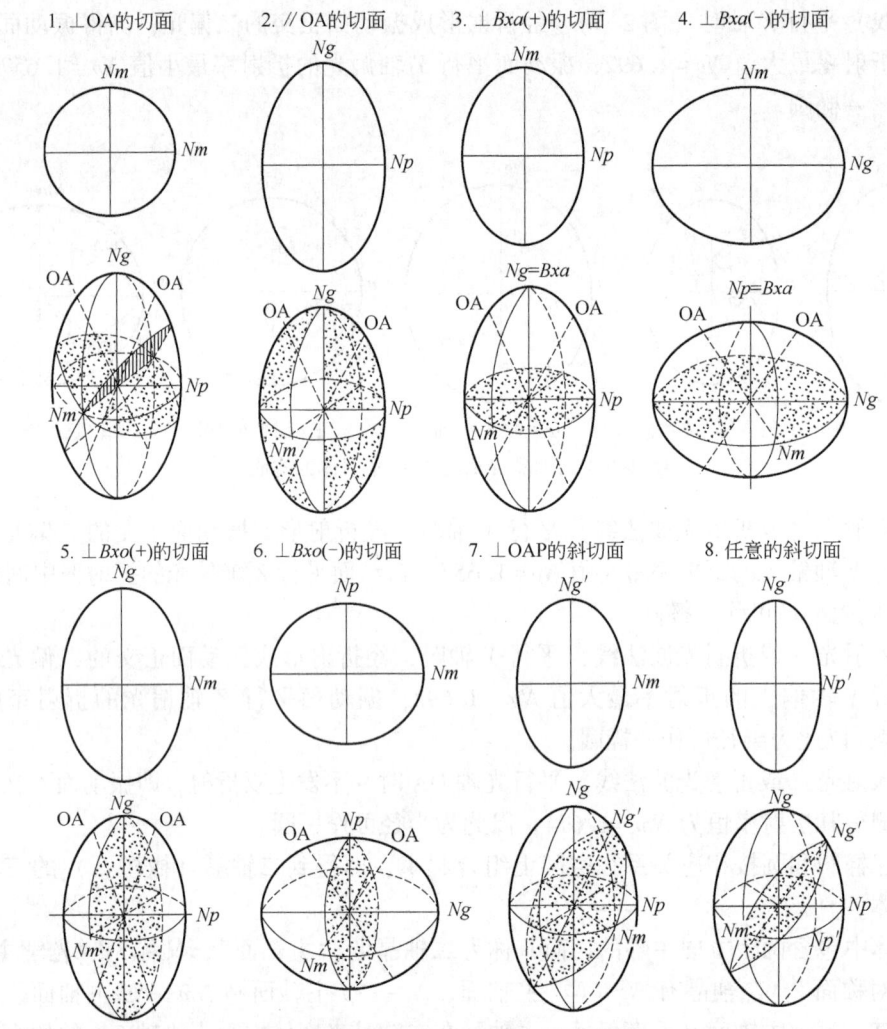

图 2-9 二轴晶光率体主要切面类型特征（据李德惠，1984，略改）

光学主轴，相当于光率体的二次对称轴。低级晶族的矿物晶体对称程度各不相同，晶体参数各异。因此不同晶系的矿物其光性方位的特征各不相同。

自然界的矿物晶体，当受到较强应力作用或发生成分改变等因素的影响，矿物晶体内部结构可以发生细微而明显的变化，光率体的形态与光性方位相应地会发生变异，即均质体矿物显示非均质的光性，一轴晶矿物显示二轴晶的光性，这种现象称为光性异常。在出现光性异常时，均质体产生的双折射率一般不大，且在一个晶体切面上的消光现象往往很不均一。一轴晶显示二轴晶的光性异常时，其 $2V$ 角一般不大（个别矿物可达 40°～45°）。在鉴别矿物的时候，应注意光性异常的影响。

任务实施

一、目的要求

（1）能够正确分析二轴晶光率体的基本特征；
（2）能够正确分析光率体的形态与光性方位。

二、资料和工具

(1) 工作任务单；
(2) 一轴晶与二轴晶模型。

任务考评

一、理论考评

(1) 一轴晶光率体有什么特征？
_____
(2) 二轴晶光率体有什么特征？
_____
(3) 名词解释。
光率体：_____
均质体光率体：_____
一轴晶光率体：_____
二轴晶光率体：_____
(4) 判断题。
① 不同的矿物晶体，其光率体的大小、形态及与晶轴的位置关系是各不相同的。(　　)
② 高级晶族和一切非晶质的矿物具有各向同性的特征。(　　)
③ 不同均质体矿物光学性质的差异主要表现在球形光率体的半径各不相同。(　　)
④ 一轴晶的光率体有正光性和负光性之分。(　　)
⑤ 二轴晶矿物的光性没有正和负之分。(　　)
⑥ 二轴晶光率体为三轴椭球体。(　　)

二、技能考评

书写下列二轴晶光率体主要切面类型：

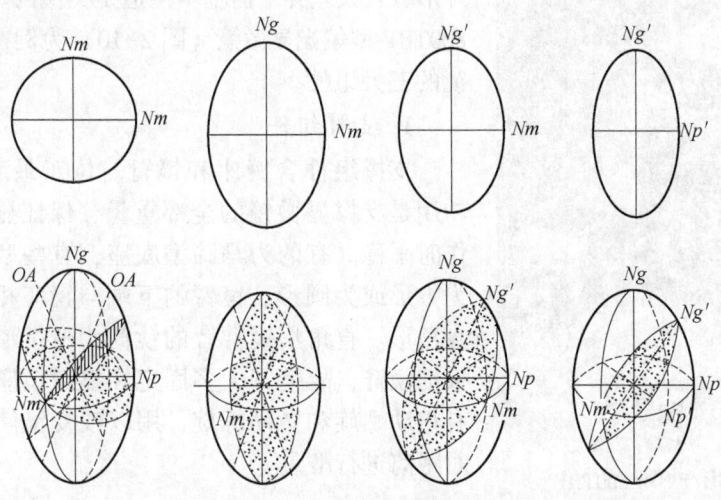

项目二　偏光显微镜的使用

任务一　认识偏光显微镜的功能及组成

📖 任务描述

偏光显微镜鉴定法是鉴定透明矿物和岩石的最基本方法，是学习矿物和岩石学的重要基础（视频14）。晶体光学的应用范围有矿物、岩石、冶金、建材、玻璃、陶瓷、医药、化工、铸造。通过本任务的学习，学生熟悉掌握偏光显微镜的功能及组成，为使用偏光显微镜鉴定矿物晶体打下基础。

视频14　偏光显微镜的结构及使用方法

📖 相关知识

一、偏光显微镜的基本功能

偏光显微镜是研究晶体光学性质和鉴定矿物及岩石的重要仪器，基本功能有二。其一是放大功能，与放大镜的作用类似，可将物像放大，看得更清楚。显微镜的放大倍率比放大镜的高得多，可达几十倍、几百倍，甚至上千倍。其二是偏光功能，利用起偏镜和检偏镜将自然光变为偏光并检测偏振光，以测定矿物不同方向的光学性质。偏光显微镜的偏光功能可较方便地观测矿物的折射率、颜色、多色性、干涉色等光学特性，还可观测这些光学性质随方向的变化规律，从而能有效区别各种矿物，甚至矿物的类质同象变种或同质多象变体均能较好地鉴别。偏光功能是偏光显微镜与普通生物显微镜的主要区别。

二、偏光显微镜的基本组成

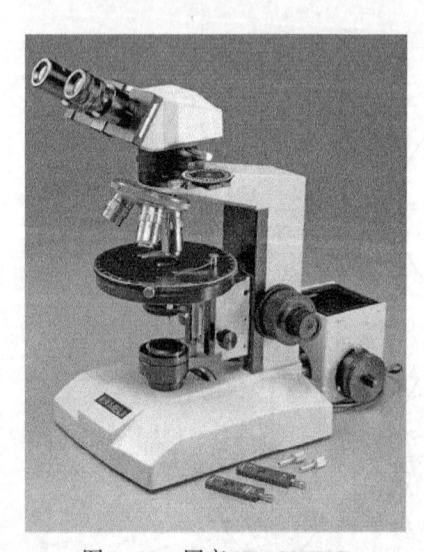

图2-10　国产NP-800TRF型偏光显微镜

偏光显微镜的类型很多，生产厂商和型号的不同，外形有较大差异，但基本构造是类似的。现以国产NP-800TRF型偏光显微镜（图2-10）为例，介绍偏光显微镜的三大组件。

1. 支撑组件

支撑组件含镜座和镜臂。位于最底部的是镜座，功用是支撑显微镜的全部重量，保证显微镜安放与操作时平稳。有的为马蹄型底座，有些型号的显微镜座为方形或为圆形。镜臂的下端与镜座相连，呈弓形或直角形。直角形镜臂者的镜筒为弯折形，观察时无需扳动镜臂，故镜臂大多固定在显微镜座上。镜臂上还有粗动螺旋和微动螺旋，用以改变镜筒与载物台的相对距离进行准焦。

2. 下部光学组件

下部光学组件含下列主要部件：

（1）反光镜或光源系统。反光镜是一个双面反光镜，一面为平面，一面为凹面，可以任意转动，以便将灯光或阳光反射入显微镜，当光强较大或需平行光的时候用平面镜，光源较弱或需聚敛光观察时则用凹面镜。许多研究型偏光显微镜无反光镜，而配备电光源及调节部件，以保证任何时候均有明亮均匀且稳定的照明。

（2）下偏光镜，又称起偏振器，在光源（或反光镜）之上，目前多用偏光片制成。光源发出的自然光，经过下偏光镜之后，被过滤为在固定方向上振动的平面偏光，其振动方向以 PP 表示，不同的偏光显微镜下偏光振动方向或位于视域的南北方向，或位于视域的东西方向，通常可以转动，以调节振动方向的精确位置。

（3）光栏，又称锁光圈，位于下偏光镜之上，可以任意开合，用以调节光强度，某些观察需要挡去视域边缘倾斜角度较大的光线，也须使用光栏。

（4）聚光镜，位于物台下，由一组透镜组成，可把来自下偏光镜的一束平行偏光，聚敛成锥形偏光，故又称其为"锥光镜"。聚光镜上有手柄，不用时可推向旁侧。聚光镜的数值孔径较大，有些显微镜中还备有一个数值孔径更大的聚光镜，专门用来配合油浸物镜使用，必要时可将它换上。聚光镜是构建锥光系统的必要部件，即主要用于干涉图的观测，在其他需强光的情况也可使用。

（5）载物台，是一个可以水平转动的圆盘形平面，边缘带 360°刻度和游标尺。载物台上有固定螺钉，必要时可将载物台固定。载物台的中心为一圆孔，是光波的通路，盘上有薄片夹持器，用以固定薄片，还用于安装机械台等其他附件。

3. 上部光学组件

上部光学组件包括：

（1）镜筒，为一长形直通金属圆筒，或呈肘状弯曲，普通显微镜多为单镜筒，生产及研究用显微镜多为双镜筒，安装在镜臂上，转动镜臂上的粗动螺旋和微动螺旋，可使镜筒（或载物台）上升或下降，用以调节焦距，镜筒上端可安装目镜，下端可安装物镜。在物镜的上方有长方形试板孔，可以插入各种补色器；试板孔上方有上偏光镜，镜筒最上部安装有勃氏镜。

（2）物镜，或称接物透镜，是偏光显微镜最重要的光学部件之一，它由若干片不同材料的透镜组成，以校正色差、球面差等成像误差。每台显微镜常配有 4~7 个不同放大倍率的物镜。物镜靠螺纹或弹簧夹固定在镜筒的下端。数值孔径、光孔角和放大倍率是标志物镜性能的重要指标。数值孔径，或称计量光孔，以 N.A 标记。光孔角（或称角度孔径）是指物镜最边缘的光线在准焦时所构成的角度，以 2θ 表示。

除了前述偏光显微镜的基本构件外，偏光显微镜还有一些必备的附件，其用途将在相应部分中叙述。

任务实施

一、目的要求

（1）能够正确分析偏光显微镜的基本功能；
（2）能够正确知道偏光显微镜的基本组成。

二、资料和工具

（1）工作任务单；
（2）偏光显微镜及组件。

任务考评

一、理论考评

（1）偏光显微镜的组成部分有哪些？
_____
（2）偏光显微镜的基本功能有哪些？
_____
（3）名词解释。
反光镜：_____
下偏光镜：_____
物镜：_____
目镜：_____
（4）判断题。
① 偏光功能是偏光显微镜与普通生物显微镜的主要区别。（   ）
② 偏光显微镜是由支撑部件、下部光学组件及上部光学部件组成。（   ）
③ 反光镜是一个双面反光镜，一面为平面，一面为凹面。（   ）
④ 显微镜的图像清晰度或分辨率与数值孔径的平方成正比。（   ）
⑤ 正交偏光镜，即使用上偏光镜、下偏光镜、物镜和目镜组成的光学系统。（   ）
⑥ 聚光镜是构建锥光系统的必要部件。（   ）

二、技能考评

书写下列偏光显微镜所对应的组成部分：

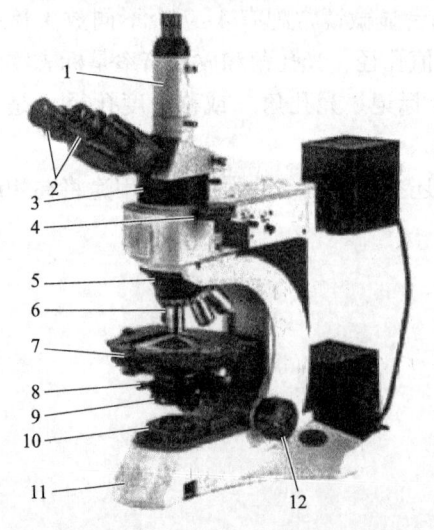

1_____ 2_____ 3_____ 4_____
5_____ 6_____ 7_____ 8_____
9_____ 10_____ 11_____ 12_____

任务二　认识偏光显微镜的调整与校正

任务描述

为保证工作正常、高效地进行，在使用偏光显微镜前，应将显微镜各部系统调节至能够准确观察测定的状态，这对初学者尤为重要。通过本任务的学习，让学生熟悉掌握偏光显微镜的调整与校正，可以使用偏光显微镜的基本功能并可以进行岩石薄片的制作。

相关知识

一、镜头装卸

镜头装卸，分为目镜的装卸和物镜的装卸。目镜和物镜是偏光显微镜最娇贵的部件，不使用时均放在附件盒中，或置于干燥器内。因此镜头的装卸是最经常的操作项目。目镜的装卸较简单，选取适当倍率的目镜（一般用5×或者10×目镜）插入镜筒上端即可。当目镜上有定位销时，应将定位销安放在镜筒相应的定位销槽中，使十字丝恰好处于视域的正东西或南北方向。如安装的结果不能使十字丝正好在东西和南北方向，可将目镜定位销提起，旋转适当角度，将十字丝置于正东西和南北方向位置为止。

二、调节照明

调节照明，或称为对光。装好目镜及中倍物镜后，推出上偏光与勃氏镜，打开下部光栏（锁光圈），转动反光镜至视域最明亮为止。若用日光做光源时应注意勿使反光镜正对太阳，以免损伤眼睛。若显微镜底座带照明装置，则接通光源照明电路，将亮度调至适度即可。

三、调节焦距

调节焦距，或称为准焦。先将欲观察的薄片置于载物台的中心，用薄片夹持器固定好，注意薄片的"盖玻片"必须在上方，否则难以准焦且移动不顺畅，使用高倍物镜时，甚至会损坏薄片及镜头；再从侧面看着物镜头，同时转动粗动螺旋，将镜筒下降至最低位置，若选用高倍物镜则应下降至几乎与薄片接触为止；最后从目镜中观察，同时缓慢旋转粗动螺旋使镜筒上升至物像基本清楚，再换用微动螺旋调节，直至物像完全清晰为止。

四、校正中心

校正中心，也称为"对中"。为保证观测和测量，显微镜的视域中心（目镜十字丝交点）和载物台旋转中心之间应严格重合，其标志是旋转载物台，视域中心的物像总处于十字丝的交点上，其余各物像绕视域中心作圆周运动。

视域中心的校正，一般是旋动两个互相正交的"中心校正螺钉"来进行。具有物镜转换器的显微镜，中心校正螺钉安装在转换器上，卡口式物镜的中心校正螺钉安装在物镜上。校正中心的步骤如下：

— 63 —

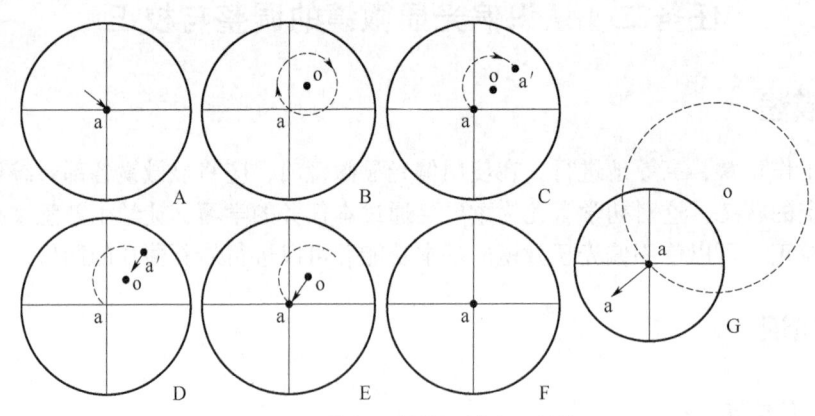

图 2-11　偏光显微镜视域中心的校正

（1）检查物镜是否安装在正确的位置上。中心校正螺钉的调校范围有限，如果镜头安装不准确，根本无法校正中心，而且可能损坏校正螺钉及镜头。

（2）将薄片固定在载物台上，在视域中选一细小物像 a（如矿物的角顶或细小晶体等）准焦并置于十字丝交点上，转动载物台，观察物像 a 的运动情况。若物像 a 不离开十字丝交点（图2-11F），则中心准确不用校正；若物像 a 离开十字丝交点在视域内做圆周运动（图2-11B），则有偏心，应进行调节校正。

（3）自细小像点 a 处于十字丝交点开始计算，转动载物台180°，a 必处于远离十字丝交点的 a'处，将 a'点与十字丝交点连线，其连线中点 o 为物像（载物台）的旋转中心。

（4）转动校正螺钉，使旋转中心 o 点沿 a'o 的方向移动至十字丝交点。移动薄片，再将 a 置于十字丝交点上，转动载物台若 a 不偏离十字丝交点，即校正准确；若有偏离，按上述步骤操作2至3遍，即可保证物像 a 不偏离十字丝交点而完成校正。

（5）若偏心严重，旋转载物台时，像点 a 转出视域之外（像点的旋转中心也可能在视域外）（图2-11G），此时需估计"旋转中心 o 的位置"，转动校正螺钉使 o 点移至十字丝交点。重复上述操作数遍，即可保证物像 a 不偏离十字丝交点而完成校正。

五、校正偏光振动面的方向

在正常工作时，偏光显微镜的上偏光镜和下偏光镜偏光的振动面方向，必须分别为东西和南北方向，即各自与目镜的横丝和纵丝分别平行。故在使用显微镜前，必须检验并校正偏光镜振动面的方向。

通常用黑云母来检验并校正下偏光镜的振动面方向（图2-12）。选取⊥（001）切面的黑云母晶体（以板条状、一组细密的极完全解理、多色性极强为特征）置视域中心，推出上偏光镜（组成单偏光系统），转动载物台至该黑云母颗粒的颜色最深暗的位置，黑云母解理纹的方向即为下偏光镜偏光振面的方向。此时若黑云母解理纹与目镜中横丝平行，表明下偏光镜振动面方向为东西（PP）方向，符合要求不须校正；若黑云母颜色最深暗时解理纹与目镜中横丝斜交，表明下偏光镜振动方向需要校正。校正步骤是：（1）转动载物台至黑云母解理纹与目镜中横丝平行；（2）松开下偏光镜的固定螺钉并缓慢转动下偏光镜适当角度，至该黑云母颜色变得最深暗为止；（3）再锁紧下偏光镜的固定螺钉，即完成下偏光镜的校正工作。

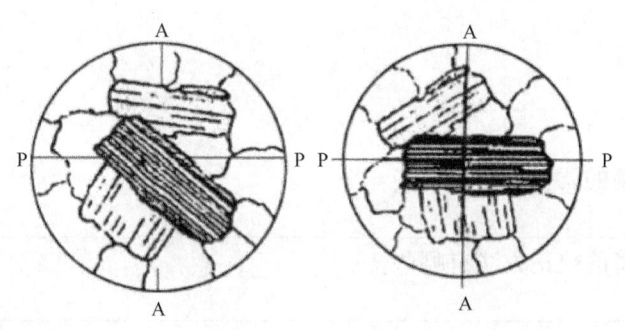

图 2-12　利用黑云母检验校正下偏光的方向

也可以用电气石来检验校正下偏光镜（图 2-13）。选取平行于 Z 轴的针柱状电气石晶体置视域中心，转动载物台至电气石颜色最浅淡的位置，此时若电气石的长径与目镜横丝平行，表明下偏光镜振动面为 PP 方向不需校正，否则需进行调校。调校方法是，将电气的长径（Z 轴）旋至与目镜横丝平行，而后松开下偏光镜固定螺钉，转动下偏光镜至柱状电气石的颜色最浅淡为止，再紧固下偏光镜的固定螺钉，完成校正工作。

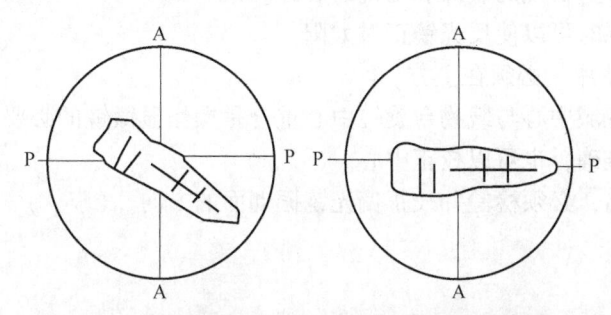

图 2-13　利用电气石检验校正下偏光镜方向

在下偏光镜方向检验校正完成后，再检验校正上偏光镜的方向。方法是去掉载物台上的薄片，推入上偏光镜，如视域完全黑暗（处于消光位置），则上下偏光镜偏光振动面方向是正交的；如不完全黑暗（不消光），则上偏光的振动方向需校正。松开上偏光镜的固定螺钉，缓慢转动上偏光镜至视域消光为止，紧固上偏光镜的固定螺钉即完成上偏光镜的校检工作。

任务实施

一、目的要求

（1）能够正确调整偏光显微镜；
（2）能够正确校正偏光显微镜。

二、资料和工具

（1）工作任务单；
（2）偏光显微镜及相关组件。

任务考评

一、理论考评

（1）偏光显微镜的调整方法有哪些？

_____

（2）偏光显微镜的校正方法有哪些？

_____

（3）名词解释。

调节照明：_____

调节焦距：_____

校正中心：_____

镜头装卸：_____

（4）判断题。

① 镜头装卸，分为目镜的装卸和物镜的装卸。（   ）

② 用日光做光源时可以使反光镜正对太阳。（   ）

③ 薄片的"盖玻片"必须在上方。（   ）

④ 保证显微镜视域中心与载物台旋转中心重合是操作显微镜的必要条件。（   ）

⑤ 镜头安装不准确，也可以校正中心。（   ）

⑥ 使用显微镜前，必须检验并校正偏光镜振动面的方向。（   ）

二、技能考评

下列图中哪个是校正成功的偏光振动面：（   ）

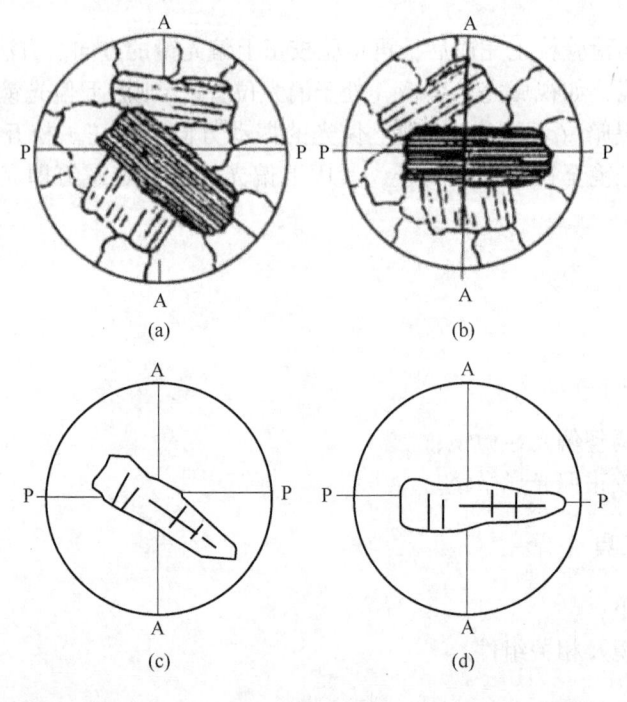

(a)

(b)

(c)

(d)

项目三　单偏光镜下矿物的光学性质观察与描述

任务一　观察单偏光镜下矿物的形态和解理

📖 任务描述

单偏光显微镜，是指仅用一个偏光镜（通常是用下偏光镜）组成单偏光系统（视频15）。矿物单晶体的形态包括晶体的形状、结晶习性、晶体的大小及晶面花纹等，矿物集合体的形态通常是指同种矿物集合在一起所构成的形态，它取决于矿物单体的形状及其排列的方式。矿物解理原称"劈开"，是指矿物受力后沿一定的方向裂开成光滑平面的习性，光滑的平面则称为解理面。矿物解理受晶体结构和化学键结合程度的控制，不同矿物因此具有不同组数（沿同一方向裂开成一系列平面称一组解理）、不同程度的解理。通过本任务的学习，学生可以通过单偏光镜的观测对矿物形态的晶习进行区分，划分解理等级，观测解理临界角，对解理夹角进行测定。

视频15　单偏光镜下的晶体光学性质

📖 相关知识

一、矿物晶体形态的观测

矿物晶体形态，含晶体习性和自形程度，是单偏光镜下主要观测内容之一。

薄片中同一种矿物晶体切面的方向和形状是多种多样的（图2-14），其中必有某几种出现频率较大的切面方向和切面形态，它们在很大的程度上反映了矿物外形的主要特征。例如六方柱状的磷灰石（图2-15），在薄片中常呈六边形切面（垂直及近于垂直 Z 轴的切面），还常见狭长的多边形切面（平行及近于平行 Z 轴的切面），把这几种不同方位的切片联系起来，即可以得出磷灰石的形态是柱状晶习的六方柱晶体形态。因此，在薄片中观测矿物晶体的形态，一定要全面观察认真统计，并善于把薄片中同一矿物不同方向切面的空间位置联系起来，再结合解理方向、解理夹角等矿物的其他特征，进行综合分析，就能够对矿物晶体的晶习及整体外形作出正确判断。

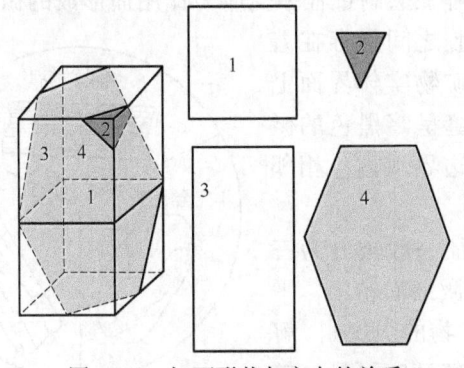

图2-14　切面形状与方向的关系　　　　图2-15　磷灰石的切面形状

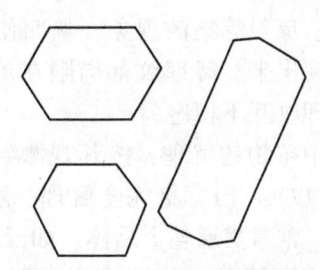

在观察矿物晶体形态的同时，还需要注意其晶形的规整与完好程度，即应该注重矿物晶体的自形程度。习惯上把薄片中矿物的自形程度分为三级（图2-16）：

矿物发育成完好凸多面几何体，晶体均被平整晶面所包围，在薄片中的切面都呈边平直、角顶尖锐的凸多边形者，称为"自形晶"。如岩浆岩中的副矿物磷灰石常呈六边形或两端稍带锥面的长柱状自形晶；榍石常呈楔形切面的自形晶。矿物晶体部分被平整晶面包围、部分被不规则表面封闭，在薄片中切面边界，部分平直、部分波曲者称为"半自形晶"。如岩浆岩中的角闪石，柱面常比较平直，两端的晶面常不完善。矿物晶体外表无平整表面和边界，在薄片中的切面边界均呈波状弯曲者称为"他形晶"，如花岗岩中的石英晶体。

图2-16 晶体的自形程度

自形程度与晶习是矿物最主要的形貌特征，以此为基础方可对岩石及储层的结构、构造进行全面的观测描述。自形程度与晶习是矿物和岩石形成物理化学条件的直接反映，以此为基础方可对岩石的成因及环境条件作合理的解释。例如，对于侵入岩，常可依据自形程度来确定矿物结晶的先后顺序，较早结晶的暗色矿物，如黑云母、角闪石，其自形程度往往比较晚结晶的长石、石英的自形程度好。

二、薄片中矿物解理的观测

1. 解理和解理的等级

解理是矿物晶体最稳定最典型的特征之一。不同的矿物，内部结构不同，常有不同类型、不同组数、不同夹角、不同方向的解理，解理是矿物相互区别的重要标志之一。例如，某些碱性玄武岩中的火山玻璃与方沸石都是均质体，光学特征相似，方沸石发育{100}不完全解理，火山玻璃是非晶质体无解理，据此可相互区别。

解理是晶体内部结构异向性的宏观表现，与结晶轴之间有确定的空间位置关系。因此，解理是薄片中确定晶体晶轴方向的重要标志。如普通角闪石发育{110}完全解理（两组）；在与两组解理面均正交的切面上，两组解理锐角平分线的方向为Y轴的方向（薄片法线为Z轴方向）；在只有一组解理的切面上，解理纹的方向为Z轴的方向。

单偏光镜下，薄片中矿物的解理常表现为一些相互平行的及角度相交的暗黑色的细线纹，称为解理纹（或解理缝）。这是由于薄片在磨制过程中受应力作用而形成的微细解理破裂面，又被树胶充填黏合，矿物实体与树胶之间常存在着不同程度的折射率差异，透射光在树胶与矿物实体界面上发生折射、反射等集散现象，从而使解理缝呈暗黑色的微细线纹显现出来。解理纹都局限在单晶体边界以内，相邻晶体的解理纹互不相连。

薄片中矿物的解理，按其观测到的特征一般被分为三级（图2-17）：（1）极完全解理，解理纹微细而密集，平直而连续，常常贯通整个晶体，如云母类矿物的{001}解理均是极完全解理。（2）完全解理，解理缝清晰可见，较为细密连续，大多数能贯通晶体，但部分明显中断，如普

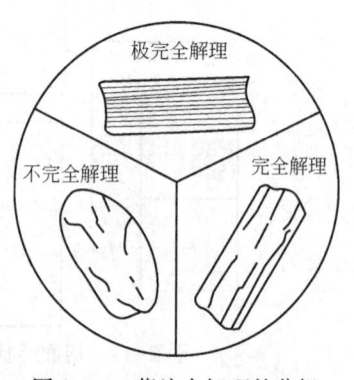

图2-17 薄片中解理的分级

通辉石与普通角闪石类的 {110} 斜方柱解理属此类。(3) 不完全解理,解理纹间距不等的稀疏出现,连续性差,有时欠平直,或仅隐约能看出其方向性,如橄榄石 {100} 和 {010} 的柱面不完全解理。

2. 解理夹角的测定

当矿物有两组及多组解理时,还必对解理进行类型判断和解理夹角的测定,为矿物鉴定提供依据。解理夹角(图2-18),是指矿物的晶体上两组解理面所组成的"二面角",其数值大小等于此二面角的平面角的数值,即仅当平面 P_2 与两解理面 C_1 和 C_2 同时正交时,平面 P_2 与解理面 C_1 和 C_2 的二交线所组成的 $\angle 2$ 为解理面 C_1 和 C_2 的夹角。

在薄片中,只有当切面(薄片平面)同时垂直于两组解理面时,此二解理缝的夹角才能代表两组解理的真实夹角,具有唯一性。由于矿物颗粒分布的随机性,有两组和多组解理的矿物在薄片并非每一个颗粒都显现两组解理,也并非每一个显现两组解理的颗粒的解理缝夹角均等于该矿物的解理夹角。因此,要获取矿物晶体正确的解理夹角的数值,必须按下述步骤和操作进行(图2-19)。

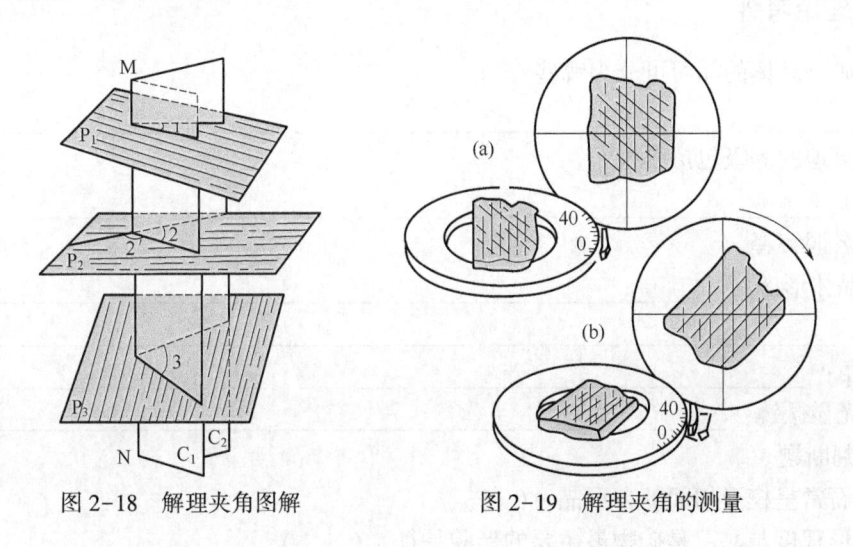

图 2-18 解理夹角图解   图 2-19 解理夹角的测量

首先,全面观察薄片,认真挑选具有两组解理且两组解理缝均同时垂直于薄片平面的颗粒。此颗粒的标志是:解理缝应尽可能微细而清晰(与矿物和树胶折射率差值有关),微微升降镜筒时解理缝不发生左右移动。

其次,将符合上述标准的颗粒移至视域中心,使解理缝交点与目镜十字丝中心重合,转动载物台,使一组解理缝与目镜十字丝的纵丝(或横丝)重合,记下载物台刻度盘读数 a。值得提醒的是测定解理夹角之前,注意校正好显微镜的中心。

最后,旋转载物台,使另一组解理缝与十字丝纵丝(或横丝)重合,记下载物台刻度盘读数 b。两次读数之差的绝对值 $|a-b|$ 即为解理夹角(有锐角和钝角之分,二者互补)。

解理的清晰明显程度与矿物的种类有关,还与切面的方向和矿物的折射率有关。偏光镜下观测薄片中矿物的解理时,应该倍加仔细。对解理不清晰的晶粒需缩小锁光圈、降低亮度,则更容易发现可能的解理纹;对解理纹明显的矿物颗粒,需全面观测同种矿物的不同晶粒甚至全部晶粒,综合判定矿物的解理等级、组数及结晶学方位;对于有两组及多组解理的矿物,需按测定夹角的步骤操作,以获得解理夹角的正确数值。

任务实施

一、目的要求

（1）能够正确分析矿物晶体形态；
（2）能够正确分析薄片中矿物解理。

二、资料和工具

（1）工作任务单；
（2）偏光显微镜、矿物薄片。

任务考评

一、理论考评

（1）矿物晶体的晶习可分为哪些？
_____
（2）解理的等级包括哪些？
_____
（3）名词解释。
矿物晶体形态：_____
解理：_____
临界角：_____
单偏光显微镜：_____
（4）判断题。
① 榍石常呈楔形切面的自形晶。（　　）
② 自形程度与晶习是矿物最主要的形貌特征。（　　）
③ 解理是矿物晶体最稳定最典型的特征之一。（　　）
④ 解理是晶体内部结构异向性的宏观表现。（　　）
⑤ 矿物解理的可见性和清晰程度受切面方向及矿物折射率的影响。（　　）
⑥ 解理的清晰明显程度与矿物的种类有关，还与切面的方向和矿物的折射率有关。（　　）

二、技能考评

书写下列矿物的临界角。
十字石：_____　　绿帘石：_____
黑云母：_____　　辉石：_____
萤石：_____　　钾长石：_____
角闪石：_____　　方柱石：_____

任务二　观察单偏光镜下矿物的多色性和吸收性

📖 任务描述

矿物在薄片中呈现的颜色与手标本上的颜色不同，前者是矿物不同方向切片在透射光下所呈现的颜色，而后者则是矿物在反射光、散射光下所呈现的颜色。手标本上有色的矿物，在薄片中不一定有色（如橄榄石），手标本上颜色较深的矿物在薄片中的颜色有时很浅（如绿帘石）。另外有些矿物在手标本上是一种颜色，在薄片中是另外一种颜色（如角闪石）。晶体光学是研究矿物在薄片中由透射光产生的颜色。通过本任务的学习，让学生学会使用单偏光镜分析薄片中矿物颜色、多色性与吸收性的成因，进行矿物多色性和吸收性的测定。

📖 相关知识

一、薄片中矿物颜色、多色性与吸收性的成因

薄片在单偏光镜所观测到的多是吸收性很弱的透明矿物，这些矿物所呈现的色彩种类和色彩的明暗程度同样取决于矿物的吸收特性，尤其是取决于吸收性的均匀程度。如果白光透过晶体时，各种色光被等量地吸收，透过的仍为白色光而呈现白色，只是亮度有不同程度的减弱，这些在单偏光镜下能透过白色光线的矿物称为无色（或浅色）矿物。如果晶体对各色光有选择性地吸收，白色光线透过矿物晶体后呈现出各种颜色（未吸收色光的颜色或各种弱吸收色光的混合色），这些矿物称为有色矿物（或暗色矿物）。比如矿物晶体对橙色光波完全吸收，而对其他色光吸收的量相同且很微弱，则光透过晶体后就呈现蓝色。此外，薄片厚度对颜色也有影响，一般薄片厚度越大，总吸收率越大，颜色越深，反之颜色越浅。但是标准薄片下无色的矿物，由于薄片厚度过大，有些矿物可能出现极浅淡的颜色。

大量的观察发现，有色的透明矿物在单偏光镜下所呈现的色彩，常常会随载物台的转动而发生色泽的变化，此现象称为矿物的"多色性"。如黑云母近于垂直（001）切面的晶粒上解理缝极细密，当解理缝与下偏光振动面方向平行时呈暗褐黑色，而解理缝与偏光振动面方向垂直时呈浅黄色，黑云母是常见的多色性极强烈的矿物。

薄片中的有色矿物晶体在单偏光镜下，随载物台的转动，在颜色变化的同时颜色的深浅明亮程度也会随之变化，这种颜色明暗程度随偏光振动面方向变化而变化的现象，称为矿物的吸收性。吸收性是由晶体对各色光的总吸收率不同引起的，总吸收率（或吸收率之和）越大，晶体颜色越深暗，反之颜色越浅淡。

光性均质的矿物晶体，光学性质上表现为各向同性，晶体任何方向上对各种色光的吸收性相同，在偏光显微镜下旋转载物台时，颜色及其颜色明暗程度均不发生变化，即光性均质体不具有多色性和吸收性。多色性和吸收性是光性均质体与光性非均质体的又一种区别标志。

二、矿物多色性与吸收性的观测

非均质矿物的多色性与吸收性，都与该矿物光率体主折射率密切相关。通常是选取矿物的主轴面，并依次将主折射率振动方向与下偏光振动面方向平行，记录各主折射率方向上的

颜色与颜色明暗程度，来表示矿物多色性与吸收性的特点。同种矿物任意方向的切面，在单偏光下所显示的多色性与吸收性的特征，随切面方向变化而变化，因此，只有主折射率方向上的多色性与吸收性才具有鉴定意义。

一轴晶矿物，如黑电气石在平行光轴的切面上（图 2-20），当下偏光振动方向 PP 与 Ne 的振动方向平行时，呈现淡紫色，当 No 与 PP 平行时，呈现深蓝色。因此黑电气石的多色性特征是 Ne＝淡紫色，No＝深蓝色。当 PP 与 Ne 及 No 斜交时，呈现为蓝—紫色，为深蓝色与淡紫色的混合色，二色的比例与矿物位置有关，当 No 近于平行 PP 时为紫蓝色（蓝色居多为主），当 Ne 近于平行 PP 时为蓝紫色（紫色居多为主）。

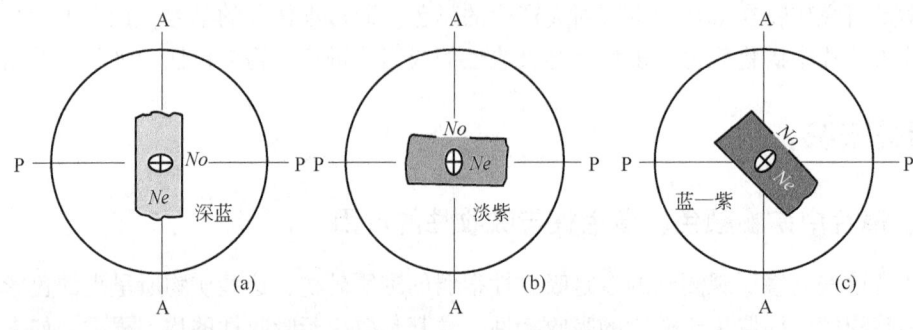

图 2-20　电气石多色性的测定

一轴晶垂直光轴的切面上只有一个主轴 No，在单偏光下转动物台，颜色无变化，为 No 的颜色，其他方向切面的多色性与吸收性的特征介于平行光轴与垂直光轴切面之间。多色性及吸收性尤以平行光轴切片最为明显。

二轴晶矿物有三个主折射率 Ng、Nm、Np 和对应的三个主要的颜色（简称主色）。在平行光轴面的切面上能显示 Ng 和 Np 二主色，多色性最明显；在垂直于 Np 的主轴面上可显示 Ng 与 Nm 二主色；在垂直于 Ng 的主轴面上可显示 Nm 与 Np 二主色；在垂直光轴 OA 的切面上仅显示 Nm 的颜色（此切面的颜色和多色性均无变化），且 Nm 颜色为 Ng 主色与 Np 主色的过渡颜色（对于正光性矿物 Ng 主色居多，对负光性矿物 Np 主色居多，$2V$＝90° 时为二者的平均色）。因此，要全面准确观测二轴晶矿物的多色性和吸收性，必须有针对性地选定两个主轴面，通常是选取特征明显、易于识别的平行光轴的切面和垂直光轴的切面（此切面的识别标志和主轴名称的测定后述）。如普通角闪石（图 2-21），在平行（010）（即平行光轴面）的切面上，当 Np 与下偏光方向 PP 平行时呈浅黄绿色，当 Ng 与下偏光方向 PP 平行

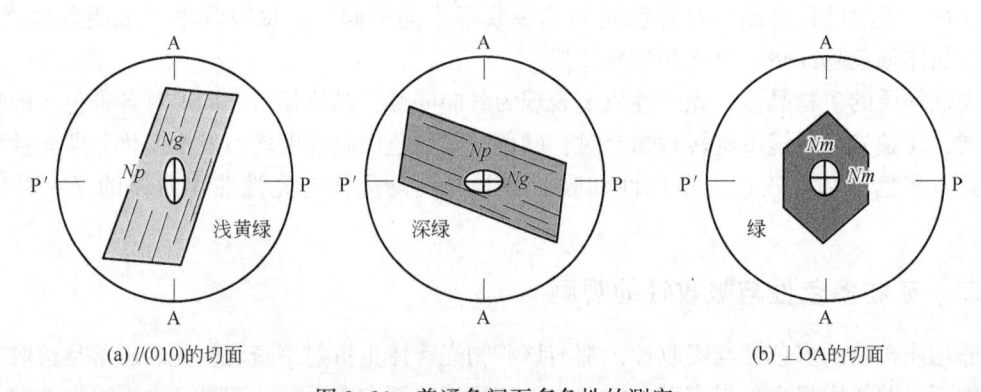

(a) //(010)的切面　　　　　　　　　　　　　　　(b) ⊥OA的切面

图 2-21　普通角闪石多色性的测定

时呈深绿色；在垂直光轴的切面上，当 Nm 与下偏光方向 PP 平行时呈绿色。当然，在能够确定主轴名称的前提下也可选其他的两个主切面。二轴晶矿物其他任意方向的切面上，无法准确观测到 Ng 主色、Nm 主色和 Np 主色而不具有鉴定意义。

在晶体光学中通常是用光学主轴方向上的颜色来记录和描述矿物的多色性，如黑电气石的多色性为 No—深蓝色，Ne—浅紫色；又如普通角闪石的多色性为 Ng—暗绿色、Nm—绿色、Np—浅黄绿色。这种表示主轴颜色的式子称为"多色性公式"。

非晶质矿物在光学主轴方向上颜色深浅与浓淡的关系常用不等式来表示，这种吸收性强弱关系的不等式，称为非均质矿物的"吸收性公式"。如黑电气石当 No 的颜色深暗而吸收性较强，Ne 的颜色较浅淡而吸收性较弱，其吸收性公式为"$No>Ne$"。又如某普通角闪石，Ng 的颜色深暗吸收强，Nm 的颜色较为深暗吸收性次之，Np 的颜色浅淡吸收性最弱，其吸收性为：$Ng>Nm>Np$。

如果矿物折射率大的方向上吸收性强、颜色深暗，折射率小的方向上吸收性弱、颜色浅淡，则称为"正吸收"，如上述普通角闪石。如果矿物折射率大的方向吸收性弱、颜色浅淡，折射率小的方向吸收性强、颜色深暗，则称为"反吸收"。

任务实施

一、目的要求

（1）能够正确分析薄片中矿物颜色、多色性与吸收性的成因；
（2）能够正确分析矿物多色性与吸收性。

二、资料和工具

（1）工作任务单；
（2）偏光显微镜、矿物薄片。

任务考评

一、理论考评

（1）薄片中矿物颜色、多色性与吸收性的成因分别是什么？
_____
（2）非均质矿物的多色性与吸收性如何观测？
_____
（3）名词解释。
多色性：_____
吸收性：_____
反吸收：_____
（4）判断题。
① 薄片中所观察到的矿物颜色常常与肉眼下所观察到的颜色不一致。（   ）
② 矿物所呈现的色彩种类和色彩的明暗程度取决于矿物的吸收特性。（   ）

③ 薄片厚度越大，总吸收率越大，颜色越深。（　　）
④ 薄片颜色明暗程度随偏光振动面方向变化而变化。（　　）
⑤ 总吸收率（或吸收率之和）越大，晶体颜色越深暗，反之颜色越浅淡。（　　）
⑥ 非均质矿物的多色性与吸收性，都与该矿物光率体主折射率密切相关。（　　）

二、技能考评

书写普通角闪石的多色性：

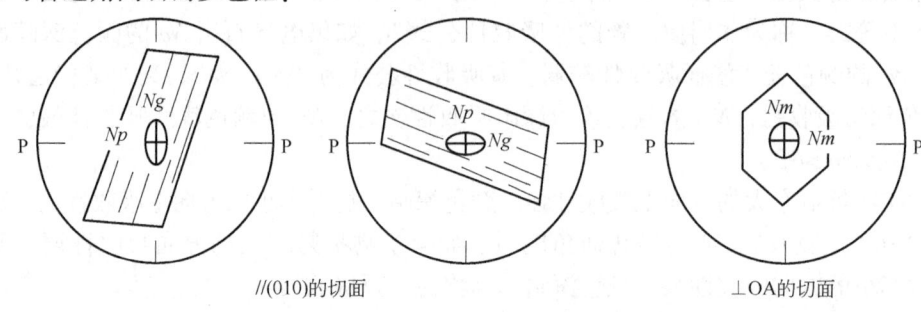

//(010)的切面　　　　　　　　　　　　　⊥OA的切面

任务三　测定单偏光镜下矿物的折射率

📖 任务描述

折射率是鉴定矿物十分重要的光学常数之一。在薄片中不能得到矿物折射率绝对准确的数值，但通过矿物与树胶之间（或相邻两种矿物之间）呈现的边缘和贝克线、糙面、突起等光学现象，可以对折射率的相对大小作出判断，以达到区分矿物的目的。通过本任务的学习，让学生可以测定单偏光镜下矿物的折射率，辨别矿物的糙面、突起、闪突起特征。

📖 相关知识

一、矿物的边缘与贝克线

在偏光显微镜下仔细观察薄片的时候，在矿物与树胶（或另一种矿物）的接触处，会看到一条暗黑的界线，此界线称为矿物的"边缘"，在边缘附近还可以见到一条较为明亮的细线，此亮线称为"贝克线"，又称为"光带"。矿物的"边缘"和"贝克线"的出现，是由于相邻两介质（矿物与树胶）的折射率不同，在二者的界面上，光线发生折射、反射使界面上方的光线发生聚敛与离散，在光线聚敛处形成光带即贝克线，在光线离散处形成暗黑区即为矿物的边缘。

边缘与贝克线是因光线的折射会聚而形成的，二者紧密相伴；微微提升镜筒时，贝克线将向折射率较高介质一侧移动；微微下降镜筒时，贝克线将向折射率较低介质一侧移动（图2-22）。

为使贝克线更易于观察，宜采用以下措施：（1）选择颗粒比较清洁平直的边缘部分，并将其移至视域中心；（2）适当缩小光圈或把照明透镜装置放低一些或使用平面反光镜，

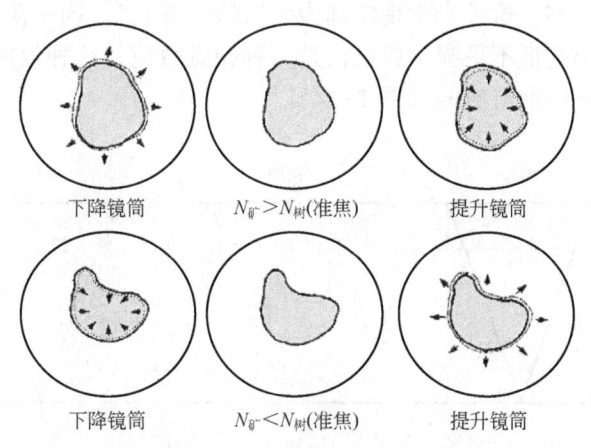

图 2-22　贝克线的移动规律

以消除斜射光线的干扰，使进入视域的光线尽可能平行；(3) 适当减小灯光亮度或缩小光圈，以使视域内背景亮度略暗；(4) 不要选用解理或裂纹交错复杂的颗粒，也不要选用包裹体发育、次生变化强烈的矿物颗粒；(5) 使用中倍镜观察时需用粗动螺旋升降镜筒，用高倍镜观察时需用微动螺旋升降镜筒。

二、矿物的糙面

在单偏光镜下观察薄片中矿物时，可以看到有些矿物表面较为光滑，而另一些矿物表面则较粗糙，像皮革表面一样，这种现象称为矿物的"糙面"。

显然糙面是矿物与树胶之间的折射率有差异而产生的一种极普遍的光学现象，糙面的明显程度主要同矿物与树胶的折射率差值有关，即差值越大糙面越明显，差值越小或为零，糙面越不明显或糙面消失（图2-23）。因此，可用糙面明显程度来比较和判断矿物折射率与树胶折射率差值的大小。如石榴子石、橄榄石、萤石等矿物的折射率与树胶折射率之差，都在0.1 以上，它们的糙面很清楚醒目；而石英、长石等矿物的折射率与树胶折射率之差都在0.01 以下，它们的糙面就不显著。在薄片观测中常用极显著（极明显）、很显著（很明显）、显著（明显）、不显著（不明显）等来描述糙面的明显程度。

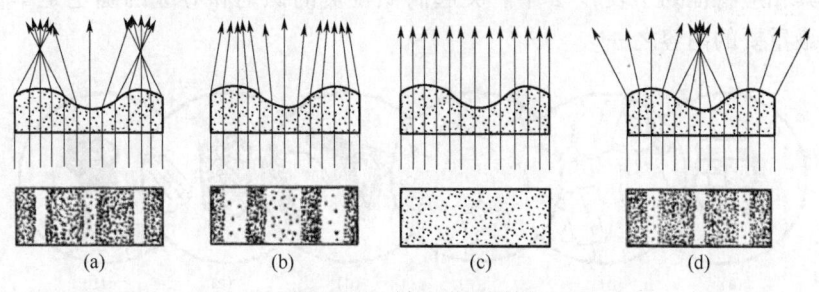

图 2-23　糙面成因图解

(a) 矿物折射率远大于树胶；(b) 矿物折射率大于树胶；(c) 矿物折射率等于树胶；(d) 矿物折射率小于树胶

三、矿物的突起

在薄片中仔细观察矿物时，可发现不同矿物颗粒的表面好像高低不平，有的矿物突出一些，有的矿物则低平一些，这种光学现象称为矿物的"突起"。同一薄片，各矿物厚度基本一样，为什么会显现出高低不平呢？这仅仅是一种视觉效应，这种效应是由于矿物与矿物、矿物与树胶间折射率不同而造成的（图2-24）。

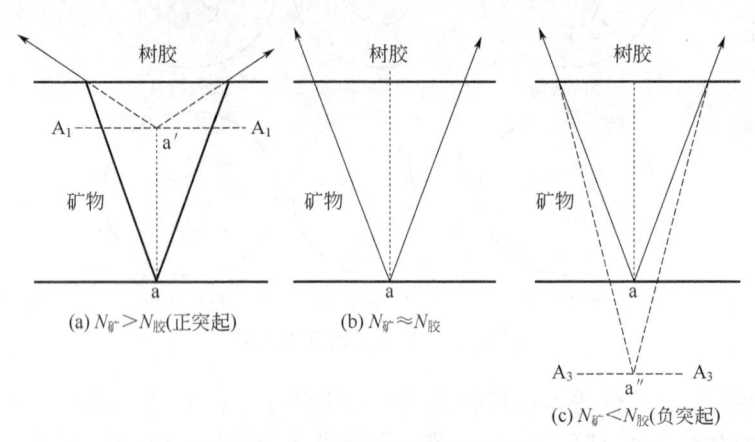

图2-24 矿物突起成因图解

(a) $N_{矿}>N_{胶}$（正突起）
(b) $N_{矿}≈N_{胶}$
(c) $N_{矿}<N_{胶}$（负突起）

薄片中矿物的上表面和下表面均为树胶覆盖，当 $N_{矿}>N_{胶}$ 时，光由矿物底部 a 点射至矿物顶部与树胶接触处，由于二者折射率不同而发生折射，且折射角大于入射角，看来就像光从 a′ 发出，或者是 a 点升高到 a′ 点处，矿物底部其他各点也相应升高，而使整个矿物表面显得向上突起来。当 $N_{矿}<N_{胶}$ 时，入射光在矿物顶界折射时，折射角小于入射角，则似光从底部 a″ 发出而向下凹入。

显然矿物与树胶折射率相差越大，突起越高。树胶折射率为 1.540，辉石类矿物折射率为 1.67 左右，二者差值大，故突起显著。石英折射率为 1.544 至 1.553 之间，与树胶折射率相近，故突起不明显。萤石折射率为 1.434，与树胶差值也大，向下凹入也明显。因此规定，折射率大于树胶的矿物突起为正突起，折射率小于树胶的矿物的向下凹入为负突起。突起的高低凭视觉效应确定，但突起的正与负，必须借助于贝克线，按贝克线的移动方向确定矿物折射率与树胶折射率的相对大小，大者突起为正，小者突起为负。

在薄片观测实验中常按矿物折射率的大小将突起分为六级（图2-25），各突起等级的折射率范围及其相应特征列于表2-2中。突起高低正负的识别和等级的确定是单偏光镜下薄片观测实验最重要的内容之一。

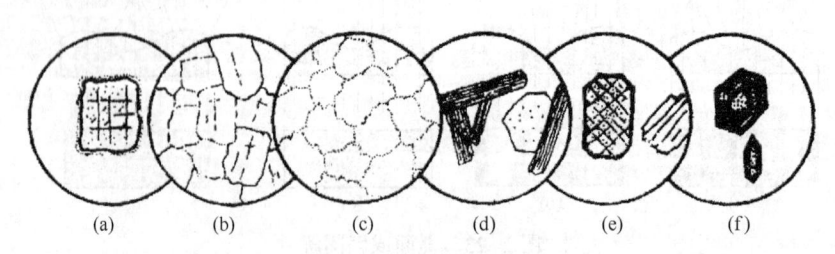

图2-25 矿物突起等级素描图
(a) 高负突起，$N=1.41~1.47$；(b) 低负突起，$N=1.47~1.54$；(c) 低正突起，$N=1.54~1.59$；
(d) 中正突起，$N=1.59~1.66$；(e) 高正突起，$N=1.66~1.75$；(f) 极高突起，$N>1.75$

矿物的突起、边缘、贝克线和糙面均是与矿物和树胶折射率之间的差值有关的光学性质，因此三者之间有明显的必然联系，在确定矿物的突起等级时应参考矿物的边缘、贝克线、色散效应和糙面等特征（表2-2）。

表 2-2 薄片中矿物折射率、突起和糙面的关系（树胶折射率为 1.54）

突起等级	折射率	边缘糙面特征	贝克线特征及色散效应	矿物
负高突起	1.41~1.48	边缘糙面明显	贝克线明显，提升镜筒移向树胶，色散效应显著，黄色光带在矿物一边，蓝色光带在树胶一边	萤石、蛋白石等
负低突起	1.48~1.54	边缘糙面不明显	贝克线可辨，提升镜筒移向树胶，色散效应清楚，黄色光带在矿物一边，蓝色光带在树胶一边	正长石、白榴石等
正低突起	1.54~1.60	边缘糙面不明显	贝克线可辨，提升镜筒移向矿物，色散效应清楚，蓝色光带在矿物一边，黄色光带在树胶一边	石英、中长石、云母等
正中突起	1.60~1.66	边缘糙面明显	贝克线清楚，提升镜筒移向矿物，色散效应容易找到，蓝色光带在矿物一边，黄色光带在树胶一边	透闪石、磷灰石等
正高突起	1.66~1.78	边缘糙面很明显	贝克线很明显，提升镜筒移向矿物，色散效应清楚，蓝色光带在矿物一边，黄色光带在树胶一边	普通辉石、橄榄石等
正极高突起	>1.78	边缘糙面极明显	贝克线极明显，提升镜筒移向矿物	石榴子石、榍石等

四、矿物的闪突起

观察方解石时，还会发现这样的现象：转动载物台，矿物颗粒的边缘时粗时细、矿物的突起时高时低，旋转载物台一周变化四次，这种现象称为"闪突起"。若选用菱形的方解石颗粒，利用贝克线，还可进一步发现：菱形长对角线方向（No 的方向）平行下偏光振动方向时，方解石的折射率大于树胶，为正中突起；菱形短对角线方向平行下偏光振动方向（即 No 平行上偏光 AA 方向）时，方解石的折射率小于树胶，为明显的负低突起；在中间位置时，二者折射率相近，突起不明显（图2-26）。

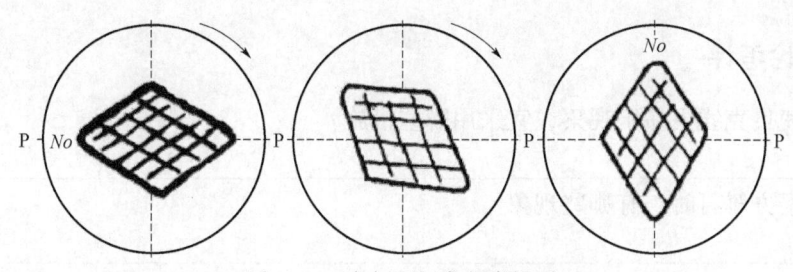

图 2-26 方解石闪突起素描图

方解石为一轴晶矿物，其 $No=1.658$，$Ne=1.486$。Ne 与 No 的差值较大，且其 No 值大于树胶，Ne 值小于树胶，因此闪突起表现得特别明显而极容易观察到。

从理论上讲，非均质矿物都有闪突起现象，双折射率越强的矿物，闪突起越显著。方解石等碳酸盐矿物和白云母（图2-27）就是这类闪突起极明显的矿物，不过一般非均质矿物的闪突起在肉眼观察时不甚明显。均质体的矿物则无闪突起。

另外，非均质体闪突起的明显程度还与颗粒的切片方向有关。垂直光轴方向的切面无闪突起；在一轴晶中，平行 Z 轴的方向和二轴晶中包含 Ng、Np 主轴的切面（即平行光轴面的切面），两主轴折射率差值（双折射率）最大，闪突起现象相对最为显著，其他方向的切面介于二者之间。

闪突起是与矿物双折射率有关的光学现象，对于双折射率大、闪突起显著的碳酸盐和白云母类矿物有重要鉴定意义，因此也是单偏光镜下薄片观测中不可忽视的内容。

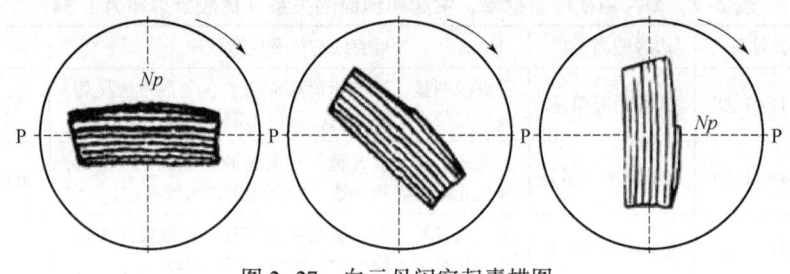

图 2-27 白云母闪突起素描图

📖 任务实施

一、目的要求

（1）能够正确分析单偏光镜下矿物的折射率；

（2）能够正确分析矿物与树胶之间（或相邻两种矿物之间）呈现的边缘和贝克线、糙面、突起等光学现象下的折射率。

二、资料和工具

（1）工作任务单；

（2）偏光显微镜、矿物薄片。

📖 任务考评

一、理论考评

（1）为使贝克线更易于观察，宜采用哪些措施？
_____

（2）观察方解石时，有哪些现象？
_____

（3）名词解释。

贝克线：_____

糙面：_____

突起：_____

闪突起：_____

（4）判断题。

① 微微提升镜筒时，贝克线将向折射率较高介质一侧移动。（   ）

② 色散效应实质上也是一种贝克线。（   ）

③ 糙面的明显程度主要同矿物与树胶的折射率差值有关。（   ）

④ 一般缩小光栏减弱背景光、用中高物镜使光孔角较大及聚焦准确时糙面更明显。（   ）

⑤ 矿物与树胶折射率相差越大，突起越高。（　　）
⑥ 均质体矿物折射率不随光振动方向和矿物切面方向的变化而改变。（　　）
⑦ 理论上讲，非均质矿物都有闪突起现象。（　　）
⑧ 闪突起是与矿物双折射率有关的光学现象。（　　）

二、技能考评

书写下列糙面矿物与树胶折射率大小关系：

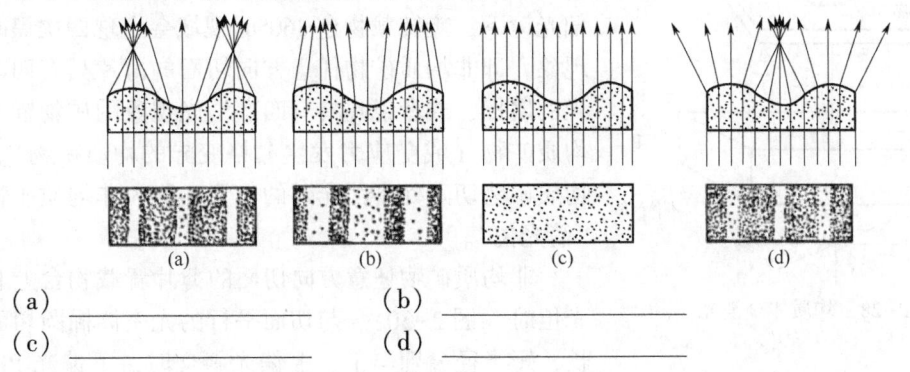

(a) _____　　(b) _____
(c) _____　　(d) _____

项目四　正交偏光镜下矿物的光学性质观察与描述

任务一　观察正交偏光镜下矿物的消光与干涉色

📖 任务描述

将下偏光镜和上偏光镜（又名分析镜）同时推入镜筒，上偏光振动面为 AA 方向，与下偏光的光振动面 PP 方向垂直正交，即构成正交偏光镜（简称正交光）。在正交偏光镜下主要观测矿物的双折射和双折射率所产生的干涉色等光学现象，同时还涉及光率体椭圆切面半径轴名有关的一些内容，如光率体椭圆切面半径轴名的测定、多色性和吸收性公式的测定、消光类型和消光角、延性符号和双晶等（视频16）。

视频16　正交偏光镜下的晶体光学性质

通过本任务的学习，让学生分析消光与干涉色的成因，对干涉色进行排序，熟悉干涉色色谱表与异常干涉色。

📖 相关知识

一、消光与干涉色的成因

在正交偏光镜下于载物台上放置均质体矿物任意切面的薄片，视域呈现黑暗，这种矿物薄片在正交偏光镜下时显微镜视域呈现黑暗的现象称为"消光"。消光的原因在于，下偏光透过均质矿物后偏光振动面方向仍为 PP 方向，与上偏光振动面 AA 方向正交，不能透过上偏光镜，致视域黑暗而消光（图2-28）。光性均质矿物不产生双折射，也不改变入射光的振

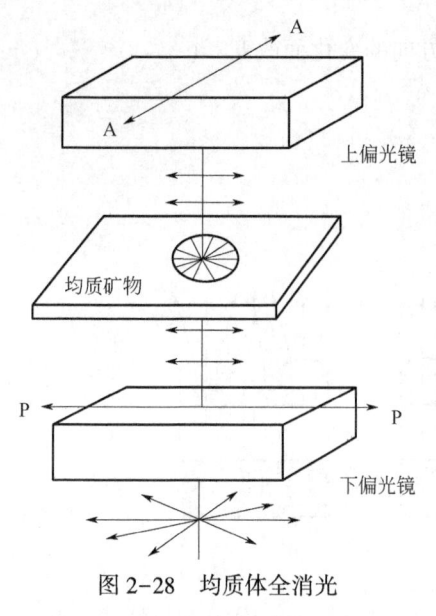

动特点，可以透过自然光，也可透过任意方向的平面偏光，在载物台上旋转均质矿物都处于消光位置，因此均质矿物具有"全消光"的特性。高级晶族的萤石、石榴子石等及非晶质矿物蛋白石、火山玻璃等（受应力作用晶格变异者除外），均具有全消光的特性且与切面方向无关。

非均质矿物任意方位的切片（图 2-29），在正交偏光镜下，旋转载物台 360°时视域会出现四次黑暗的现象，即非均质矿物任意方向切面的薄片具有四次消光的属性，或者说凡具有四次消光现象的矿物皆为非均质矿物（或受应力发生晶格变异的均质矿物）。非均质矿物切片处于消光时的位置，称为非均质矿物的"消光位"。

非均质矿物任意方向切面的薄片置载物台上非消光位时（图 2-30），与切面平行的光率体椭圆切面的长、短半径分别与下、上偏光斜交时，下偏光 PP 进入非均质矿物即被分解为振动面相互正交的波速不等的两列平面偏光，达到非均质矿物顶面时形成光程差，此二正交的具有光程差的平面偏光，经空气传至上偏光镜底面时，将再次发生分解和叠加干涉而透过上偏光镜。

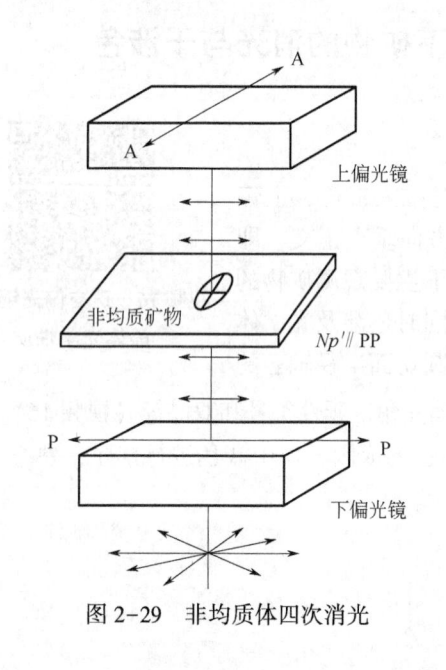

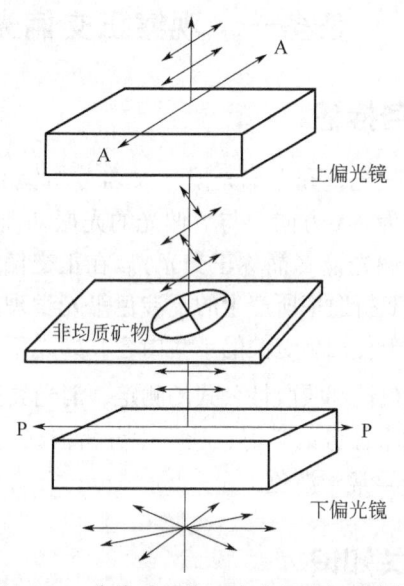

图 2-28 均质体全消光

图 2-29 非均质体四次消光　　图 2-30 非均质矿物二次分解叠加示意图

二、干涉色的级序和色序

非均质矿物任意方向的薄片在正交偏光镜下由光的干涉作用而呈现的色彩，称为干涉色。

石英楔子为石英的楔形矿物薄片，其长边平行于 No 方向，短边平行于 Ne 方向，最大双折射率基本为 0.009，厚度大的一端一般为 0.20mm（特殊的可以更大）。此石英楔子对于 450nm 蓝色光的最大光程差达 8λ/2 左右，对 550nm 黄色光的光程差可达 7λ/2 左右，对于 700nm 红色光的光程差仅达 5λ/2 左右。依次以蓝色、黄光和红光等单色光为光源，将此种石英楔子缓缓插入正交偏光显微镜的试板孔中，对蓝色光源可观察到四次明亮的蓝色及其间的暗黑色，对黄色光源仅可观察到四次明亮的黄色及其间的三次暗黑色，对红光源仅可观测到三次明亮的红色及其间的二次暗黑。如果以白光作为光源，缓慢插入石英楔子即可见各种色光依次呈现并周期出现的现象（图 2-31）。

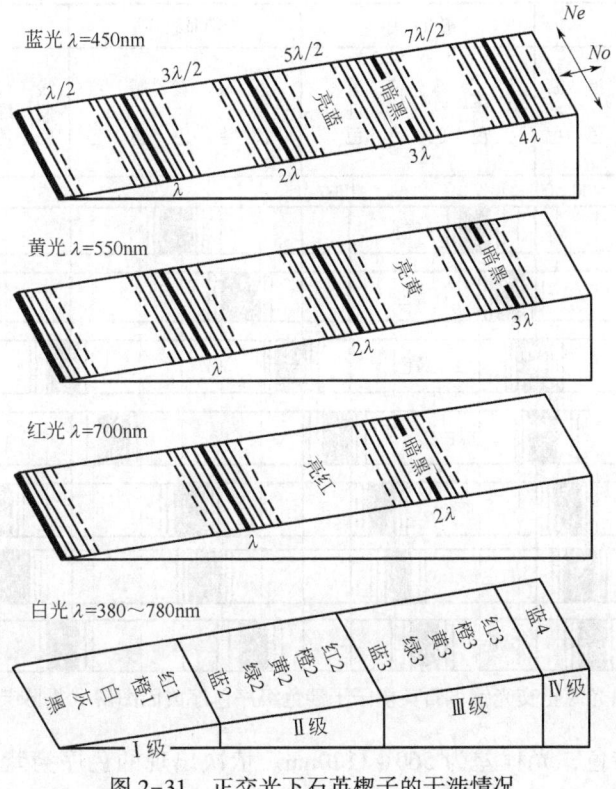

图 2-31　正交光下石英楔子的干涉情况

在正交偏光镜下用白光作光源，石英楔子的干涉色随着矿片厚度增加和光程差的增大而规律性地变化，或者说随着光程差的增加，干涉色按一定的次序依次周期性的出现，这种现象称为"干涉色级序"。按光程差由小至大的顺序依次称为第Ⅰ级序、第Ⅱ级序、第Ⅲ级序等。每个级序中干涉色之间一次明显的改变，称为一个色序，各色序之间是连续逐渐地过渡的。并且白光作光源时，石英楔子各级序干涉色有如下基本特点。

第Ⅰ级序的干涉色，光程差为 0~560nm（图 2-32）。当光程差接近 0 时，几乎无光透过，近于黑色；当光程差在 100nm 附近时，各色光都很微弱，呈现暗灰及蓝灰色；当光程差在 200nm 附近时，近于各色光的半波长，呈现灰白色；在 300nm 左右时近于黄光的半波长，黄光最明亮，其他色光也有一定强度，呈现浅黄色；在 400~450nm 时近于橙色的半波长，其他色光弱而呈现橙色；在 500~560nm 时，近似于紫光与红光半波长的奇数倍，而呈紫红色，即随光程差的增加第Ⅰ级序内依次出现黑、灰、白、黄、橙、红等色序的色彩，与光谱的正常色序比较，以具有灰色及白色干涉色、缺乏蓝色及绿色干涉色为特征。实验证明，用眼力观察白光时对各种色光的敏感程度是有差异的，对可见光谱中波长居于中间的色光，如绿光和黄光最灵敏而感觉亮度较高，对于光谱两端的色光敏感程度较差而感觉亮度较低。在大约为560nm光程差的情况下，高亮度的色光从干涉色谱中被抵消，而大部分靠近可见光谱两端的低亮度的色光得以显现出来，产生一个柔和而均匀的混合色光的干涉色，这部分色光只要稍微改变一下光程差就会导致干涉色由红至紫的变化。因而以光程差560nm作为划分级序的界线，红光在第Ⅰ级序的顶部，紫光在第Ⅱ级序的底部，故把红光称为敏感色。

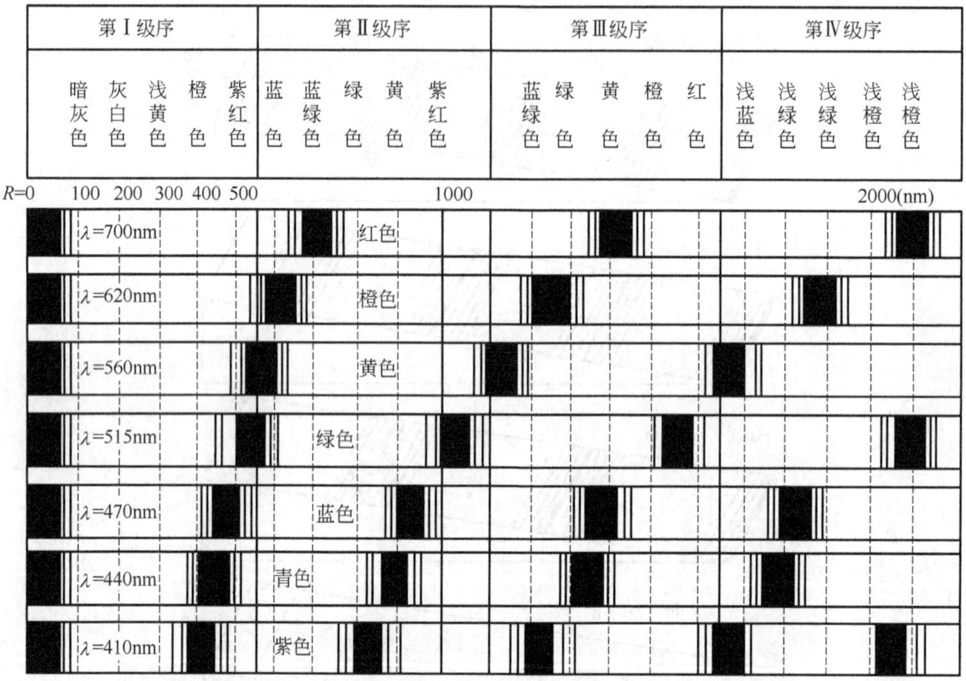

图2-32　白光源正交光镜下石英楔子干涉色级序色序成因图解（据陈芸菁，1987）

第Ⅱ级序的干涉色，光程差为560~1120nm。依次出现的色序为紫、蓝、绿、黄、橙、红等色彩。第Ⅱ级序的干涉色色序与可见光谱的正常色序相一致，且色泽浓厚而纯正、最为鲜明艳丽，各色序颜色间的分界较为清楚，这是干涉色第Ⅱ级序的特征。

第Ⅲ级序的干涉色，光程差在1120~1680nm。其颜色的基本特征与第Ⅱ级序相似，但颜色的饱满程度略为欠缺、浓度稍为浅淡，不如第Ⅱ级序鲜明艳丽。各色序之中的紫色和蓝紫色欠明显，而翠绿色尤为鲜亮明快（仍较第Ⅱ级序中的绿色略浅），各色序间的分界基本清楚，但与第Ⅱ级序中各色序间的分界比较稍为逊色。

第Ⅳ级序的干涉色，光程差为1680~2240nm。因光程差相当大，干涉色比第Ⅲ级序的更为浅淡，各色序之间明显相互混杂，各色序的色带间渐变过渡且界线模糊不清。

第Ⅴ级序及更高级序的干涉色，光程差大于2240nm。这样的光程差几乎接近于所有各色光半波长的偶数倍，同时又接近于各色光半波长的奇数倍，因此各色光不等量的混杂出现，产生近于白光的效应，各色序之间也无法区分，犹如珍珠表面的晕彩，可称珍珠色，或称"高级白"干涉色。实际上高级白干涉色并不是纯白，略微带有淡黄、浅红色调，它与第Ⅰ级序中的白色在光程差上不同，色调也不相同。高级白干涉色是高双折射率矿物的特征。如方解石的双折射率为0.172，在薄片厚度（0.03mm）时，就呈现高级白干涉色。

由上所述可知，干涉色级序和色序的高低取决于光程差 R 的大小，而 $R=d(Ng-Np)$，即干涉色取决于薄片厚度与双折射率的大小。在厚度一定的条件下（通常岩石薄片厚度约为 0.03mm）薄片中矿物干涉色的高低可反映矿物双折射率的大小，高级白干涉色是双折射率高的表现。当然矿物切面方向不同，其双折射率也不相同，干涉色高低也不一样。因此文献资料中所称某矿物的干涉色均是指该矿物的最高干涉色，薄片观测时也应观测同种矿物的最高干涉色，因为只有最高干涉色才有鉴定意义。

干涉色级序和色序与光程差之间的对应关系见表 2-3，数据是以北方中午天空有云时的日光为光源，以透明方解石偏光棱镜为偏光镜，对无色石英楔子进行观察所获得的。它适用于具有近于平行的"色散曲线"、双折射率不因色光波长不同而改变的任何非均质矿物。当然如选用光源不同，偏光镜不是方解石偏光棱镜时应作相应的修正。特别是当矿物的色散曲线彼此明显不平行或不是直线时，会出现色谱表上不存在的"异常干涉色"。

表 2-3 用日光及方解石偏光棱镜时干涉色与光程差的关系

光程差，nm	干涉色	光程差，nm	干涉色	光程差，nm	干涉色	光程差，nm	干涉色
	第Ⅰ级序	505	红橙	866	绿黄	1495	肉色
0	黑	536	红	910	纯黄	1534	洋红
40	暗灰	551	深红	948	橙	1621	暗紫
97	淡紫灰			998	橙红	1652	蓝紫灰
158	灰蓝		第Ⅱ级序	1101	暗红紫		
218	灰	565	紫				第Ⅳ级序
234	绿白	575	蓝紫		第Ⅲ级序	1682	蓝灰
259	纯白	589	紫蓝	1128	蓝紫	1711	暗蓝绿
267	黄白	664	天蓝	1151	靛	1744	蓝绿
281	淡黄	728	绿蓝	1258	绿蓝	1811	绿
306	亮黄	747	绿	1334	海绿	1927	绿灰
332	纯黄	826	亮绿	1376	暗绿	2007	灰白
430	褐黄	843	黄绿	1426	绿黄	2048	浅橙红

三、干涉色色谱表与异常干涉色

干涉色的级序和色序，与光程差、矿物切面的双折射率和薄片厚度密切相关。为表明这种关系，而设计成干涉色色谱表（图 2-33）。

干涉色色谱表的横坐标表示光程差 R 的大小，以纳米为单位，并有该光程差对应的干涉色级序与干涉色；纵坐标表示观测矿物薄片的厚度 d，以毫米为单位；斜线表示双折射率的大小。商品的干涉色色谱表按实际的干涉色印有彩色，更直观、使用更方便。

干涉色色谱表直观地表明了光程差、薄片厚度和双折射率三者之间的关系。因此，应用干涉色色谱表，可以简便地依据其中的两个参数，求取第三个参数，即已知矿物薄片厚度为标准厚度（0.03mm），据矿物的双折射率，可预知薄片中矿物的最高干涉色；同样，据薄片中矿物的最高干涉色和薄片的厚度，可确定其光程差和最大的双折射率。

例如，石英的最大双折射率为 0.009，若在岩石薄片中见到石英的最高干涉色为一级黄白，由干涉色色谱表可查出矿片的厚度为 0.045mm；若薄片中石英的最高干涉色为一级灰

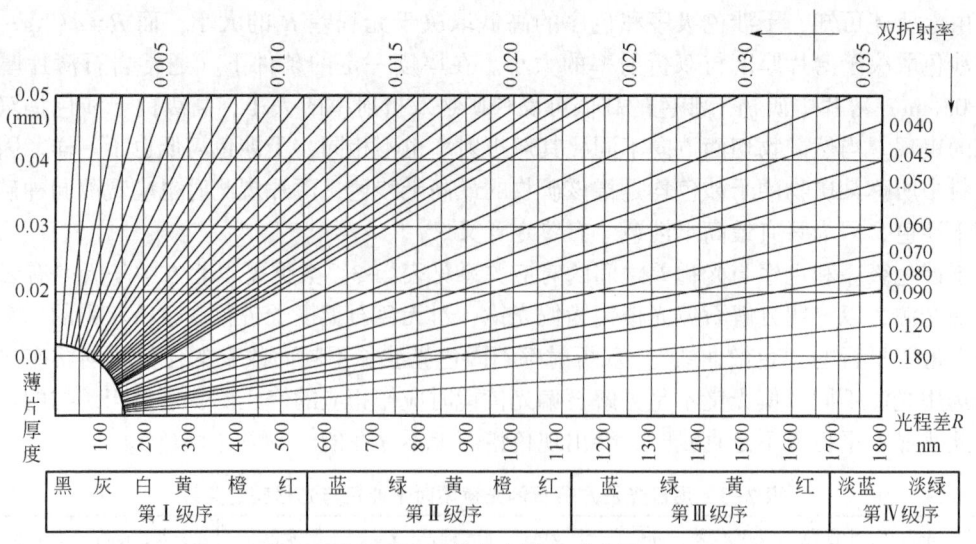

图 2-33　干涉色色谱表示意图

白，查干涉色色谱表可知矿片厚度为 0.03mm。在矿片的磨制加工时，常依据石英的干涉色来确定矿片的厚度。

　　干涉色的级序、色序和色谱表，是以色散弱、双折射率数值基本恒定的石英的干涉色为基础建立的。因此，某些具有较强色散的矿物在正交光下所显现的干涉色，常常会同色谱表有不同程度的差异，甚至严重不同。在正交偏光下呈现特殊干涉色的现象，称为异常干涉色，即在正交偏光下某些矿物呈现出与色谱表不同（或色谱表内不存在的）干涉色的现象为异常干涉色。

　　实验表明，双折射率较大、干涉色级序较高的矿物，即使色散较强也不足以使干涉色发生明显变异，因此双折射率较大的矿物，一般难以观测到异常干涉色。双折射率低、干涉色近于一级灰的矿物，当其色散较大时就会呈现明显的异常干涉色。矿片的厚度、切片方向等对异常干涉色也有影响。即是说，色散较强、双折射率较小的矿物，并不一定任何时候都显现异常干涉色，或者异常干涉色的颜色类型可随矿片厚度、切片方向和双折射率的不同而改变。

　　明显而特殊的异常干涉色，是某些矿物的固有特征，因此可作为这些矿物的鉴别标志之一。比如：绿泥石和黝帘石时时常可具有纯蓝墨水样的异常干涉色，称为"柏林蓝"或"普鲁士蓝"，有时为铁锈褐色，有时为古铜红色的异常干涉色；硬绿泥石常具有灰绿色或古铜红色的异常干涉色；符山石常具有铁锈褐色的异常干涉色。当出现这些干涉色时，结合其他特征，即可鉴别这些矿物，并与其他相似矿物相互区别。

　　深色的黑云母或深色的角闪石，在正交偏光下常常不容易看到其应有的干涉色，这是由于干涉色受矿物颜色的干扰，被矿物本身颜色掩盖造成的，这实质上是强吸收的结果，可能还有差异性吸收色散的影响。与异常干涉色有所不同，应予以区别。

任务实施

一、目的要求

（1）能够正确分析消光与干涉色的成因；

(2) 能够正确分析干涉色的级序和色序。

二、资料和工具

(1) 工作任务单；
(2) 偏光显微镜、矿物薄片。

任务考评

一、理论考评

(1) 消光与干涉色的成因是什么？

(2) 干涉色的级序有哪些？

(3) 名词解释。
消光：
干涉色：
色序：
异常干涉色：

(4) 判断题。
① 光性均质矿物不产生双折射，也不改变入射光的振动特点。（　　）
② 二轴晶只有两个垂直光轴的切面方向。（　　）
③ 平面偏光的二次分解是干涉叠加的先决条件。（　　）
④ 光程差是干涉增强还是减弱的决定因素。（　　）
⑤ 在正交偏光镜下用白光作光源，石英楔子的干涉色随着矿片厚度增加和光程差的增大而规律性地变化。（　　）
⑥ 干涉色级序和色序的高低取决于光程差的大小。（　　）

二、技能考评

回答问题：
(1) 第Ⅰ级序的干涉色光程差为多少？

(2) 第Ⅱ级序的干涉色，其色序是什么？

任务二　测定光率体椭圆切面半径名称

任务描述

光性非均质矿物任意方向切面的薄片在正交偏光镜下，当光率体椭圆切面半径与上、下偏光振动面方向平行时，处于消光位而视域黑暗，随载物台的旋转离开消光位时，尤其是当椭圆切面半径与上、下偏光呈 45°交角时将发生干涉而在视域中呈现明亮的五彩干涉色。干涉色的高低直接与透过矿物的两列偏光的光程差的大小相关。通过本任务的学习，让学生熟悉掌握补色法则，了解几种常用的补色器，可以进行光率体椭圆切面半径名称测定。

相关知识

一、光程差叠加原理

设一非均质矿物薄片的光率体椭圆切面长短半径分别为 Ng' 与 Np'，光波射入此矿片发生双折射后，分解成两列偏光，透出矿片所产生的光程差为 R_1。另一非均质矿物薄片光率体椭圆切面长短半径分别为 Ng'' 与 Np''，产生的光程差为 R_2（图 2-34）。将此两矿物薄片重叠置于正交偏光镜间，并使两矿物薄片的光率体椭圆切面长短半径与上下偏光振动面方向成 45°交角。光通过两矿片后，必然产生一个总的光程差 R。总光程差 R 或为 R_1 与 R_2 之和（$R=R_1+R_2$），或为 R_1 与 R_2 之差（$R=R_1-R_2$）。究竟是和还是差，取决于两矿物薄片的相对位置。

若两矿片的同名轴相重合，即 $Ng'//Ng''$，同时 $Np'//Np''$，则 $R=R_1+R_2$，其总光程差等于两矿物薄片光程差的和。此时两矿物薄片处于加和位置，总的光程差大于每一矿物薄片的光程差，叠加后的干涉色高于每一单个矿物薄片的干涉色。

若两矿片的异名轴相重合，即 $Ng'//Np''$，同时 $Np'//Ng''$，则 $R=R_1-R_2$，其总光程差等于两矿物薄片光程差之差。此时两矿物薄片总光程差的大小和叠加后干涉色的高低有两种情况：其一，总的光程差

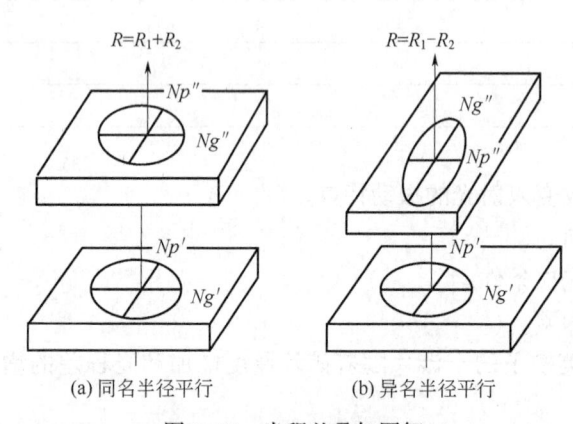

(a) 同名半径平行　(b) 异名半径平行

图 2-34　光程差叠加图解

小于每一矿物薄片单独的光程差，即 $R_1>R$ 且 $R_2>R$，总的干涉色低于每一矿物单独的干涉色；其二，总的光程差介于两矿物薄片单一光程差之间，即 $R_1>R>R_2$ 或 $R_2>R>R_1$，叠加后的干涉色也介于两矿物薄片单独时干涉色之间，或者说叠加后总的干涉色对于原光程差大的矿物薄片而言是降低，对于原光程差小的矿物薄片而言则是升高，但习惯上仍通称这类情况为"干涉色降低"，在应用时须特别注意。

综上可认为，光程差的叠加原理是：两矿物薄片在正交偏光镜间重叠时，若其光率体椭圆切面的同名轴相重合则光程差相加，干涉色级序和色序升高；若为异名轴重合，则光程差相减，干涉色级序和色序降低（注意实际效果）。

二、消色器

消色器又称为补色器、补偿器、试板等，是按光程差叠加原理制造的一种偏光显微镜专用光学附件。消色器实质上是一些已知光率体椭圆切面半径方向和名称，同时知道光程差的矿物薄片。其主要用途是：测量光程差和干涉色级序；测定非均质光率体切面的半径名称；在锥光镜中测定光性符号的正负；测定非均质矿物薄片的双折射率；精确测定消光方位；此

外还可用来测定光弹性物质的张应力、压应力的方向及旋光物质的旋光性等。常用的消色器有以下几种：

1. 石膏试板

石膏试板是由非均质体矿物石膏的定向切片制作而成，现在多改用石英等硬质材料来制作，其功能与石膏制作的一样而仍称为石膏试板。石膏试板的光程差约为560nm，与干涉色一个级序的光程差相当，又常称石膏试板为1λ试板。石膏试板在正交偏光镜间为标准的一级紫红色的干涉色。

使用石膏试板需注意两点：

（1）矿物的光程差很小、干涉色很低的时候，干涉色升降应以石膏试板的紫红颜色为标准。因为对矿物来说，总光程差不管是增是减，颜色都是增高。例如矿物原来的干涉色是Ⅰ级灰色，加上石膏试板后，变为蓝色或者红色。对于石膏试板的紫红色来说，蓝色是增高了，红色是降低了；但对矿物来说，蓝、红两色都比Ⅰ级灰色高。

（2）矿物的光程差大于600nm时，颜色的变化应以矿物原来的干涉色为标准，这时升降都为一个级序。例如原来是Ⅱ级黄色，升降后变为Ⅲ级黄或Ⅰ级黄色。Ⅲ级黄色中带有绿色的色调，Ⅰ级黄比较纯净，是亮黄色。但对于初学者判断还是困难的，所以对于干涉色较高的矿物，最好使用石英楔子或云母试板。

2. 云母试板

云母试板是以矿物云母的定向切片制作而成的，其光程差为147nm，相当于一个干涉色级序光程差的1/4，因此又称云母试板为λ/4试板。云母试板在正交偏光镜下的干涉色为Ⅰ级蓝灰。将云母试板与矿物薄片叠加时，矿物的干涉色可升高或降低一个色序。如矿物原来的干涉色为Ⅰ级红色，插入云母试板，若同名轴平行则干涉色升高为Ⅱ级蓝色；反之，若异名轴平行则干涉色降低变为Ⅰ级黄。云母试板多用于干涉色在Ⅱ级以上的矿物薄片的测试与观察。

云母试板和石膏试板的光程差是固定的，是偏光显微镜的必备附件，使用简便，操作熟练之后效果很好，初学者一定多加练习。

3. 石英楔子

石英楔子是用矿物石英定向切片制成的一种补色器。特点是切片方向平行Z轴，一端薄另一端渐厚而呈楔形，长边常为快光（Np或No）的方向，短边为慢光（Ng或Ne）的方向。其光程差一般是从0至1680nm或更大，在正交偏光镜间由薄至厚可依次产生Ⅰ级至Ⅳ级的连续干涉色，因此石英楔子属于可变光程差补色器。当正交偏光镜间有矿物薄片时，插入石英楔子，若同名轴平行则矿片干涉色逐渐升高；若异名轴平行则干涉色不断降低，至石英楔子与矿物薄片的光程差相等处，薄片中的矿物因消色而呈现黑灰色。利用这一特性，可用石英楔子来测定矿物（尤其是干涉色较高矿物）的干涉色级序与色序，进而确定矿物光率体椭圆切面的轴名及矿物的双折射率。

4. 贝瑞克消色器

贝瑞克消色器，是由垂直方解石光轴切制而成的薄片，镶嵌在一个金属圆框中，再安装在长形试板上制成。其"金属框"通过小轴与"鼓轮"相连，可随鼓轮的转动而左右倾斜，鼓轮上有刻度和游标。其使用方法是：选定矿物颗粒，使颗粒转到消光位再转动45°，插入贝瑞克消色器，转动鼓轮可使矿物消色。利用此现象可测定矿物的干涉色和轴名，同时据鼓轮的读数经查表或公式计算可得矿物的光程差。可见贝瑞克消色器也是一种可变光程差消色器。

三、光率体椭圆切面半径名称测定

非均质矿物的许多光学性质，如折射率、双折射率、多色性和吸收性、干涉色、消光角、延性符号与光性方位等，都是以光率体椭圆切面的方向和椭圆半径轴名为基础的。因此，光率体椭圆切面半径轴名的确定，是矿物薄片观测最重要的内容之一。椭圆切面半径名称的确定，是依据光程差叠加原理进行的。其测定的操作步骤（图2-35）一般为：

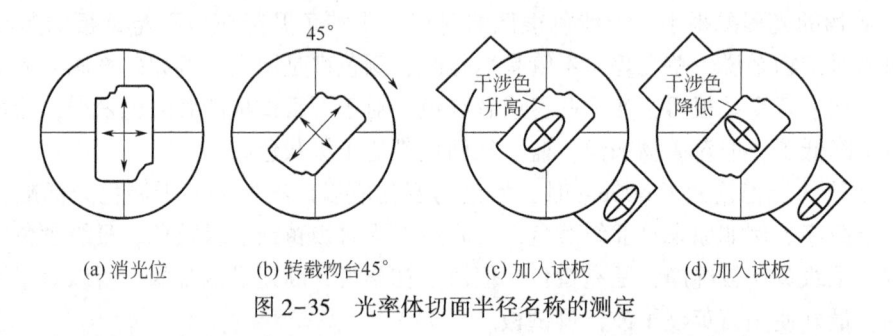

(a) 消光位　　(b) 转载物台45°　　(c) 加入试板　　(d) 加入试板

图2-35　光率体切面半径名称的测定

首先，将待测定矿物颗粒切面移至视域中心，旋转物台，使矿物颗粒切面处于消光的位置，这时切片中快光（Np）和慢光（Ng）的振动方向分别平行于十字丝的横丝和竖丝。

其次，由消光位转动45°，此时干涉色最明亮，矿物的Ng'和Np'分别与上、下偏光振动面方向呈45°角相交的位置。

再次，从试板孔插入试板，如果薄片的Ng'和Np'方向分别与试板Ng和Np重合，干涉色升高；相反，当Ng'与Np平行、Np'与Ng平行时，干涉色降低。由于试板的光率体切面椭圆半径名称是已知的，因此可以确定出矿片光率体椭圆半径的名称。

在实际操作中，应根据所测矿片干涉色级序的高低，选择适合的试板，如果属Ⅰ级干涉色的，选用石膏试板为宜，升降以石膏试板的级序为准。高于Ⅱ级黄的矿片，最好使用云母试板，干涉色均依次升高或降低一个色序，变化明显易于识别。干涉色高于Ⅲ级的矿片改用石英楔子效果更明显。

被测定的光率体椭圆切面的半径，是否为该矿物晶体的光学主轴，取决于切片方位。若矿物薄片平行于主轴面，则椭圆半径为No和Ne（一轴晶）或为Ng、Nm、Np三个主轴之中的某两个主轴（二轴晶）。如矿片是任意方向的切面，则椭圆切面的半径往往不是矿物的主轴或主折射率，此时轴名通常都以Ng'和Np'表示。

📖 任务实施

一、目的要求

（1）能够正确理解光程差叠加原理；
（2）能够正确了解几种常见的消色器。

二、资料和工具

（1）工作任务单；
（2）偏光显微镜、矿物薄片。

任务考评

一、理论考评

（1）光程差叠加原理是什么？

_____

（2）消色器有哪些？

_____

（3）名词解释。
消色器：_____
石膏试板：_____
石英楔子：_____
贝瑞克消色器：_____
（4）判断题。
① 干涉色的高低直接与透过矿物的两列偏光的光程差的大小相关。（   ）
② 叠加后总的干涉色对于原光程差大的矿物薄片而言是降低的。（   ）
③ 消色器可以测量光程差和干涉色级序。（   ）
④ 快光和慢光可以来表示消色器的偏光振动面的方向。（   ）
⑤ 椭圆切面半径名称的确定，是依据光程差叠加原理进行的。（   ）
⑥ 云母试板，干涉色均依次升高或降低一个色序，变化明显，易于识别。（   ）

二、技能考评

书写光率体椭圆切面半径名称测定的正确顺序。

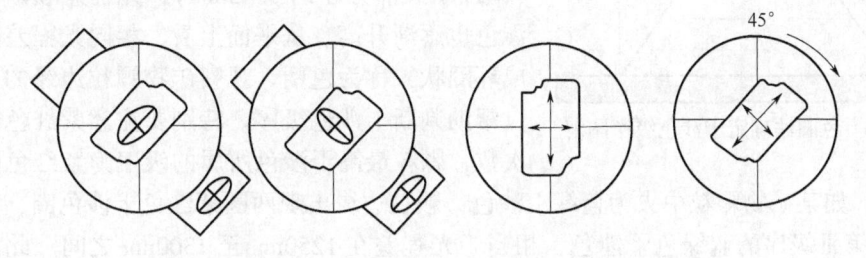

任务三　测定矿物的干涉色与双折射率

任务描述

矿物的最大双折射率是矿物最重要的光学常数之一，是矿物鉴定和相互区别的重要依据。在厚度标准的薄片中，矿物的干涉色与颗粒的双折射率密切相关，而颗粒的双折射率又与该颗粒的切面方向有关，即是说一种矿物在同一薄片中常有若干个颗粒，各个颗粒的切面方位不同、双折射率各异、干涉色也常常各不相同。通过本任务的学习，让学生熟悉掌握干涉色级序与色序的测定方法，可以计算矿物的双折射率。

相关知识

一、干涉色级序与色序的测定

在测定矿物的干涉色级序时，必须全面观察薄片中待测矿物的所有颗粒，从中选择平行光轴面（或接近于平行光轴面）的矿物颗粒。这种矿物颗粒的特征是正交偏光镜下干涉色最高、单偏光镜下多色性与吸收性极明显（有颜色时）。当颗粒选择恰当后，可按下述方法测定矿物的最高干涉色级序和色序。

1. 类比目测法

通过观察石英楔子和套色的色谱表，掌握各级干涉色的颜色特征及变化规律。第Ⅰ级序干涉色中没有鲜蓝和绿色，但有浅灰和白色；第Ⅱ级序干涉色的色序与可见光谱的色序一致，各色序的色泽浓厚纯正且鲜艳，尤以Ⅱ级蓝色极鲜艳极醒目；第Ⅲ级序色泽与第Ⅱ级序相似，但颜色饱和度稍差，其中翠绿色极鲜艳很醒目；第Ⅳ级序色泽很淡；第Ⅴ级序及以上级序为高级白色。将薄片中选定矿物颗粒的干涉色与之类比，称为类比目测法。此方法简便快捷，当操作人员经验与素质较高时，同样可得准确结果。相反，操作人员经验不足时难获准确结果。

2. 色圈目测法

遇到级序较高的干涉色，直接判断有困难，运用色圈目测法，能较准确地确定矿物干涉色的级序。仔细观察薄片会发现，矿物颗粒的楔形边缘，可出现干涉色的色圈（图2-36），与颗粒中央的颜色不同。这是由于薄片中矿物颗粒的边缘往往是楔形的，从侧面看好似微型的石英楔子，由边缘往中心厚度逐渐增大（薄片中央部分厚约0.03mm），光程差逐渐增加，干涉色也逐渐升高。从平面上看，相同光程差的各点连成环圈状，称为色圈。观察矿物颗粒边缘的色圈，可以帮助判断干涉色级序。特别要注意紫红色圈出现的次数，颗粒最高干涉色所属的级序为紫红色圈出现的次数加1。如某矿物颗粒中央为蓝绿干涉色，颗粒边缘出现两圈紫红色干涉色圈，则颗粒中央是属于第Ⅲ级序的蓝绿色干涉色，相当于光程差在1250nm至1300nm之间。此法对确定干涉色级序十分有效，但色序的确定仍须辅以补色器法方可获准确结果。

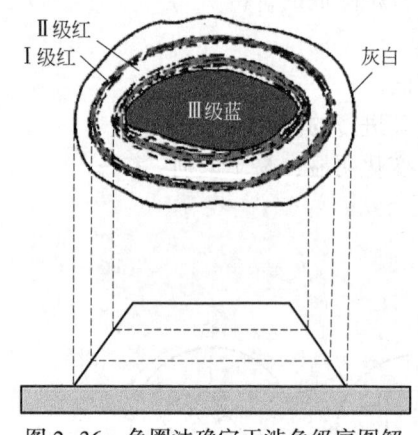

图2-36 色圈法确定干涉色级序图解

3. 固定补色器（试板）测定法

固定补色器包括石膏试板或云母试板，应用固定补色器测定干涉色级序是依据光程差叠加原理来进行，即应用石膏试板后矿物的干涉色将升高或降低一个级序，应用云母试板后将升高或降低一个色序。比较升高和降低前后干涉色的特征就较容易确定矿物原本的干涉色的级序和色序。

比如某矿物颗粒置于正交偏光镜下干涉位置呈黄色，加云母试板后变为灰白色，旋转载物台90°后为橙色；加石膏试板后变为黄色，旋转90°变为灰白色。于是根据两种试板两次升高两次降低干涉色的变化，可准确地确定矿物原本的干涉色为Ⅰ级黄色。

固定补色器操作使用相当便捷，熟练之后效果很好，尤其对于干涉色Ⅰ级至Ⅲ级的矿物非常有效。对于初学者一定要同时进行干涉色升高和降低的操作，即在干涉色（最佳）位插入试板升高（或降低）干涉色后，再旋转载物台90°使干涉色又降低（或升高），达到扩大干涉色变化幅度的目的，最好两种试板同时使用，增多干涉色变化的信息，使对矿物原本干涉色的确定更有依据更准确。

4. 可变光程差补色器测定法

石英楔子是最常用的可变光程差补色器，应用石英楔子测定干涉色级序依据消色原理来进行。首先将待测矿物置视域中心并旋转至干涉色（最佳）位置，缓缓插入石英楔子使该矿物的干涉色逐渐降低直至消色；这时取出矿物薄片从显微镜中单独观察石英楔子的干涉色确定其级序，也可将石英楔子从试板孔中缓缓退出同时观察紫红色带出现的次数确定石英楔子当时的干涉色，此石英楔子的干涉色即为矿物原本的干涉色。如缓缓插入石英楔子时矿物的干涉色升高而不降低表明二者同名轴重合，应将矿物颗粒旋转90°，使矿物与石英楔子的异名轴重合后，再缓缓插入石英楔子重新进行测定。

由于显微镜的视域有一定的范围，观察石英楔子时常常是几种相邻的色序同时出现在视域之中，应以视域中心十字丝交点处的色序为准。对一些干涉色较高的矿物用石英楔子来测定其最高干涉色效果较好。当矿物干涉色较低时，石英楔子插入距离太小、难以操作，不如用固定光程差试板方便。此外，也可使用贝瑞克消色器测定矿物的干涉色级序和色序。

二、矿物双折射率的计算

由光程差公式 $R=d(Ng'-Np')$ 可知，矿物的双折射率等于光程差 R 与薄片厚度 d 的比值，即：$Ng'-Np'=R/d$。而最大双折射率 $Ng-Np$ 只能在过光轴的切面上才能观测到，因此，选择矿物颗粒的切面方向、准确测定光程差、准确测定薄片厚度是计算最大双折射率的前提。为此，矿物最大双折射率的计算需按以下程序进行：

（1）全面观察薄片中待测矿物的所有颗粒，选取平行光轴面的颗粒，其标志是所选颗粒在正交偏光镜下的干涉色最高、单偏光镜下多色性极明显（必要时需作锥光镜校检），将所选定的颗粒置于视域中心并旋转到干涉色最明亮的方位。

（2）用目测法、色圈法、试板法或石英楔子法准确测定矿物的最高干涉色，一定采用两种或多种方法测定其干涉色的级序和色序，确保测定准确无误。

（3）测定矿物薄片中的石英颗粒的最高干涉色的色序；据石英的最高干涉色利用色谱表确定薄片的准确厚度。

（4）依据待测矿物的最高干涉色和薄片的准确厚度，按公式 $Ng-Np=R/d$ 即可计算出矿物的最大双折射率。计算时注意单位换算，薄片厚度单位是毫米，光程差单位是纳米，二者的换算关系是 $1mm=10^6nm$。

如薄片中无石英颗粒或测定要求不高时也可将矿物薄片作为标准厚度计算。

也可用贝瑞克消色器直接测定矿物的光程差。其方法是将矿物置显微镜视域中心干涉色最明亮的位置，插入贝瑞克消色器旋转鼓轮使矿物消色（如不消色应将矿物旋转90°），为提高精度鼓轮需顺时针与逆时针两个方向转动，读取鼓轮上两个刻度值并取平均值，查表或公式计算可得矿物的光程差。贝瑞克消色器可适用于各种干涉色的矿物颗粒，精度较高，可达 2~4nm，不失为一种较好的方法。在此之后，再依据厚度计算矿物的最高双折射率。

任务实施

一、目的要求

（1）能够正确进行干涉色级序与色序的测定；
（2）能够正确进行矿物双折射率的计算。

二、资料和工具

（1）工作任务单；
（2）偏光显微镜、矿物薄片。

任务考评

一、理论考评

（1）干涉色级序与色序的测定方法有哪些？
_____
（2）类比目测法的注意事项是什么？
_____
（3）名词解释。
类比目测法：_____
色圈目测法：_____
固定补色器（试板）测定法：_____
可变光程差补色器测定法：_____
（4）判断题。
① 矿物的最大双折射率是矿物最重要的光学常数之一。（　　）
② 矿物的干涉色与颗粒的双折射率密切相关。（　　）
③ 必须对薄片中的最大双折射率切面上的最高干涉色进行观测。（　　）
④ 在测定矿物的干涉色级序时，必须全面观察薄片中待测矿物的所有颗粒。（　　）
⑤ 平行光轴面（或接近于平行光轴面）的矿物颗粒是正交偏光镜下干涉色最高、单偏光镜下多色性与吸收性极明显（有颜色时）。（　　）
⑥ 选择矿物颗粒的切面方向、准确测定光程差、准确测定薄片厚度是计算最大双折射率的前提。（　　）
⑦ 遇到级序较高的干涉色，可以直接判断。（　　）
⑧ 石英楔子是最常用的可变光程差补色器。（　　）

二、技能考评

书写矿物双折射率的计算程序：
（1）_____

(2)　　　　　　　　　　　　　　　　　　　　　　　
(3)　　　　　　　　　　　　　　　　　　　　　　　
(4)　　　　　　　　　　　　　　　　　　　　　　　

任务四　测定矿物的消光类型与吸收性

📖 任务描述

光性均质体矿物都是全消光，光性非均质矿物垂直光轴的切面也是全消光，光性非均质矿物任意方向切面都是四次消光。通过本任务的学习，让学生可以区分消光类型，进行矿物消光角的测定。

📖 相关知识

一、矿物的消光类型

在晶体光学中，还常依据非均质矿物任意切面上光率体椭圆切面半径与矿物的解理缝、双晶缝、晶体轮廓等的位置关系，将非均质矿物非垂直光轴切面消光现象细分为三种消光类型（图2-37）：

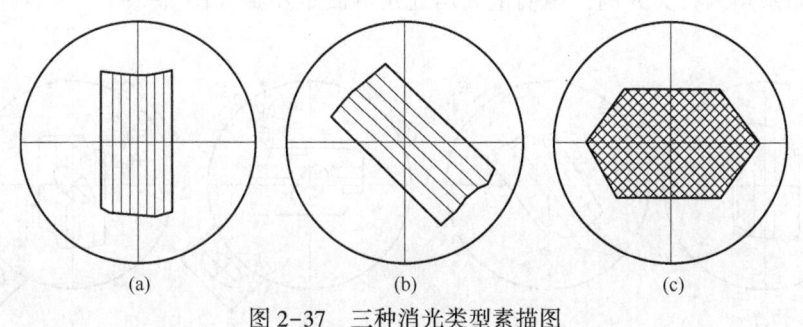

图2-37　三种消光类型素描图
(a) 平行消光；(b) 斜消光；(c) 对称消光

(1) 平行消光，即当矿物颗粒处于消光位时，矿物的解理缝、双晶缝或晶体轮廓与目镜十字丝之一平行的消光类型，也即是光率体椭圆切面半径之一与解理缝等平行。如柱状颗粒的电气石、有解理的云母等均为平行消光。

(2) 斜消光，即矿物颗粒处于消光位时，解理缝、双晶缝或晶体外形与目镜十字丝斜交的消光类型。角闪石、辉石的纵切面常表现为斜消光（图2-38）。

(3) 对称消光，即当矿物颗粒处于消光位时，目镜十字丝为两组解理缝或两个晶面迹线（解理面或晶面与薄片平面的交线）夹角的平分线的消光类型，即光率体椭圆切面半径为两组解理夹角的平分线。如角闪石、辉石等平行于 (001) 的切面为对称消光（图2-38）。

矿物切面的消光类型，决定于矿物的晶系及光率体的光性方位，同时与矿物颗粒的切面方向有关。

二、矿物消光角的测定

消光角是矿物晶体处于消光位时，解理缝、双晶缝或晶棱与十字丝的夹角。实质上它是

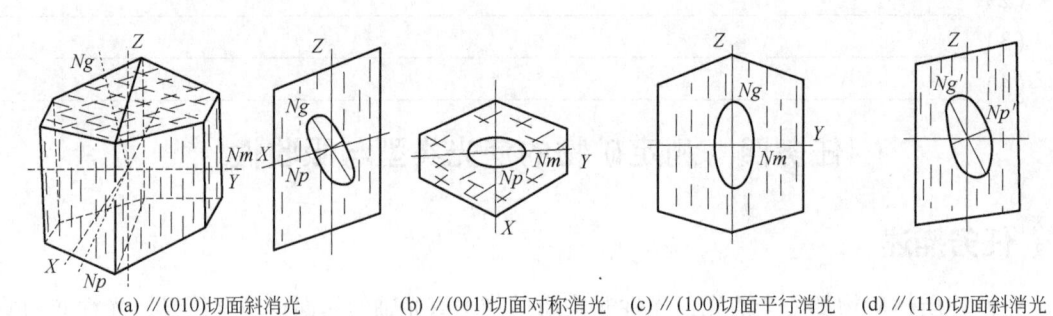

(a) //(010)切面斜消光　　(b) //(001)切面对称消光　(c) //(100)切面平行消光　(d) //(110)切面斜消光

图 2-38　普通角闪石切面方向与消光类型（据陈芸菁，1987）

矿物的光率体椭圆切面半径与解理缝等结晶方向的夹角。所以一般以结晶轴或晶面符号与光率体椭圆切面半径的关系表示消光角。

消光角的重要性对不同的晶系是各不相同的。一轴晶及斜方晶系的矿物中斜消光切面不多，且其消光角的大小主要与切面方向有关，不具有鉴定意义，因此中级晶族（一轴晶）的矿物和斜方晶系的矿物一般不测消光角。单斜晶系和三斜晶系的矿物以具有斜消光的切面为主，且其消光角主要与矿物的化学成分和晶体结构有关，不同矿物消光角不同，因此消光角是这些矿物的重要鉴定标志之一。

以单斜晶系角闪石类为例，说明最大消光角的测定步骤（图 2-39）。

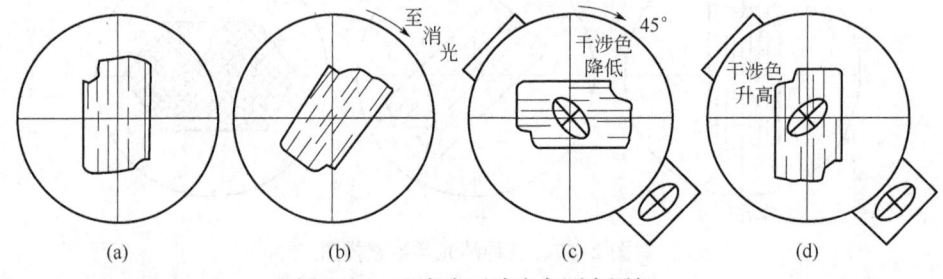

图 2-39　正交光下消光角测定图解

（1）选择具有最大消光角的切面的矿物颗粒，其切面方位依矿物不同而异。角闪石类矿物应选择平行光轴面的颗粒（即//(010)的切面），其标志是有最高干涉色和最强多色性，光率体主轴 Ng 或 Np 与 Z 轴（解理缝方向）夹角最大。

（2）将选好的切面移至视域中心，使解理缝或晶棱与竖丝平行，记下载物台刻度盘的读数 a。转动载物台使矿物颗粒达到消光位，注意转动方向，最好使转角小于 45°，记下读数 b，则两次读数之差 a-b 或 b-a 即为该矿物颗粒在该切面上的消光角。

（3）使矿片由消光位转 45°到达干涉（最佳）位，此时最明亮，选用合适试板测定光率体椭圆切面半径的轴名。为准确起见将两个轴名同时测定以便互相校正，并记录之。

（4）按消光角的表示方法注记该矿物的消光角。如某普通角闪石在（010）切面上的消光角为 25°。

为保证测量准确，一般选择 2、3 个颗粒分别测定其消光角，选其最大者作为矿物的消光角。

三、矿物多色性与吸收性的测定

矿物多色性和吸收性是光性非均质矿物与均质矿物的重要区别，观测矿物的多色性和吸收性时，往往需要测定多色性公式与吸收性公式。为此必须选择矿物的定向切面以保证结果的准确性。一般可依据正交偏光下的干涉色及单偏光镜下多色性来确定切面方向，但精确的测定还要借助锥光镜来确定。其测定步骤可按下述原则进行。

首先，应选择合适的有定向切面的矿物颗粒。一轴晶矿物只有 Ne 和 No 两个主要的颜色，在薄片中选取一个与光轴平行的矿物晶体即可，此切面晶体的特征是单偏光下多色性最明显、正交偏光下干涉色最高。二轴晶矿物有 Ng、Nm 与 Np 三个主要的颜色，要测定它们必须选择至少两个矿物晶体才可完成，通常选择一个平行光轴面（即 Ng—Np）的矿物晶体和一个垂直光轴的矿物晶体。其特征是平行光轴面的晶体在单偏光下多色性最强、正交偏光下干涉色最高；垂直光轴的晶体在单偏光下无多色性，在正交偏光下全消光。

其次，将选好的具有定向切面的矿物晶体置于视域中心，在正交偏光下测定光率体椭圆切面半径的名称及方向。将已测定名称的光率体半径转至下偏光振动方向上（此时矿物晶体应在消光位）推出上偏光镜，观察记录所测定主轴的颜色及吸收性。

最后，将所观察记录的各主轴的颜色整理并写出多色性公式和吸收性公式，如：某电气石的多色性公式为 No—深蓝，Ne—浅紫；吸收公式为 $No>Ne$。某角闪石的多色性公式为 Ng—深绿，Nm—黄绿，Np—黄；吸收公式为 $Ng>Nm>Np$（正吸收）。某霓石的多色性公式为 Ng—黄，Nm—黄绿，Np—深绿；吸收公式为 $Ng<Nm<Np$（反吸收）。

📖 任务实施

一、目的要求

（1）能够正确分析矿物的消光类型；
（2）能够正确进行矿物多色性与吸收性公式的测定。

二、资料和工具

（1）工作任务单；
（2）偏光显微镜、矿物薄片。

📖 任务考评

一、理论考评

（1）矿物的消光类型有哪些？

（2）矿物多色性与吸收性公式的测定方法有哪些？

（3）名词解释。
平行消光：

对称消光：_____

斜消光：_____

消光角：_____

(4) 判断题。

① 光性均质体矿物都是全消光。（　　）

② 云母均为平行消光。（　　）

③ 矿物切面的消光类型，决定于矿物的晶系及光率体的光性方位。（　　）

④ 角闪石、辉石等平行于（001）的切面为对称消光。（　　）

⑤ 光性非均质矿物垂直光轴的切面是全消光。（　　）

⑥ 在同一矿物中，切面方位不同，消光角会有变化。（　　）

⑦ 光性非均质矿物任意方向切面都是四次消光。（　　）

⑧ 多色性和吸收性是光性非均质矿物与均质矿物的重要区别。（　　）

二、技能考评

书写最大消光角的测定步骤：

(1) _____

(2) _____

(3) _____

(4) _____

任务五　观测矿物的延性符号和双晶

📖 任务描述

晶体在薄片中切面的延长方向与该切面上光率体椭圆半径之间的关系，即称晶体的延性。有的文献将解理缝等结晶学方向与光率体椭圆切面半径之间的关系也称为延性。延性符号是与光性方位、光性正负及晶习等有关的形态特征，是某些矿物的重要鉴定特征之一，也是在正交偏光镜下的主要观测内容之一。通过本任务的学习，让学生可以对晶体延性符号进行测定，对双晶观测，分析其种类。

📖 相关知识

一、矿物的延性符号

由于光率体椭圆切面有长半径和短半径之分，延性也可分出正延性符号和负延性符号。非均质矿物的切面如为柱状、长条状等具有单向伸长特点的切面（或具解理缝），其延长方向（或解理缝）平行 Ng（Ng'）或者与 Ng（Ng'）的夹角小于45°者，称为正延性；延长方向（或解理缝）平行 Np（Np'）或与 Np（Np'）的夹角小于45°者，称为负延性；延长方向（或解理缝）与 Ng（Ng'）的夹角等于45°者延性不分正负。

大量的实验结果表明，矿物晶体的延性有如下规律：

—轴晶矿物的延性符号与晶体的光性密切相关，当晶体沿 Z 轴延长呈柱状晶习时，晶体的延性与光性同号，即正光性正延性、负光性负延性；当晶体沿 XY 轴呈板状晶习时，晶体的延性与光性相反，即正光性负延性、负光性正延性。

斜方晶系具有柱状晶习的矿物，若晶体的 Ng 的方向与晶体伸长的方向一致时，则所有的伸长形切面都是正延性；若 Np 的方向与晶体延长方向一致时，则所有的伸长形切面都是负延性；若 Nm 的方向与晶体延长方向一致时，则所有的伸长形切面颗粒的延性可正可负。

延性符号的测定与消光角的测定类似，具体步骤如下：

首先，选择矿物伸长形（或具有一组解理）的颗粒，置于十字丝中心并使晶体处于消光位，同时确定矿物的消光类型。

其次，依据消光类型的不同选用不同的方法测定延性符号。

矿物伸长形（或具有一组解理）的颗粒为平行消光，则将载物台转动 45°至"干涉位"，插入试板观察干涉色的升降情况，确定与矿物晶体伸长方向（或解理缝方向）一致的光率体椭圆切面的轴名，便可定出矿物颗粒的延性符号。矿物伸长形（或具一组解理）的颗粒是斜消光，则按测定消光角的方法测定消光角。如某角闪石平行于（010）的切面上 Ng 与晶体伸长方向（及解理缝）的夹角为 25°，即该普通角闪石 Ng 与伸长方向的夹角小于 45°，为正延性。按此原则，在已知矿物消光角的条件下，可依据消光角确定矿物的延性符号。

二、双晶的观察

双晶是两个（或多个）同种矿物晶体，按一定规律彼此连生在一起的现象，其中一个晶体经反映或旋转 180°后可与另一晶体平行。

如果组成双晶的两个单晶体各自的对应光学主轴之间彼此平行，这一类双晶在正交偏光镜下将无法辨认，则称其为"不可见双晶"，石英的道芬双晶和巴西双晶即属于此类不可见双晶。如果组成双晶的两个单晶体各自的对应光学主轴之间彼此不平行，这一类双晶在正交偏光镜可被辨认出来，则称其为"可见双晶"。大量的研究表明，自然界中的双晶，几乎都是可见双晶，几乎均可在正交偏光镜下观测研究。

双晶中二单晶体的光率体方位不同，对应光学主轴彼此角度相交，因此在正交偏光镜下表现为二单晶体的消光方位各异、干涉色不同［图 2-40（a）］，容易识别。双晶结合面也因此而显现出来，常称"双晶缝"。双晶缝的清晰程度还与双晶结合面与薄片平面的交角有关，当双晶结合面与薄片平面法线平行时，双晶缝最细微而清晰，随交角的加大双晶缝渐次加宽且渐次模糊，交角大至一定程度时双晶缝则不可见（与解理缝可见临界角类似）。双晶结合面常与晶面及晶棱平行，因此双晶缝往往代表某一结晶学方向，如钠长石的双晶缝代表（010）面的方向，常用以测消光角并据以测定斜长石的成分号码。钠长石双晶等面律（双晶轴与双晶结合面垂直的）双晶，二单晶体的光率体对称地位于结合面两侧，结合面相当

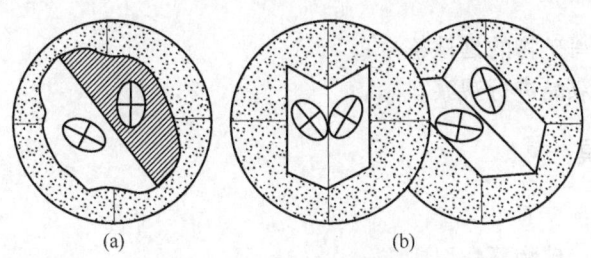

图 2-40 正交光下双晶素描图

（a）双晶二单体干涉色不同消光位各蒸发量；（b）双晶结合面与薄片法线平行时于 0°及 45°位置时二单体干涉色相同

于二单体之间的"对称面",当结合面与薄片法线平行时相邻二单体也是对称的,即当双晶缝与十字丝之一平行(或为45°)交角时,两个单体的干涉色及明亮程度相等,此时看不见双晶[图2-40(b)]。双晶的观测与研究对于长石类矿物有特别重要的意义。

根据双晶连生的特征,可将双晶分为简单双晶和复杂双晶(图2-41)。

简单双晶是只有两个单体互相连生,在正交偏光镜下一个单体明亮时另一个单体消光,旋转物台时两单体消光与明亮交互出现的双晶,如正长石的卡式双晶[图2-41(a)]、辉石及角闪石的简单双晶等。

图2-41 薄片中矿物的常见双晶(全部为正交偏光,标尺0.5mm)
(a)正长石中的卡氏双晶;(b)斜长石中的聚片双晶;(c)微斜长石中的格子双晶;(d)堇青石的六连晶

复杂双晶是由三个以上的单体相互连生组成的。常见的复杂双晶有以下几种:

联合双晶:双晶结合面彼此以一定的角度相交,形成三连晶、四连晶、六连晶等。如堇青石的六连晶,当双晶以偶数连生时,对顶的单体同时消光。

聚片双晶:众多单体的双晶结合面彼此平行,在正交偏光下奇数的单体干涉色和消光位一致,偶数单体的干涉色和消光位一致,如斜长石的聚片(或钠长石)双晶。

复合双晶:两种以上不同双晶律的双晶类型同时存在时称复合双晶。如斜长石中有时同时存在卡氏双晶和钠长石双晶(称为卡钠复合双晶),以及微斜长石的格子双晶。

任务实施

一、目的要求

(1)能够正确书写矿物的延性符号;
(2)能够正确对双晶进行观察。

二、资料和工具

(1)工作任务单;
(2)偏光显微镜、矿物薄片。

任务考评

一、理论考评

（1）矿物晶体的延性有哪些规律？

_____

（2）延性符号的测定有哪些步骤？

_____

（3）名词解释。

延性符号：_____

不可见双晶：_____

可见双晶：_____

简单双晶：_____

（4）判断题。

① 延性符号是与光性方位、光性正负及晶习等有关的形态特征。（　　）

② 延性也可分出正延性符号和负延性符号。（　　）

③ 一轴晶矿物的延性符号与晶体的光性密切相关。（　　）

④ 确定与矿物晶体伸长方向（或解理缝方向）一致的光率体椭圆切面的轴名，便可定出矿物颗粒的延性符号。（　　）

⑤ 双晶是两个（或多个）同种矿物晶体，按一定规律彼此连生在一起的现象。（　　）

⑥ 复杂双晶由三个以上的单体相互连生组成。（　　）

二、技能考评

书写下列常见双晶的名称：

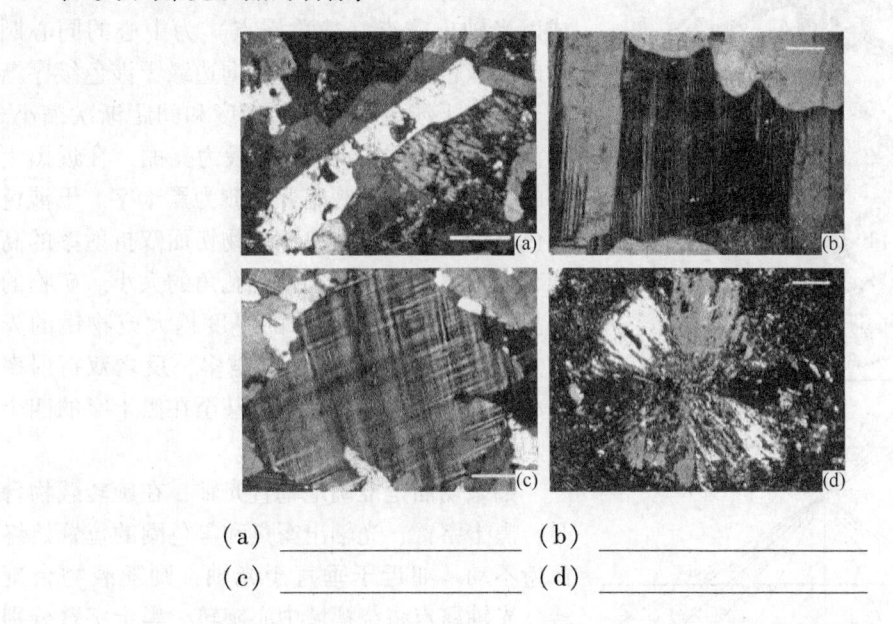

(a) _____　(b) _____
(c) _____　(d) _____

项目五　锥光镜下矿物的光学性质观察与描述

任务一　认识一轴晶常见干涉图特征及应用

📖 任务描述

利用锥光镜下的干涉图还能准确区分均质体、一轴晶和二轴晶，正确测定光性的正负、确定矿物晶体的切面方位，还能用以测定矿物晶体的光轴角、观测色散现象。因此锥光镜有关操作是薄片观测的重要内容之一。一轴晶矿物因切片方位不同有三种类型常见干涉图：垂直光轴切面的干涉图、斜交光轴切面的干涉图及平行光轴切面的干涉图，其中垂直光轴切面的干涉图是学习重点。通过本任务的学习，让学生掌握一轴晶垂直光轴切面干涉图的特征、成因及应用。

📖 相关知识

一、一轴晶垂直光轴切面干涉图

一轴晶垂直光轴切面的干涉图由一个黑十字和干涉色等色环构成（图2-42）。黑十字又称消光影，由两条等大对称的黑臂（又称黑带）相互正交组成，黑臂分别与上、下偏光振动面方向平行，黑臂的中心部分较细，向两端略为加粗。黑十字的中心为光轴出露点。黑臂将视域划分为四个象限，上右为第一象限，上左为第二象限，按逆时针方向排列依次为第三象限和第四象限。

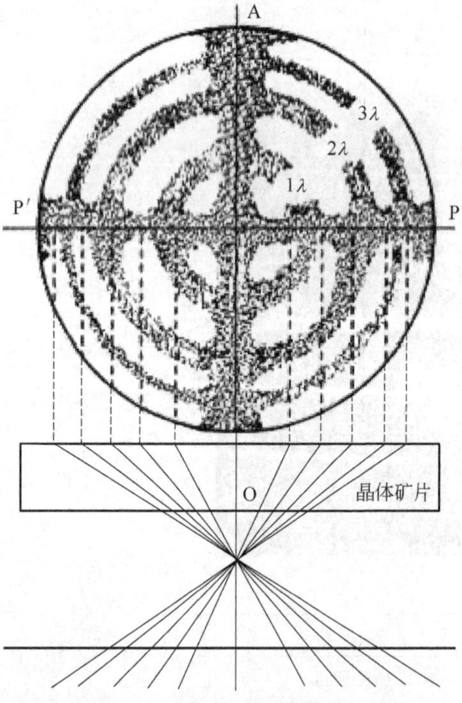

当入射光为白光时，在视域的四个象限中形成以光轴出露点（简称露点）为中心的同心圆状的干涉色等色环。自中心向边缘干涉色级序渐次升高、干涉色等色环的宽度和间距渐次缩小。干涉色在各象限的45°区域最为亮丽，在近黑十字的交界部位较为晦暗并过渡为黑十字。干涉色等色环的多少主要取决于矿物切面双折射率的高低、矿片厚度大小和物镜光孔角的大小。矿物的双折射率越大（或矿片的厚度越大或物镜的光孔角越大），干涉色等色环越多，反之双折射率越小，干涉色等色环越少，甚至在黑十字的四个象限内仅出现一级灰干涉色。

如果切面是准确地垂直光轴，在旋转载物台时，黑十字臂、光轴出露点和等色圈的位置始终保持不动。如近于垂直于光轴，则随载物台旋转，光轴露点将绕视域中心旋转，黑十字臂分别平行目镜十字丝上下、左右移动。

图2-42　一轴晶垂直光轴切面干涉图

二、一轴晶垂直光轴切面干涉图的应用

一轴晶垂直光轴切面干涉图是最典型最有用的干涉图。主要用途有：区分光性均质体与垂直光轴切面的非均质体；区别一轴晶和二轴晶；确定光率体的正光性、负光性；判断切片与光轴的垂直程度，即确定切面的方向。

在单偏光镜下无多色性、在正交偏光镜下全消光的矿物薄片，凡在锥光镜下可呈现形态特殊的干涉图者必是光性非均质矿物，凡在锥光镜下不呈现形态特殊的干涉图者必是光性均质体。

在正交偏光镜下全消光，在锥光镜下呈现黑十字样的干涉图，旋转载物台一周时黑十字的形态与位置均不发生变化、不分裂者必是一轴晶垂直光轴切面的矿物。

一轴晶光率体有光性正负之分。当 Ne>No，即 Ne=Ng 时为正光性；当 Ne<No，即 Ne=Np 时为负光性。由于在一轴晶垂直光轴切面干涉图上，非常光 Ne 振动面的方向总是以光轴露点为中心呈放射状分布，正常光 No 振动面方向总是绕光轴露点呈同心环状分布。

一轴晶正光性矿物在垂直光轴的薄片上，光率体椭圆切面的长半径总是呈放射状分布的（图 2-43）。测定光性的操作是：先插入试板，若干涉图第一和第三象限干涉色升高同名轴重合，第二和第四象限干涉色则降低，为异名轴重合；再分别绘出各象限光率体切面椭圆；最后据各象限切面椭圆长半径均指向光轴露点，确定为一轴晶正光性矿物。

一轴晶负光性矿物在垂直光轴的薄片上，光率体椭圆切面的短半径呈放射状分布（图 2-44）。测定光性的操作是：先插入试板，若干涉图第一和第三象限干涉色降低异名轴重合，第二和第四象限干涉色升高同名轴重合；然后绘出各象限光率体切面椭圆；最后据各象限椭圆的短半径指向光轴露点，可确定为一轴晶负光性矿物。

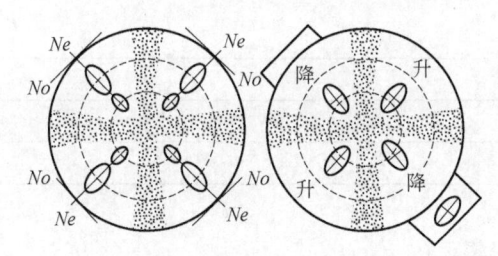

图 2-43　一轴晶正光性测定图解 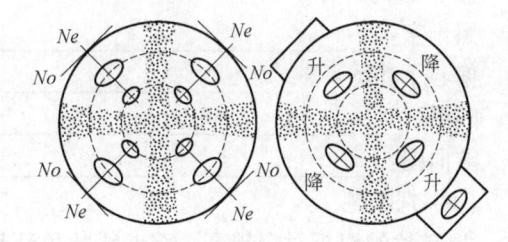　　　图 2-44　一轴晶负光性测定图解

光性测定中采用什么试板，可以根据情况而定。一般色圈多的用云母试板或石英楔子，色圈少或无色圈的用石膏试板。操作熟练后，用任何试板都可以得到正确结果。插入石膏试板鉴定色圈少（或无）的干涉图时，黑十字臂变为紫红色，干涉色升高的两个象限由一级灰变为二级蓝，另两个象限则由一级灰变为一级黄。插入云母试板鉴定色圈多的干涉图时，黑十字臂变为灰白色，四个象限中有两个象限干涉色升高，其色圈向内移动，另两个象限干涉色降低，色圈向外移动，并在干涉色降低的两个象限内黑十字臂交点附近出现两个对称的黑点，黑臂两侧的等色环发生错位。缓慢插入石英楔子时，四个象限中，有两个象限干涉色升高，色圈连续向内移动；另两个象限干涉色降低，色圈连续向外移动。

垂直光轴切面干涉图对于测定光性正负最为有效。为得到垂直光轴干涉图，必须先在单偏光镜及正交偏光镜下选择颗粒。其特点是单偏光镜下无多色性和吸收性，正交偏光镜下全

消光。当难于找到垂直光轴切面时，可找近于垂直光轴切面的干涉图，其光轴出露点仍在视域中，这种干涉图，同样能准确测定轴性及光性正负。

任务实施

一、目的要求

（1）能够正确分析一轴晶垂直光轴切面干涉图的特征、成因及应用；
（2）能够正确分析一轴晶斜交及平行光轴切面干涉图的特征及应用。

二、资料和工具

（1）工作任务单；
（2）偏光显微镜、矿物薄片。

任务考评

一、理论考评

（1）一轴晶垂直光轴切面干涉图的应用有哪些？
_____
（2）一轴晶斜交光轴切面干涉图的特征是什么？
_____
（3）名词解释。
黑十字：_____
偏心干涉图：_____
闪图：_____
波向图：_____
（4）判断题。
① 矿片的双折射率越高，双曲线状色环越密集。（　　）
② 干涉色等色环的多少主要取决于矿物切面双折射率的高低。（　　）
③ 色圈的宽度内疏外密，色圈的多少将随薄片的厚度增大、矿物双折射率的增大和光孔角的加大而增多。（　　）
④ 凡在锥光镜下可呈现形态特殊的干涉图者必是光性非均质矿物。（　　）
⑤ 当黑臂附近有弧形干涉色等色环时，弧线曲率半径的方向即光轴露点的方向。（　　）
⑥ 随薄片中晶体的光轴与锥形偏光中轴交角增大，斜交光轴切面的干涉图则逐渐向平行光轴切面的干涉图过渡。（　　）

二、技能考评

根据下图书写确定光率体的光性正负程序：

(1) _____
(2) _____
(3) _____

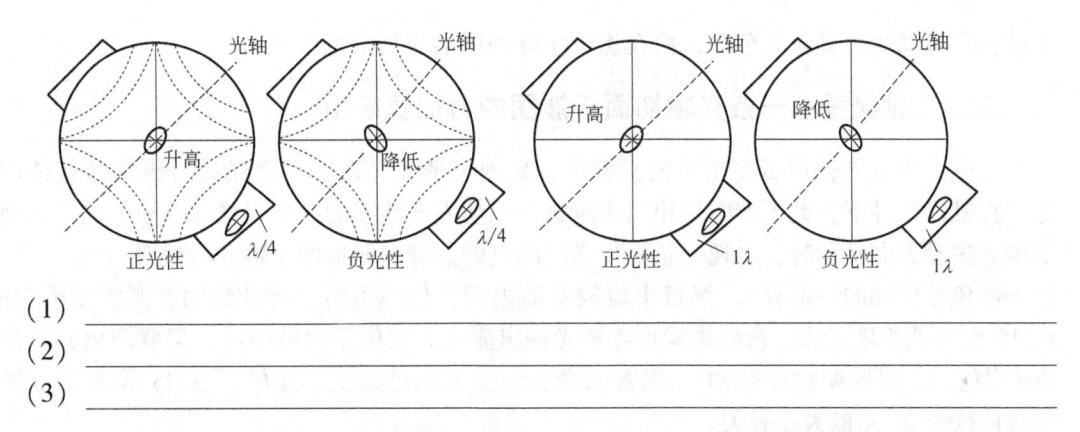

任务二　认识二轴晶常见干涉色图特征及应用

📖 任务描述

二轴晶有 5 种主要类型的干涉图，即垂直锐角平分线切面、垂直光轴切面、斜交光轴切面、垂直钝角平分线切面及平行光轴面切面的干涉图。但能简便有效用来鉴定轴性和光性正、负及观察色散现象的，主要是垂直锐角平分线切面干涉图和垂直光轴切面干涉图，因此这两种干涉图是学习的重点。通过本任务的学习，让学生熟悉掌握二轴晶垂直锐角平分线切面干涉图及垂直光轴切面干涉图的特征及应用。

📖 相关知识

一、二轴晶垂直锐角平分线切面干涉图的特征及应用

当光轴面（Ng—Np 主轴面）与下偏光振动面平行时，干涉图由一个黑十字及黑十字臂之间的"o"字形干涉色等色环所组成［图 2-45(a)］。黑十字臂的两个黑臂粗细不等，沿光轴面方向的黑臂较细，在两个光轴出露点的地方更细；垂直光轴面方向（即 Nm 方向）黑臂较宽。黑十字臂交点即锐角平分线 Bxa 出露点，位于视域中心。以二光轴出露点为中心展现干涉色等色环，光轴露点附近色环为卵形，向外变为"o"形，随着至光轴露点的距离加大，等色环的干涉色级序逐渐升高增亮，色环的间距缩小密度加大。干涉色等色环的多少与矿物的双折射率大小、薄片厚度及物镜的数值孔径有关。双折射率越大、矿物薄片越厚、物镜数值孔径越大，干涉色色环越多；双折射率越小、矿物薄片越薄、物镜数值孔径越小、

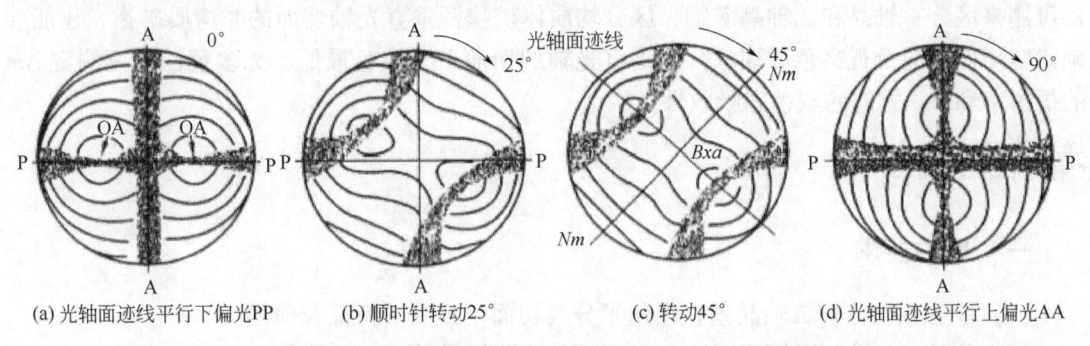

(a) 光轴面迹线平行下偏光PP　　(b) 顺时针转动25°　　(c) 转动45°　　(d) 光轴面迹线平行上偏光AA

图 2-45　二轴晶垂直锐角平分线（Bxa）切面干涉图

干涉色色环越少，甚至无色环，而在黑十字臂四周均为灰白色。

二、二轴晶垂直一条光轴切面干涉图的特征及应用

二轴晶垂直光轴切面在正交偏光镜下，显现全消光。近于垂直光轴时出现蓝灰色干涉色。在锥光条件下，此干涉图形相当于垂直 Bxa 切面干涉图的一半（图2-46）。当光轴面与下偏光振动方向平行时，出现一条平行横丝的直的黑臂和卵形的干涉色等色环（为"o"字形干涉色等色环的一部分）。黑臂中段较窄而内凹，似凹透镜。转动载物台黑臂发生弯曲，在45°时弯曲程度最大。弯曲黑臂顶点即光轴出露点，它位于视域中心，黑臂凸出方向指向 Bxa 出露点，再转动物台至90°，黑臂又变直，但方向已改变。光轴面在45°位置时，黑臂的弯曲度与 $2V$ 角的大小有关。

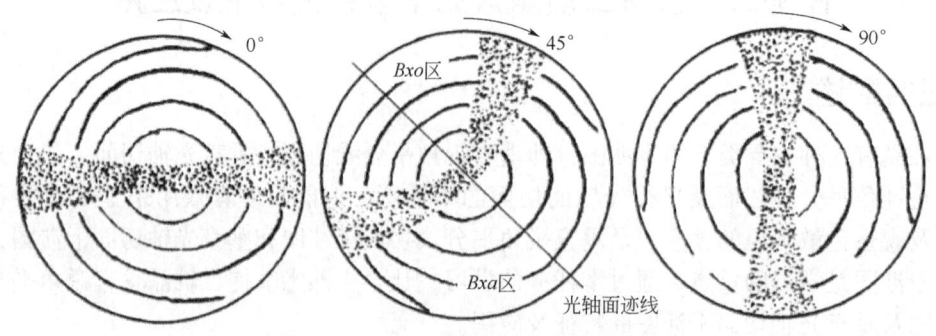

图 2-46　二轴晶垂直光轴切面干涉图

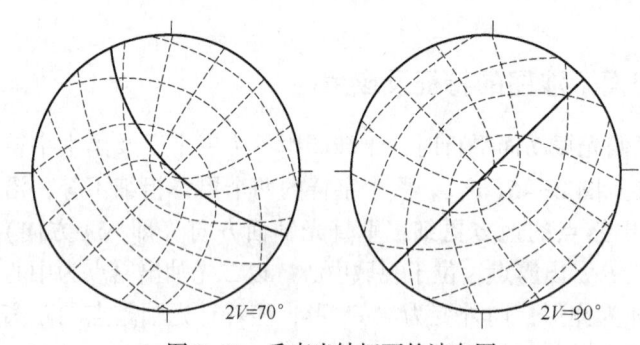

图 2-47　垂直光轴切面的波向图

由垂直一个光轴切面的波向图（图2-47）可知，在光轴面位于45°时，若 $2V$ 角较小，如 $2V=70°$，振动面与上下偏光镜平行的光波集中在一弧形区域内，致使消光影呈弧形分布，为双曲线的一支，$2V$ 角越小弧线曲率半径越小；若 $2V=90°$，与上下偏光振动面平行的光波集中在一平直的长条区域内，故消光影为一条直的黑臂。

垂直光轴切面的干涉图因具有典型的图形特征，除用以测定光性正负和测定 $2V$ 角外，还可用来区分一轴晶和二轴晶矿物，区分均质体矿物及垂直光轴切面的非均质矿物，还能准确确定切面方向及观察色散现象。在垂直光轴的切面上干涉色最低，无多色性，可测定 Nm 的折射率和 Nm 方向的颜色和吸收性。

任务实施

一、目的要求

（1）能够正确分析二轴晶垂直锐角平分线切面干涉图的特征及应用；
（2）能够正确分析二轴晶垂直一条光轴切面干涉图的特征及应用。

二、资料和工具

（1）工作任务单；
（2）偏光显微镜、矿物薄片。

任务考评

一、理论考评

（1）二轴晶垂直锐角平分线切面干涉图的特征是什么？
_____

（2）二轴晶垂直一条光轴切面干涉图的特征是什么？
_____

（3）名词解释。
垂直锐角平分线切面：_____
垂直光轴切面：_____
$2V$ 角鉴定图：_____
二光轴：_____

（4）判断题。
① 色环的干涉色级序逐渐升高增亮，色环的间距缩小、密度加大。（　　）
② 双折射率越大、矿物薄片越厚、数值孔径越大，干涉色色环越多。（　　）
③ 一般光轴角小，两露点间距小；光轴角为零，两露点重合。（　　）
④ 光沿两光轴入射时光程差为零，不发生双折射。（　　）
⑤ 椭圆切面长半径与光轴面迹线垂直时为负光性，长半径与迹线平行时为正光性。（　　）
⑥ 二轴晶垂直光轴切面在正交偏光镜下，显现全消光。（　　）

二、技能考评

根据下图书写确定光性正负的操作：

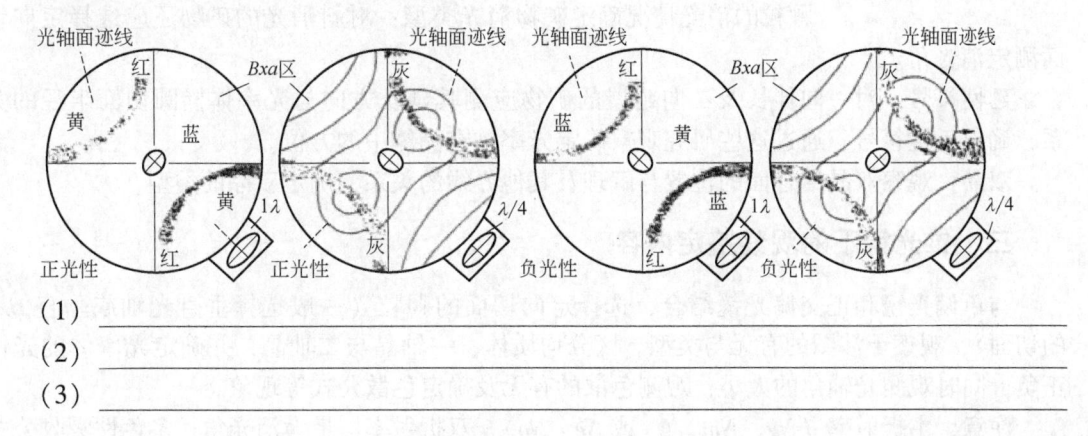

（1）_____
（2）_____
（3）_____

项目六　偏光显微镜下常见透明矿物的鉴定

任务描述

透明矿物利用偏光显微镜进行系统鉴定，是将鉴定矿物岩石磨制成标准厚度的薄片，用不同的偏光显微系统进行研究鉴定。通过本任务的学习，让学生熟悉掌握如何使用偏光显微镜系统观察鉴定矿物薄片内容、常见矿物的鉴定程序，以及提高矿物鉴定准确率和效率的途径方法。

相关知识

一、单偏光镜下的观察鉴定内容

晶形形态：矿物晶体的切面形态及各形态切面的出现频率，据此恢复矿物晶体的立体形态，确定矿物的自形程度和结晶习性，确定切面方位及所属的晶系。

矿物解理：解理的完全程度与等级，据不同方向切面上解理出现情况判别解理的组数和方位，选取定向切面颗粒测定解理夹角、解理与晶轴或主轴夹角。

折射率：矿物晶体的边缘、突起、糙面的明显程度和贝克线的移动方向，闪突起的有无与明显程度，测定矿物的突起等级，确定折射率的大小及范围。

颜色及多色性：透射光下矿物的颜色与多色性的有无，颜色与多色性的变化规律，结合正交偏光镜和锥光镜选定同种矿物中特定切面方向的颗粒，测定多色性与吸收性公式。

二、正交偏光镜下的观察鉴定内容（视频17）

视频17　正交偏光镜下晶体光学性质的观察与测定

干涉色和双折射率：结合单偏光镜和锥光镜选定平行光轴面的颗粒，测试矿物的最高干涉色，测定其干涉色的级序与色序；测定或标定矿片厚度，计算矿物的双折射率。同时还须观测有无异常干涉色，如果有则描述其特征。

消光类型：全面观察薄片中同种矿物的所有颗粒，根据不同切面颗粒的消光情况确定矿物消光类型；对斜消光的矿物还应选择定向切面测定消光角。

延性符号：对一向伸长及二向延展的矿物应测其延长方向与光率体椭圆切面半径的关系，确定延性符号，通过这些研究观察确定光率体在晶体中的方位。

双晶：观察双晶结合面的位置与解理及其他界线的关系，确定双晶的类型。

三、锥光镜下的观察鉴定内容

与单偏光镜和正交偏光镜结合，选择定向切面的颗粒（一般选择垂直光轴或垂直 Bxa 的切面），观察干涉图的有无与类型，区分均质体、一轴晶与二轴晶，并确定光率体的光性正负，同时观测光轴角的大小，观测色散的有无及确定色散公式等现象。

注意，主折射率（Ng、Nm、Np 或 Ne、No）、双折射率、最大消光角、多色性吸收公式以及轴性、光性等光学常数的测定，都必须选择定向切面的矿物晶体。为此需将单偏光镜、正交偏光镜和锥光镜结合起来鉴定矿物的光学特征，同时参考矿物晶体的结晶学特征，方可较准地确定晶体颗粒的切面方向。矿物晶体主要定向切片的光性特征如表2-4所列。

表2-4　透明矿物光性系统鉴定表

轴性	切面方向	单偏光			正交偏光		锥形偏光
		折射率	多色性	晶形解理	消光类型	干涉色（双折率）	干涉图形状
体质体	玻璃及其他非晶质	1个（恒定）	无	无	全消光	无	全黑暗
	等轴晶系						
轴体	⊥C轴	No	无	各晶系各晶体的晶形与解理各不相同	无	无	黑十字臂
	//C轴	No、Ne	最强		平行和对称消先	最高（最大）	模糊粗大黑十字与对称干涉色（闪图）
	斜交C轴	No、Ne'	中等			最高与最低之间（0与最大之间）	可平行移动的偏黑十字
一轴晶	⊥光轴	Nm	无		无	无	单一的直或弯曲的黑臂
	//光轴面	Ng、Np	最强		平行、对称和斜消光均有	最高（最大）	模糊粗大黑十字与对称干涉色（闪图）
	⊥Bxa	Nm 及 Ng 或 Np	中等			最高与最低之间（0与最大之间）	粗细不等黑十字与双曲线型黑臂
	其他方向	Ng'、Np	中等			最高与最低之间（0与最大之间）	介于上述各干涉图之间

四、常见矿物的鉴定程序

用单偏光镜区分透明矿物与不透明矿物，结合正交偏光镜和锥光镜区分出均质体矿物与非均质体矿物（图2-48）。继而对均质矿物、非均质矿物和不透明矿物分别逐一进行全面观测鉴定（表2-4）。

均质矿物，在正交偏光镜下全消光，锥光下无干涉图。着重在单偏光下观察晶形，确定结晶习性、自形程度；观测解理，确定解理组数、方向和夹角；观察颜色、糙面、贝克线，确定突起等级和折射率的大小与范围。

非均质矿物，在单偏光镜下观察同种矿物全部颗粒的切面形态及各形态出现的频率，确定晶体的习性、单体形态、自形程度及晶系；全面观察解理，确定其等级、组数、解理夹角；观测颗粒边缘、贝克线、糙面、突起、闪突起，确定最高突起等级等；（结合正交光与锥光）测定多色性与吸收公式；正交偏光下观察消光类型、双晶、干涉色级序，测定最大双折射率，测定延性符号与消光角；在锥光下，选择垂直光轴（及垂直Bxa与平行光轴面）的切面，观测干涉图，确定轴性与光性，测定2V的大小，观察色散的特征。

不透明矿物，在单偏光镜下观察晶形和解理，在反射光条件下，观察其反射色及反射率（光泽），结合其成因与共生组合关系，大致确定其矿物种类。

依据以上各项观测结果，系统描述矿物的光学性质特征，分析各个典型切面在矿物中的方位，同时注意矿物的共生组合关系，即可定出矿物的名称。

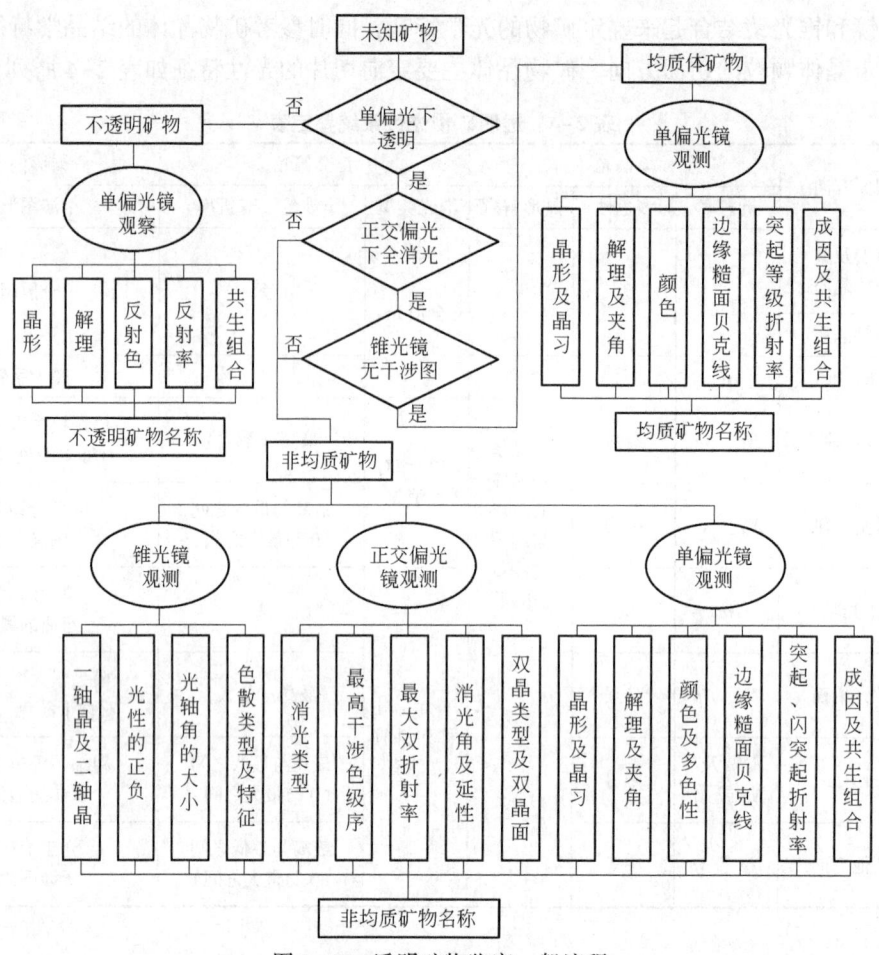

图 2-48 透明矿物鉴定一般流程

📖 任务实施

一、目的要求

（1）能够正确使用偏光显微镜系统观察鉴定矿物薄片内容；
（2）熟悉了解常见矿物的鉴定程序。

二、资料和工具

（1）工作任务单；
（2）偏光显微镜、矿物薄片。

📖 任务考评

一、理论考评

（1）常见矿物的鉴定程序是什么？

（2）偏光显微镜有哪些鉴定内容？
_____

（3）名词解释。
颜色及多色性：_____
消光类型：_____
折射率：_____
干涉色和双折射率：_____
延性符号：_____
矿物解理：_____

（4）判断题。
① 符山石具有铁锈褐色的异常干涉色。（　　）
② 综合分析矿物的鉴定标志是提高薄片鉴定矿物的重要途径。（　　）
③ 熟悉矿物的光性方位图，有助于记忆矿物的光学性质、有助于矿物的相互区别。（　　）
④ 一轴晶的石英，当受应力作用后可能出现10°左右的光轴角。（　　）
⑤ 显微镜下依据突起和干涉色等特征，即可圈定样品矿物折射率与双折射率的大致范围。（　　）
⑥ 合理而恰当地应用鉴定程序是提高鉴定效率的有效途径。（　　）

二、技能考评

书写提高矿物鉴定准确率和效率的途径：

（1）_____
（2）_____
（3）_____
（4）_____

学习情境三　岩浆岩的系统鉴定

岩石是各种地质作用形成的天然的矿物集合体，岩浆岩是其中最广泛发育的岩石类型（视频18）。岩浆岩的系统鉴别有多种途径和方法，岩石薄片的偏光显微镜鉴定是其中最直观、最有效的方法，也是广泛采用的、不可替代的方法。

岩浆岩系统鉴定的内容主要是：手标本的观察与描述；岩石薄片中的矿物种属的鉴定与各矿物含量的测定；详细观察并描述岩石的结构和构造特征，同时对次生变化等微观特征进行相应地观测研究，尤其注意与岩石成因有关结构的研究；依据相应的分类命名原则和方案，并结合野外产状对岩石进行命名。本情境遵循室内样品分析与野外露头观察并重、微观显微镜鉴定与宏观手标本描述并重、定性观察与定量测定并重、统计学标志与特征性标志并重的原则，开展岩浆岩系统鉴定。

视频18　岩浆与岩浆岩的认识

知识目标

（1）熟悉并掌握岩浆岩矿物成分的分析方法，认识岩浆岩中的主要矿物、次要矿物、副矿物和矿物共生组合规律；
（2）掌握常见的岩浆岩结构与构造，认识典型的岩浆岩结构和构造特征；
（3）掌握岩浆岩的分类与命名方法；
（4）掌握常见岩浆岩手标本的鉴别方法与技巧。

技能目标

（1）能够正确区分岩浆岩中的主要矿物、次要矿物、副矿物和矿物共生组合规律；
（2）能够正确观测典型的岩浆岩结构和构造特征；
（3）能够正确观测并描述岩浆岩的形态及结构构造，确定岩浆岩的名称；
（4）能够综合、准确鉴别岩浆岩手标本，填写鉴定报告。

项目一　岩浆岩矿物成分的鉴别

晶体光学是研究可见光通过晶体时所产生的一系列光学性质及其规律的一门科学。由于不同的矿物晶体具有不同的光学性质，因此晶体光学是研究和鉴定透明矿物的重要方法。用偏光显微镜对矿物岩石和储层薄片进行实验研究的过程中，将会涉及一些重要的物理光学现象和原理，本任务就这些光学问题进行简要讨论。通过本任务的学习，学生熟悉矿物晶体的光学性质，为偏光显微镜鉴别矿物晶体打下基础。

视频19　岩浆岩的成分

在岩浆岩中出现的矿物达数百种（视频19），但是经常可见的矿物不过十余种（表3-1）。其中，石英、正长石等统称为浅色矿物，黑云母、角闪石等统称为暗色矿物，磁铁矿、钛铁矿等统称为副矿物。

表3-1 常见岩浆岩主要矿物的平均含量　　　　　　　　　　单位：%

矿物		花岗岩	花岗闪长岩	闪长岩	正长岩	辉长岩	纯橄榄岩
浅色矿物	石英	25	12	2	—	—	—
	霞石	—		—		—	
	正长石	40	15	3	72		
	更长石	26	—		12		
	中长石		46	64	—		
	拉长石	—				65	
暗色矿物	黑云母	5	3	5	2	1	—
	角闪石	1	13	12	7	3	
	单斜辉石	—	—	8	4	14	—
	斜方辉石	—	—	3		6	2
	橄榄石	—	—	—	—	7	95
副矿物	磁铁矿	2	1	2	2	2	3
	钛铁矿	1	—	—	1	2	
	磷灰石	微量	微量	微量	微量		
	榍石	微量	微量	微量	微量	—	—
色率		9	18	30	16	35	100

矿物组合是岩石化学组成与形成条件的宏观表现，因此不同类型的岩浆岩，其矿物组合各不相同且具有规律性的变化。以花岗岩和花岗闪长岩为代表的酸性岩，以石英、长石为主，还有少量黑云母和角闪石；以闪长岩和正长岩为代表的中性岩，以中长石和正长石为主，还有一定量的角闪石、辉石、黑云母及少量石英；以辉长岩为代表的基性岩，以基性斜长石（拉长石）和辉石为主，还含有少量橄榄石、角闪石、黑云母；以纯橄榄岩为代表的超基性岩，以橄榄石为主，还有数量不等的辉石、角闪石等矿物而不含石英。因此，正确鉴定矿物的种属并测定含量，是系统鉴别岩浆岩、分析其成因最基本的内容。

任务实施

一、目的要求

（1）能够通过观察矿物的形态、颜色、解理、双晶类型、突起、干涉色等特征，区分石英、霞石、碱性长石和斜长石等主要岩浆岩中的浅色矿物。
（2）能够运用特定的测量方法，对岩浆岩中的斜长石成分进行详细分析和分类。

二、资料和工具

（1）工作任务单；
（2）典型含有浅色矿物的岩浆岩手标本。

任务考评

一、理论考评

（1）选择题。

① 岩浆岩中含量多且在岩石分类中起主要作用的矿物被称为（　　）。
A. 暗色矿物　　　B. 主要矿物　　　C. 次要矿物　　　D. 副矿物

② 岩浆岩中含有很多矿物，下面哪个选项是典型的暗色矿物组合？（　　）
A. 普通角闪石、石英　　　　　B. 普通角闪石、黑云母
C. 黑云母、白云母　　　　　　D. 橄榄石、斜长石

（2）判断题。

① 岩浆岩的矿物成分是岩浆岩分类和鉴别的唯一依据。（　　）

② 岩浆岩中的浅色矿物，又称为硅铝矿物，是岩浆岩中的石英及富含钾、钠的铝硅酸盐矿物的总称。（　　）

③ 以长石、石英、霞石等最为常见，多为岩浆岩的主要矿物或次要矿物。（　　）

④ 岩浆岩中的暗色矿物又称铁镁矿物，是指含铁镁成分较多的硅酸盐矿物的总称。（　　）

⑤ 副矿物在岩浆岩中经常可见到，均是一些形成时间晚的矿物。（　　）

二、技能考评

（1）根据所学总结鉴定岩浆岩中长石、石英、霞石常见三种浅色矿物的特征。

_____
_____
_____
_____
_____

（2）根据所学鉴定岩浆岩中贵橄榄石、普通辉石、普通角闪石、黑云母等主要暗色矿物的特征。

_____
_____
_____
_____

（3）根据所学鉴定岩浆岩中锆石、金红石、榍石、磷灰石、独居石、尖晶石、铬铁矿、磁铁矿、钛铁矿等副矿物的特征。

_____
_____
_____

项目二 岩浆岩结构与构造的鉴别

📖 任务描述

岩浆岩的结构与构造是岩石学研究中的重要组成部分，它们不仅为岩石的分类和命名提供了重要依据，而且对于理解岩石的形成条件和演化历史具有重要意义。接下来将系统地介绍岩浆岩结构的分类、常见相似结构的鉴别、矿物生成顺序的分析以及岩浆岩构造的鉴别。

讨论如何通过观察岩石的结晶程度、颗粒大小、晶体形态和相互关系来区分不同的岩浆岩结构，例如全晶质、半晶质和玻璃质结构。此外，还对比了显晶质与隐晶质结构，以及根据晶粒大小和自形程度进一步细分的结构类型。分析了专属结构，如辉长结构、辉绿结构、花岗结构等，并解释了这些结构如何帮助鉴别特定类型的岩浆岩。岩浆岩构造的宏观特征，包括结晶作用、岩浆流动和冷凝收缩形成的构造，以及如何在野外和显微镜下观察这些构造。

📖 相关知识

一、岩浆岩结构的分类

岩浆岩的结构，是组成岩石的矿物（和玻璃质）的结晶程度、颗粒大小、晶体形态以及它们之间的相互关系所呈现的形态外貌特征（视频20）。一般而言，组成岩石的矿物晶体及玻璃碎屑多属毫米至微米级大小，对其形态、大小及相互关系的观测，常需借助显微镜或放大镜，因此，结构是岩石微观形貌特征的表述。结构是岩石分类命名的重要依据，是岩石形成条件和演化历史的重要佐证，也是岩浆岩系统鉴定的最主要内容之一。岩浆岩结构分类见表3-2。

视频20 岩浆岩的结构

岩浆岩的结构主要表现为结晶程度的差别、颗粒大小的异同、晶体形态的差异和相互关系的不同，这4个方面的表现既是分类的基础，也是观察描述的内容。

显然矿物颗粒大小（粒径）与结晶程度是结构划分的基础。显晶质结构是能用肉眼或借助放大镜分辨出岩石中矿物颗粒的结构，按照矿物颗粒大小（粒径），可进一步划分为如下结构类型：粗粒结构（>5mm）、中粒结构（2~5mm）、细粒结构（2~0.2mm）、微粒结构（<0.2mm）（表3-4）。需要指出，这里的颗粒的绝对大小是指岩石中最主要矿物颗粒的平均大小。在标本和薄片观察、测量时，需选择同一种主要矿物进行测量，一般多以长石作为标准。隐晶质结构指的是由颗粒很细、用肉眼或放大镜无法辨认的晶体矿物组成的结构，需要按照矿物颗粒相对大小，划分出等粒、不等粒、斑状、似斑状等四种结构类型。

表 3-2 岩浆岩结构分类表（据管守锐等，1991）

全晶质				半（部分）晶质		玻璃质
按晶粒相对大小			按晶粒相互关系	按脱玻化程度及脱玻化物质排列方向	按微晶排列方式	
等粒		不等粒				
显晶质	隐晶质					
按粒径分为： 粗粒>5mm 中粒 2~5mm 细粒 2~0.2mm 微粒<0.2mm	显微晶质结构（霏细结构）	按斑晶与基质相对大小分为： 似斑状结构 连续不等粒结构 斑状结构	海绵陨铁结构 辉长结构 煌斑结构 间粒结构 文象结构	雏晶结构 微晶结构 霏细结构 球粒结构	响岩结构 粗面结构 正斑结构 交织结构 安山结构⑤	玻璃质结构
按自形程度分为： 全自形粒状结构 半自形粒状结构①	显微隐晶质结构		花斑结构③ 反应边结构 包含结构④		间隐结构 填间结构 玻基辉绿结构	
他形粒状结构②		多斑结构 少斑结构	辉绿结构 次辉绿结构 二长结构			玻璃质结构

①花岗结构是常见的半自形粒状结构；②细粒结构是常见的他形粒状结构；③花斑结构又称为微文象结构；④包含结构又称为嵌晶结构，常见者为包橄结构；⑤安山结构又称为玻基交织结构。

二、常见相似结构的鉴别

1. 反应边结构和暗化边结构

反应边结构和暗化边结构均以一种矿物被其他矿物包围为特征，外貌上有一定的相似性。反应边结构见于全晶质的侵入岩中，可全包围也可为部分镶边，包围矿物成分单一、呈显晶质状、可清楚鉴别矿物种属与名称，还可出现二次反应的镶边，是先形成矿物与岩浆反应的结果。如橄榄石有辉石的反应边，辉石还可同时有角闪石的反应边。暗化边结构见于半晶质的喷出岩（或超浅成侵入岩），一般均为全包围，暗化边为极其细小的隐晶质的磁铁矿、透长石、辉石等矿物组成，成分极复杂，显微镜下难以区分，被包围的多为富含挥发组分的矿物，是由先期矿物遭受氧化作用而形成（图 3-1）。

2. 辉长结构和辉绿结构

辉长结构和辉绿结构是均由基性斜长石和辉石等暗色矿物组成的全晶质结构（图 3-2）。辉长结构中基性斜长石与辉石等暗色矿物都呈近似等轴粒状，大小相当，均为半自形—他形，互相随机排列，表明二者是几乎同时结晶形成的，主要见于深成侵入的辉长岩中，因此得名。辉绿结构中基性斜长石与辉石颗粒大小相当，但斜长石自形程度明显高于辉石，数量较多的板条状斜长石随机分布，其三角形孔中被单粒辉石充填，主要见于浅成侵入的辉绿岩中，因此得名。如辉石的粒度较大、数量较多，较小的板条状斜长石镶嵌于他形的辉石晶体之中，则称为嵌晶含长结构。如较小板条状斜长石数量较多，辉石局部包裹斜长石或与斜长石互嵌，则称为次含长结构。嵌晶含长结构和次含长结构均具有斜长石自形程度高的特征，因此有文献将其作为广义的辉绿结构。

3. 间粒结构和间隐结构

间粒结构和间隐结构均是自形程度较高的板条状基性斜长石随机或半定向分布（图 3-3），

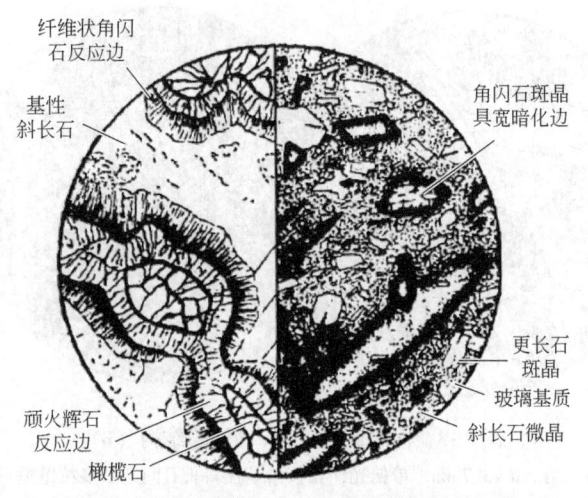

图 3-1 反应边结构（左）和暗化边结构（右）

左，紫苏辉石，挪威里卓尔，$d=2.5mm$，单偏光；右，角闪粗面安山岩，安徽当涂，$d=5.2mm$，单偏光

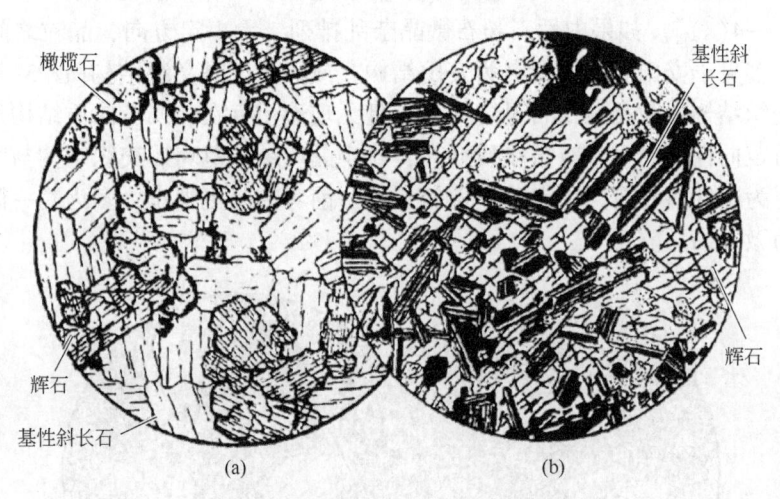

图 3-2 辉长结构（a）和辉绿结构（b）

(a) 橄榄辉长岩，山东济南，$d=2.2mm$，单偏光，辉石和斜长石均半自形粒状无规则分布；
(b) 辉绿岩，苏联鄂木斯克，$d=2.0mm$，正交偏光，他形辉石嵌布在板条状基性斜长石之间

如果长石晶粒之间被较细小的数粒辉石、橄榄石及磁铁矿等晶体充填，即称为间粒结构，或称为粒玄结构、粗玄结构；如果长石晶粒之间被玻璃质或隐晶质所充填，则称为间隐结构。显然前者属全晶质结构，后者为半晶质结构的范畴。如果长石晶粒之间既有细小的辉石、磁铁矿晶体，又有玻璃质存在，则称为拉斑玄武结构，或称为间粒—间隐结构、拉玄结构、填间结构。实质上拉玄结构是间粒结构与间隐结构之间的过渡类型。此类结构主要见于喷出的玄武岩中，在向基性岩过渡的安山岩中也有见到。

间粒结构见于喷出岩，结晶更细（多为细粒—微粒），细小板条状长石晶粒间，被更细小的多粒暗色矿物充填，以此与辉绿结构相区别。

4. 交织结构和安山结构

交织结构的特征，是中性斜长石的板条状微晶呈平行—半平行排列，遇斑晶环绕而过，

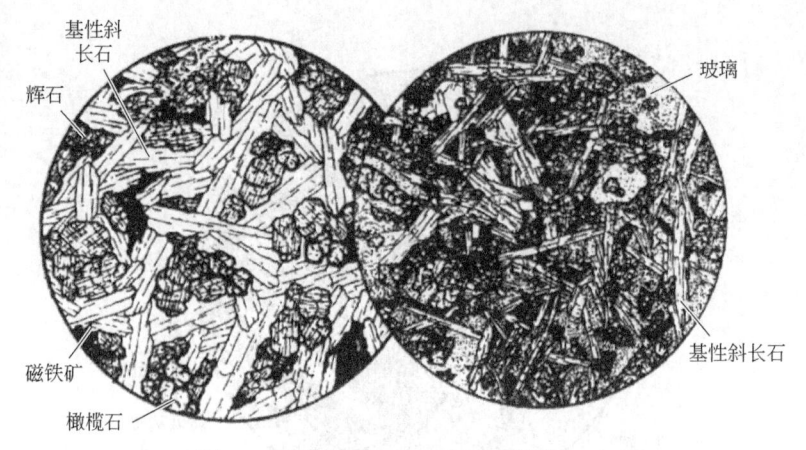

图 3-3 间粒结构（a）和间隐结构（b）
(a) 辉绿岩，江苏六合，$d=3.7mm$，单偏光，在板条基性斜长石间充填多粒橄榄石、辉石和磁铁矿；
(b) 玄武岩，俄罗斯西伯利亚，$d=4.0mm$，单偏光，板条状斜长石间充填玻璃质及其分解产物

辉石、磁铁矿等细小晶体夹杂其间，玻璃质及隐晶质几乎没有，表明岩浆冷却时具有一定的流动方向[图3-4(a)]。如果中性斜长石微晶杂乱排列、无一定方向，晶粒之间被玻璃质或隐晶质充填，多见于安山岩，故命名为安山结构，或称为玻晶交织结构[图3-4(b)]。二者区别在于，交织结构中微晶斜长石呈定向分布且无玻璃质存在，属全晶质结构范畴；安山结构中微晶长石定向性不明显且有玻璃质存在，属半晶质结构范畴。交织结构与间粒结构的区别在于，前者为中性斜长石，后者为基性斜长石，前者结晶更细小，多为隐—微晶，后者结晶稍粗，多为微—细晶。

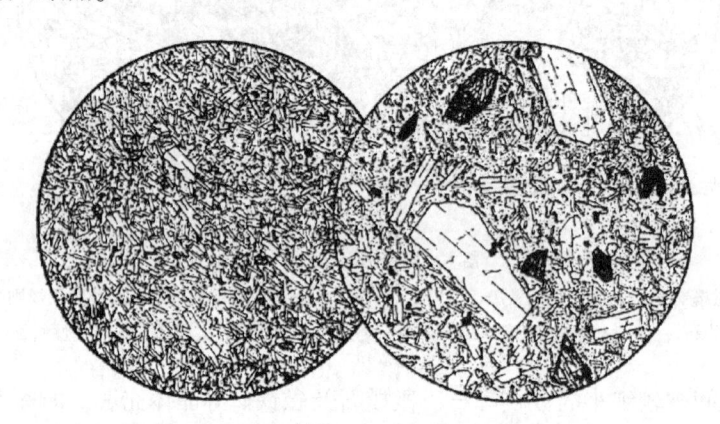

图 3-4 交织结构（a）和安山结构（b）
(a) 安山岩，安徽滁州，$d=2.2mm$，单偏光，由大致平行的斜长石微晶组成，含少量辉石和磁铁矿；
(b) 安山岩，北京西山，$d=2.2mm$，单偏光，斑状结构，基质由斜长石微晶和少量金属矿物散布于玻璃中组成安山结构

5. 花岗结构和二长结构

花岗结构中矿物为全晶质等粒状，矿物的自形程度有明显差异[图3-5(b)]。暗色矿物数量少但自形程度较高，为自形—半自形状；斜长石自形程度次之，为半自形状，钾长石自形程度再次之，为半自形—他形状，石英自形程度最差，为他形粒状；总体上石英和钾长石呈不规则他形晶充填于斜长石和暗色矿物粒间。此结构常见于深成侵入的花岗岩中，因此得

名。显然花岗结构属于半自形粒状结构的范畴，按粒度又有粗、中、细粒之别。

二长结构主要见于二长岩中，故名之[图3-5(a)]。其特征是主要由斜长石和钾长石（正长石和微斜长石）组成，并有少量暗色矿物和石英，暗色矿物和斜长石的自形程度高于钾长石和石英。与花岗结构的区别在于：二长结构中斜长石多为中长石或中长石所占比例大，而石英含量较少（含量小于20%），暗色矿物数量较多（一般含量大于15%），即具有明显的中性岩浆岩的特色。花岗结构中酸性斜长石（钠长石—更长石）及碱性长石为主，石英含量高（含量大于20%），暗色矿物含量低（一般含量小于15%），明显具有酸性岩的特色。

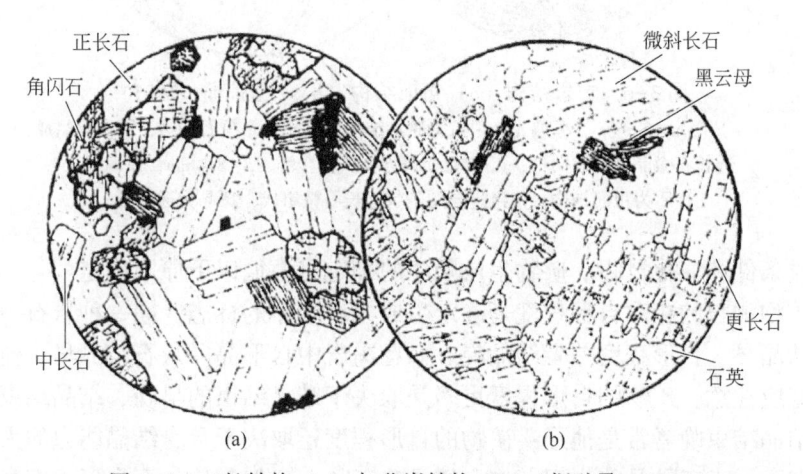

图3-5 二长结构（a）与花岗结构（b）（据孙鼐，1985）
(a) 二长岩，意大利蒙召提，$d=2.5mm$，单偏光，斜长石板条状，正长石他形；(b) 黑云母花岗岩，福建和平，$d=3.7mm$，单偏光，斜长石半自形粒状，微斜长石和石英他形

6. 响岩结构和粗面结构

粗面结构主要由碱性长石（透长石、正长石或钠长石）组成，碱性长石的板条状微晶平行或半平行排列，若遇斑晶或旋涡则平行绕过，常见于粗面岩（弱碱性喷出岩）中，因此得名[图3-6(b)]。粗面结构与交织结构类似，区别在于交织结构主要是由中长石微晶组成，暗色矿物数量较多，具典型中性岩的特色，而粗面结构主要为碱性长石微晶。如果在半定向的碱性长石微晶之间有他形的霞石或霓石的细小晶体，则称其为似粗面结构。

响岩结构，是碱性喷出岩响岩的特有结构[图3-6(a)]，是一种特殊的斑状结构，其基质由自形程度较高的副长石类矿物（霞石、白榴石、方钠石等）和部分透长石组成，多为矩形、方形、六边形或长条状形态，多成定向排列，其斑晶是自形程度较高的霞石、霓石等矿物。此结构表明岩浆中SiO_2不饱和，冷却过程中形成副长石类矿物，且岩浆黏度较小，因此在较快冷却的情况下仍能有充分的条件使斑晶和基质均形成较好的自形晶体。

响岩结构的特点是副长石类矿物既是斑晶的主要矿物也是基质的主要矿物，自形程度均高，且具有两个截然不同的粒级。其与粗面结构的区别主要在于矿物成分，响岩结构中副长石占绝对多数，而粗面结构几乎均是碱性长石微晶。

三、矿物生成顺序的初步分析

在岩浆岩矿物成分和结构研究基础之上，还可借以判断岩浆岩中矿物的结晶顺序，推测

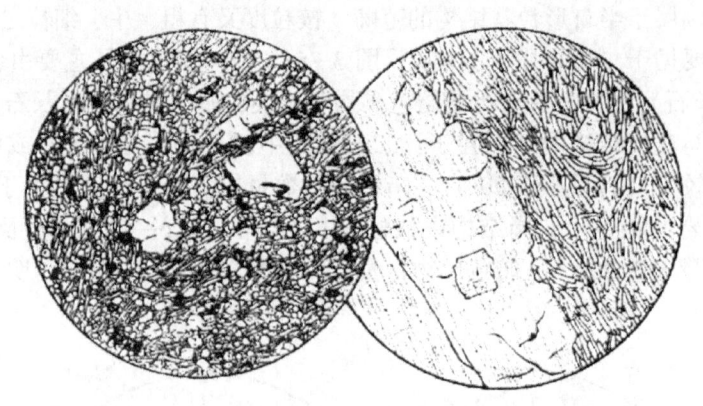

图 3-6　响岩结构 (a) 粗面结构 (b)（据孙鼐，1985）
(a) 响岩，$d=2.0$mm，单偏光，岩石为斑状结构，基质为由霞石和透长石微晶组成，
透长石微晶具半定向性；(b) 粗面斑岩，安徽金寨，$d=8.4$mm，单偏光，
基质为粗面结构，由半定向的条状钾长石微组成，斑晶为透长石

岩浆岩的形成条件和演化过程。矿物生成顺序的确定可遵循以下原则确定：

岩石中矿物颗粒的相对自形程度是确定生成先后顺序的标志。同一种岩石中一般自形程度高的矿物结晶早，自形程度差者结晶晚。如花岗岩中自形晶磷灰石结晶早，他形粒状的石英结晶晚。但应注意：矿物的自形程度更多是取决于结晶结束的早晚，结晶结束早者通常自形程度高，结晶结束晚者常是他形；矿物的自形程度还取决于自身结晶能力的大小，如伟晶岩中的黑电气石，由于结晶能力强，它虽结晶晚于长石，但都比长石自形程度高且穿插于长石之中。再者矿物自形程度不能仅凭个别或少数切面来判断，因为同一矿物当切面方位不同时形状可有很大变化，故必须全面观察矿物颗粒，然后再进行综合判断。

在具有包裹和被包裹关系的结构中，一般认为被包裹的矿物结晶早于包裹它的矿物，如在反应边结构或包含结构中，被包围的橄榄石形成早，其边部（或主晶）的辉石结晶较晚。但是，如温度降低时由固溶体分解而形成的钠长石、文象结构中的石英虽然也都被钾长石包裹，但它们却是同时结晶的。另外有些次生交代矿物，如绢云母、绿帘石交代长石，尽管它们镶嵌于长石之中，形成时间却晚于长石。因此要注意识别真正的包裹关系而非交代关系，一般交代次生矿物常沿裂缝和解理分布，外形多呈不规则状。

矿物晶体大小可作为判定标志，一般认为结晶粗大者比细小的微晶颗粒早结晶，这对于斑状结构的岩石较为适用，但对某些交代斑晶或变斑晶则相反，如某些似斑状结构花岗岩中有较大的钾长石斑晶，往往是后期钾长石化的产物。运用这一原则时须倍加谨慎。

矿物共生组合关系也是确定矿物先后的佐证，一般认为副矿物先结晶。但若副矿物与某些次生矿物共生，这种副矿物则是后结晶的，如某些花岗岩中可见不规则或呈自形的榍石晶体分布于绿泥石中或其附近，由于绿泥石是后期蚀变矿物，则与之共生的榍石也应是黑云母变为绿泥石过程中析出 Ti、Ca 等元素生成的。若自形的榍石被黑云母或斜长石包裹，且晶体延长方向切穿解理缝方向，这种榍石应为早期结晶生成的。

罗森布什（1898）曾根据矿物的自形程度及包裹关系，确立了矿物结晶的如下顺序：最早从岩浆中结晶的是副矿物，如磷灰石、磁铁矿、锆石、尖晶石、榍石、钙钛矿等；继而析出的是橄榄石、辉石、角闪石、黑云母等暗色矿物；再后依次结晶的是斜长石、碱性长石、副长石；最后析出石英和玻璃质。

实践证明，罗森布什法则只适于中酸性的深成岩，而在其他许多情况下，矿物结晶顺序常与此法则不一致或相矛盾，如副矿物在很多情况下是岩浆晚期甚至是岩浆后期的产物。又如石英在某些酸性浅成岩和喷出岩中可先析出而呈斑晶，并非是后期才析出的。

鲍文反应系列也可用于判断矿物的结晶和生成顺序（图3-7）。一般反应系列上部的矿物结晶早，反应系列最下部的矿物结晶最晚。

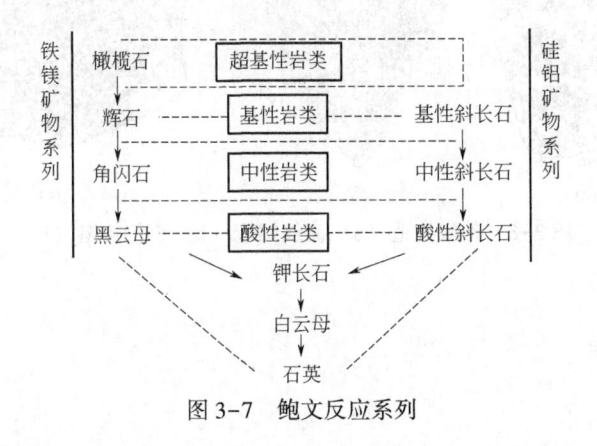

图 3-7 鲍文反应系列

总之，矿物形成顺序的确定是一件很复杂的事情，有一些规律可循，但这些规律只在一定条件下才可靠，当条件变化时又会有新的规律。因此一定要全面观测薄片，综合分析各种结构特征，方可初步获得合理而可信的矿物形成顺序。

四、岩浆岩构造的鉴别

岩浆岩的构造是指岩石中"各组成部分"（常为矿物及玻璃质的集合体）的形状、大小及其在空间上的排列、配置与充填方式所呈现的形态外貌特征（视频21）。岩石的"各组成部分"（矿物集合体）的尺寸一般为厘米至分米级、甚至更大，通常须在野外露头或标本上进行观测，构造主要表现的是岩石的宏观形貌特征。当然，自然是极复杂的，宏观与微观之间并没有严格的分界，而是相互过渡相互渗透的。比如，流纹构造及细小杏仁构造在显微镜下也能观测到；伟晶岩中的晶体形态、大小及相互关系，在裸眼下也能分辨。

视频 21 岩浆岩的构造

岩浆岩的构造与结构，同样是岩石相互区别和分类命名的重要依据，也是分析岩石成因和演化历史的重要佐证，在岩石系统鉴定时，一定要重视岩石构造的观察研究。

岩浆岩的构造主要有三种成因类型：（1）结晶作用与组分充填方式形成的构造，含块状构造、带状构造、斑杂状构造、气孔构造、杏仁构造等类型；（2）岩浆流动形成的构造，含流纹构造、流面与流线构造、枕状构造等类型；（3）冷凝收缩形成的原生节理构造与柱状节理构造。

在手标本上以及在薄片中可以辨识的构造，主要有小型条带构造、流纹构造、小型气孔构造、小型杏仁构造等（图3-8），某些显微的原生节理构造也可能出现在岩石薄片中。因此，在岩浆岩系统鉴别时，必须参考野外描述记录，并对手标本及薄片进行认真观察，确定宏观构造类型与可能的微细构造类型，在定性的基础上还应进行定量的测量与统计，如条带的宽度，气孔的大小、数量比例，填充物的多少等，以获取有关构造特征的全面信息，为岩浆岩的划分、命名、对比及成因分析提供尽可能丰富充分的证据。

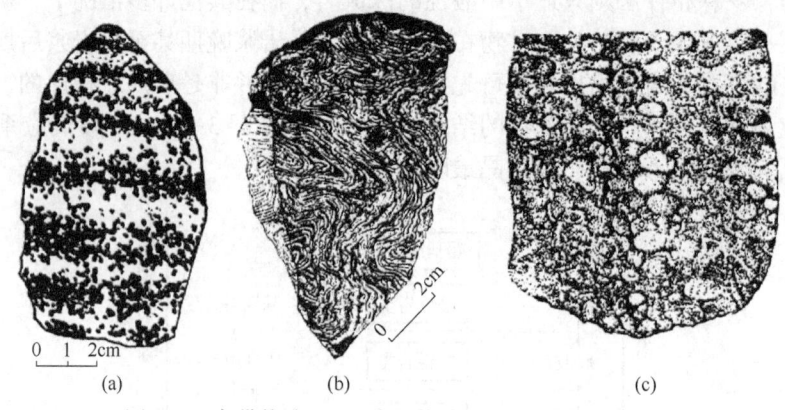

图 3-8　条带构造（a）流纹构造（b）杏仁构造（c）

任务实施

一、目的要求

（1）能够通过观察岩石的结晶程度、颗粒大小、晶体形态和相互关系来区分不同的岩浆岩结构，如全晶质、半晶质、玻璃质结构，显晶质与隐晶质结构，以及根据晶粒大小和自形程度细分的结构类型；

（2）能够识别并描述岩浆岩中的专属结构，如辉长结构、辉绿结构、花岗结构等，并理解这些结构如何帮助鉴别特定类型的岩浆岩；

（3）学会分析岩浆岩中矿物的生成顺序，通过观察矿物的自形程度、包裹关系、晶体大小和共生组合关系，推测岩浆岩的形成条件和演化过程；

（4）能够鉴别岩浆岩的宏观构造特征，包括结晶作用、岩浆流动和冷凝收缩形成的构造，并在野外和显微镜下进行观察和描述。

二、资料和工具

（1）工作任务单；
（2）具备专属结构的岩浆岩手标本，具备典型构造的岩浆岩手标本。

任务考评

一、理论考评

1. 选择题

（1）岩浆岩中两种矿物相互穿插，有规律地生长在一起的现象被称为（　　）结构。
A. 交生　　　　　B. 环带　　　　　C. 包含　　　　　D. 间粒

（2）根据岩石中矿物颗粒的相对大小，将岩浆岩的结构分为（　　）。
A. 等粒、不等粒、斑状、似斑状四种结构
B. 等粒、粗粒、细粒三种结构
C. 粗粒、中粒、细粒三种结构

D. 等粒、不等粒、粗粒、细粒四种结构
（3）矿物晶体外围包有一层矿物种类相同而成分不同的环带被称为（　　）结构。
A. 交生　　　　B. 环带　　　　C. 包含　　　　D. 反应边
（4）根据岩石中结晶部分和非结晶部分（玻璃质）的比例大小，将岩浆岩结构分为（　　）。
A. 全晶质结构、半晶质结构两大类
B. 全晶质结构、隐晶质结构两大类
C. 全晶质结构、玻璃质结构、半晶质结构三大类
D. 全晶质结构、隐晶质结构、半晶质结构三大类

2. 判断题
（1）岩浆岩的结构和构造是岩石分类命名的重要依据。（　　）
（2）脉岩的结构一般较细，常呈细粒、微粒、隐晶质结构。（　　）
（3）按颗粒的绝对大小，显晶质结构可分为粗粒结构、中粒结构、细粒结构三种类型。（　　）
（4）岩浆岩中较大矿物晶体包含有许多小晶体的结构，称为包含结构。（　　）

二、技能考评

（1）岩浆岩结构鉴别技能：能够准确区分岩浆岩的不同结构类型，包括全晶质、半晶质、玻璃质结构，以及显晶质与隐晶质结构。此外，能够根据晶粒大小和自形程度对结构进行进一步的细分。

_____
_____
_____
_____
_____

（2）专属结构识别技能：对辉长结构、辉绿结构、花岗结构等专属结构的识别能力，并能够解释这些结构如何作为特定岩浆岩类型的鉴别特征。

_____
_____
_____
_____
_____

（3）矿物生成顺序分析技能：能够通过对岩石中矿物的自形程度、包裹关系、晶体大小和共生组合关系的观察，推断矿物的结晶顺序，从而推测岩浆岩的形成条件和演化历史。

(4) 岩浆岩构造观察与描述：在野外和显微镜下观察岩浆岩宏观构造的能力，包括块状构造、带状构造、流纹构造、气孔构造和杏仁构造等，并能够准确描述这些构造特征，为岩石的分类和成因分析提供详实的观测数据。

项目三　岩浆岩的分类与命名

任务描述

自然界中岩浆岩种类繁多，为更深入地研究和揭示它们之间的联系与内在规律，常常需对其进行科学的分类（视频22）。不过具体的分类方案与命名原则，因行业的差异与作者的不同而各不相同。现将典型的有代表性的方案列举于后。

视频22　岩浆岩的分类与命名

相关知识

一、国家标准对一些术语的定义

国家标准 GB/T 17412.1—1998《岩石分类和命名方案　火成岩岩石分类和命名方案》推荐的火成岩岩石分类和命名方案（2004年审定有效）对一些术语给予了明确的定义：

超基性岩：是火成岩的一个大类，指化学成分中二氧化硅（SiO_2）含量小于45%，同时氧化镁（MgO）、氧化铁（FeO）等基性组分含量高的火成岩。

超镁铁质岩：指镁铁质矿物（以橄榄石、辉石为主）含量达90%以上的一类火成岩。因此，大多数超镁铁质岩就是超基性岩，反之亦然。但有例外，如辉石岩类单矿物岩，镁铁矿物含量在90%以上，但二氧化硅（SiO_2）含量高于45%。所以，它是超镁铁质岩，而不是超基性岩；又如，几乎全由钙长石组成的斜长岩，二氧化硅含量<45%，属超基性岩（当

其倍长石及拉长石增多时属基性岩），但不是超镁铁质岩。

基性岩：火成岩的一个大类，二氧化硅（SiO_2）含量为45%~52%。主要矿物成分为辉石、基性斜长石，不含石英或石英含量极少。色深，密度较大。与超基性岩的主要区别除二氧化硅（SiO_2）含量外，在矿物成分上含有相当数量的斜长石，而超基性岩则没有或有很少的斜长石。常见的基性深成岩为辉长岩，浅成岩为辉绿岩，喷出岩为玄武岩。

中性岩：火成岩的一个大类。二氧化硅（SiO_2）含量为52%~63%。主要矿物成分为角闪石和中性斜长石，可含少量的石英。常见的中性深成岩为闪长岩、石英闪长岩，浅成岩为闪长玢岩、石英闪长玢岩，喷出岩为安山岩、英安岩。正长岩、粗面岩从二氧化硅（SiO_2）含量看，也可作中性岩一类，但是偏碱性的中性岩。

酸性岩：火成岩的一个大类。二氧化硅（SiO_2）含量大于63%。色浅，浅色矿物以钾长石、酸性斜长石、石英为主。最大特征是石英大量出现，约占岩石的1/4到1/3。暗色矿物较少，一般为黑云母。常见的酸性深成岩为花岗岩、花岗闪长岩，浅成岩为花岗斑岩，喷出岩为流纹岩和英安岩。

超酸性岩：一般指二氧化硅（SiO_2）含量大于75%的岩石。代表岩石为白岗岩和某些白云母花岗岩等。几乎不含暗色矿物，浅色矿物主要为碱性长石和石英。

碱性岩：火成岩的一个大类，含二氧化硅较低而碱质较高。主要矿物成分为碱性长石（微斜长石、正长石、钠长石）、各种副长石（霞石、方钠石、钙霞石等）以及碱性暗色矿物（霓石、霓辉石、钠铁闪石、钠闪石等）。深成岩的代表为霞石正长岩，浅成岩为霞石正长斑岩，喷出岩为响岩。

碱度：指岩石中碱的饱和程度。

脉岩：指呈脉状产出的火成岩，多属浅成—超浅成侵入岩。根据成分可分为两类：与深成岩成分相似的脉岩（称未分脉岩），如花岗斑岩、闪长玢岩、辉绿岩、微晶闪长岩等；与深成岩成分差别大的脉岩（称二分脉岩），若以浅色矿物为主，具细晶结构者为细晶岩，具伟晶结构者为伟晶岩；若以暗色矿物为主，具煌斑结构者称煌斑岩。

斑岩：主要含有碱性长石、副长石或石英斑晶的浅成和超浅成岩的通称，如花岗斑岩、流纹斑岩等。为避免和浅成岩命名相混，熔岩不使用"斑岩"名称。

玢岩：具斑状结构的中—基性浅成岩和超浅成岩的总称。斑晶以斜长石和暗色矿物为主，如闪长玢岩、辉绿玢岩、玄武玢岩等。熔岩不使用这一术语。

二、国家标准岩浆岩分类命名原则与各类岩石的基本名称

国家标准 GB/T 17412.1—1998 提出的岩浆岩分类和命名的一般原则是：（1）应尽可能符合岩石生成的物理化学条件，符合自然界的联系；（2）分类应尽可能与传统习惯用法一致，岩石命名应遵守自然科学术语从先的惯例；（3）分类应力求简明和便于使用；（4）岩石的命名应根据它们现在是什么，而不是根据它们原来可能是什么。

火成岩岩石分类和命名方案以定量矿物为分类的依据，首先将岩浆岩分为：黄长岩类、碳酸岩类、煌斑岩类、金伯利岩类、辉绿岩类、细晶岩类、伟晶岩类、紫苏花岗岩类、深成岩类、火山熔岩类、潜火山岩类、火山碎屑岩类等12类，每一类再据各自的定量矿物、结构、构造等特征作进一步的细分和命名。其中，深成岩类和火山熔岩类的进一步分类，是采用国际地质科学联合会（IUGS）火成岩分类学分委会推荐的深成岩、火山熔岩定量矿物QAPF分类双三角图解进行细分类与命名的（图3-9）。

在 QAPF 分类双三角图中，Q＝石英、鳞石英、方石英；A＝碱性长石，包括正长石、微斜长石、条纹长石、歪长石、透长石和 An 为 0~5 的钠长石；P＝斜长石（An 为 5~100）和方柱石；F＝副长石类，包括霞石、白榴石、钾霞石、假白榴石、方钠石、黝帘石、蓝方石、钙霞石和方沸石等；M＝镁铁矿物及其有关矿物，如云母、角闪石、辉石、橄榄石、不透明矿物、副矿物（如锆石、磷灰石、榍石等）、绿帘石、褐帘石、黄长石、钙镁橄榄石和原生碳酸盐类等。

以上 Q、A、P、F 组均为长英质矿物，而 M 组为铁镁矿物。Q＋A＋P＋F＋M 的总量应为 100%，而对任何一种岩石来说，上述五项中最多只能有四项共存。因为 Q 组矿物和 F 组矿物是互相排斥的，若 Q 存在 F 必缺失，反之亦然。

深成岩类与火山熔岩类的进一步细分是以实际矿物含量为基础的，并有三种情况：

（1）M 小于 90% 的岩石，根据其所含长英质矿物进行分类，简称 QAPF 分类（图 3-9）。

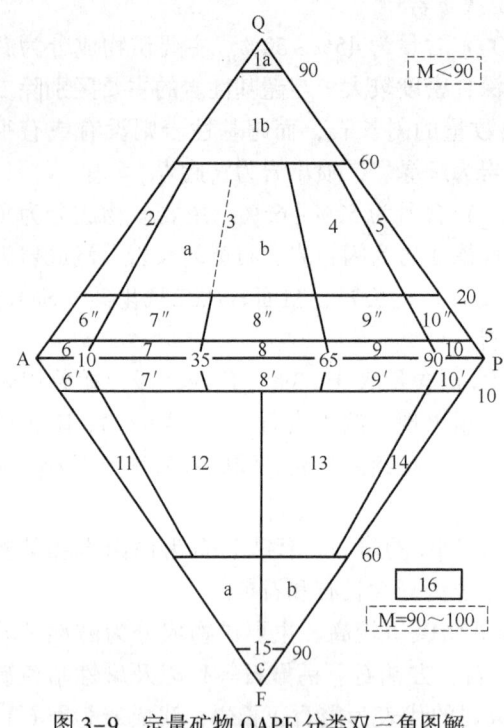

图 3-9 定量矿物 QAPF 分类双三角图解
（据 IUGS，1972）
Q—石英；A—碱性长石；
P—斜长石；F—副长石；M—铁镁矿物

（2）M≥90% 的岩石，属超镁铁质岩石，可按其所含镁铁矿物来分类（见后述）。

（3）当岩石测不到实际矿物含量时，可暂时采用 QAPF 初步分类（供野外使用）图解分类命名（图 3-9）；当有化学分析资料时还可采用"全碱—二氧化硅（TAS）图解"对火山熔岩进行分类及命名。

依据各组矿物的相对含量，将 QAPF 双三角图划分为 1 至 16 等 30 个区域（图 3-9），每一区域对应一种矿物组合的岩石类型，这些区域对应岩石的基本名称如表 3-5 所列。

三、岩浆岩综合命名原则

国标 GB/T 17412.1—1998 还规定岩石的全名称由"附加修饰词+基本名称"构成。基本名称与修饰词的选用按以下原则确定。

岩石的基本名称是岩石分类命名的基本单元，它反映岩石的基本属性及在分类系统中的位置和特点，如辉长岩、闪长岩、花岗岩等。分布最广泛的深成岩类和火山熔岩类的基本名称是依据岩石中 Q、A、P、F 各组矿物的相对含量确定的。

附加修饰词可以是矿物名称（如黑云母花岗岩）、结构术语（如斑状花岗岩）、化学术语（如富锶花岗岩）、成因术语（如深熔花岗岩）、构造术语（如造山期后花岗岩），或者使用者认为是有用的或合适的并能为普遍认可的其他术语。总之，要视研究地区的具体情况而定，以能区分不同岩石种属、有利于地质调查及找矿等为原则。

附加修饰词使用的若干规定是：

（1）附加修饰词必须与基本名称的定义无冲突。例如黑云母花岗岩、斑状花岗岩和造山期后花岗岩等，必须在分类意义上仍属花岗岩。

（2）如果附加修饰词的词义不能一看就明了的话，使用者应注明其含义。这一点特别适用于地球化学术语，如富锶或贫镁，只有给出量的概念，即注明大于或小于某个值时，才更明确。

（3）如果岩石基本名称之前不只一个矿物修饰词，则按少前多后的顺序排列。例如角闪石黑云母花岗岩，岩石中黑云母的含量应比角闪石多一些。

（4）主要矿物的不同种属，少数情况下可作附加修饰词，如培长辉长岩。次要矿物常用作区分岩石种属的附加修饰词。特殊矿物作为附加修饰词，其含量不限，一出现即可使用，如绿柱石花岗岩。

（5）副矿物需要时也可作附加修饰词，如锆石花岗岩、榍石花岗岩等。

（6）所用矿物名称应与国际矿物协会（IMA）所推荐的名称一致。

特别注意，修饰词中用"含"字时，在不同的情况下可有不同的含量值：

（1）在 QAPF 分类图的 QAP 三角图中，5%是"含石英 Q"的上限。

（2）在 APF 三角图中，10%是"含副长石 F"的上限；在超镁铁质岩石中，10%是命名"含斜长石"的上限。

（3）对含玻璃质的火山岩，应用下列的前缀来表明玻璃的含量：玻璃质含量5%~20%时的前缀为"含玻"；玻璃质含量在20%~50%时的前缀为"富玻"；玻璃质含量为50%~80%时的前缀为"玻质"。对含玻璃质大于80%的岩石，应用专门的岩石名称，如黑曜岩、松脂岩、珍珠岩等。

（4）根据化学成分用 TAS（全碱—二氧化硅）分类图解命名的火山岩，要用前缀"玻质"加基本名称来表示玻璃质的存在，如玻质流纹岩、玻质安山岩等。"富玻"一词也可用"玻基"来代替。

关于"微晶"等修饰词的使用规定是：

（1）用前缀"微晶"来表征比通常颗粒要细的深成岩，而不再另取一个专门名称。例外的是辉绿岩（等于微晶辉长岩），它仍被沿用。但应避免用它来表示古生代或前寒武纪的玄武岩，或者任何地质时代的蚀变玄武岩。

（2）用前缀"变"来表示已变质的火成岩，如变安山岩、变玄武岩等。但只有在火成岩的结构仍保存和能恢复原岩时才能这样使用。

（3）对不能准确测定矿物含量，又没有化学分析数据的隐晶质火山岩，应采用火山岩野外分类法（图3-10）来暂时命名。

关于颜色修饰词的使用规定是：

（1）浅色岩颜色指数 M' 值 0~35。

（2）中色岩颜色指数 M' 值为 35~65。

（3）暗色岩颜色指数 M' 值为 65~90。

（4）超镁铁质岩颜色指数 M' 值为 90~100。并约定，$M' = M$（镁铁矿物及其有关矿物）（白云母、磷灰石和原生碳酸盐类等矿物的含量）。

（5）颜色只有在能反映矿物成分、成因和有特殊意义时，可构成岩石的基本名称（如白岗岩）和前缀（如浅色辉长岩）。

关于修饰词的其他规定是：

（1）成分相同而结构构造不同的火成岩，应有其各自特定的名称。

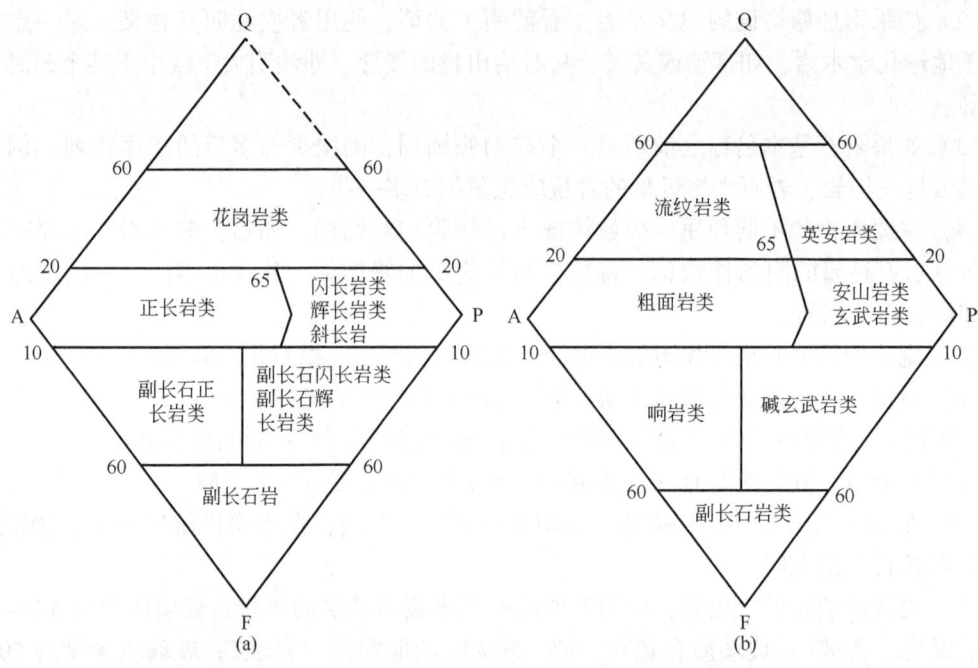

图 3-10　深成岩（a）和熔岩（b）QAPF 初步分类（供野外使用）与命名图解

（2）不使用废弃性术语。不要在特定地区以外的地方使用地方性术语。

（3）蚀变作用作为附加修饰词，只有在能恢复原岩时才使用。

（4）附加修饰词（或前缀）常用的只是一两种，一般不超过三种。因此要择优而用，其他特征均应放在文字中描述。

（5）附加修饰词（或前缀）在岩石名称中通常的排列顺序如下：蚀变作用—颜色—化学术语—成因术语—构造结构术语—特殊矿物—次要矿物—主要矿物—基本名称。

显然，国家标准 GB/T 17412.1—1998 推荐的方案是一个最全面、最详尽、也最庞大的方案，几乎涵盖了所有岩浆岩类型，适合于各部门各行业选择性采用。

本书按国家标准 GB/T 17412.1—1998 推荐的分类与命名方案进行分类与命名。

任务实施

一、目的要求

掌握国家标准 GB/T 17412.1—1998 和石油行业标准 SY/T 5368—2016 中关于岩浆岩的分类体系，包括矿物组成、结构、构造和化学成分的识别，使用 QAPF 分类图解进行定量分类和命名。

二、资料和工具

（1）工作任务单；

（2）岩浆岩命名分类案例。

任务考评

理论考评

某岩石的 Q 为 10%，A 为 30%，P 为 20%，M 为 40%，该岩石投点落在 QAPF 图解的哪个区内，岩石为哪个类型？

_____

_____

_____

项目四　岩浆岩主要岩石类型的鉴定

任务一　岩浆岩系统鉴定的观测内容

任务描述

岩石薄片主要是在偏光显微镜下进行研究，但也必须同时认真进行手标本的观察与描述。手标本观察描述的意义有二：其一，可查明岩石样品的宏观结构、构造特征以及野外产状的信息，为显微镜研究和定名提供必不可少的背景素材；其二，薄片与标本结合观察可建立岩石微观特征与宏观面貌之间的映射关系，可极大地提高肉眼识别岩石的能力。而后者正是地质技术从业人员素质和能力的重要表现。初学者对此应给予高度重视，一开始就注意肉眼鉴别与描述能力的训练，积累识别岩石和矿物的经验，以使个人的素质和能力尽快达到生产和科研要求的水平。

相关知识

一、岩浆岩手标本观测与描述的基本内容

岩浆岩手标本观测与描述，一般遵循由宏观至微观的顺序。

（1）在样品编号、产地或层位、时代确定之后，进行颜色的观测。颜色是岩石最直观而敏感的特征之一，因此颜色是手标本观察描述的首要内容之一。为排除个别矿物颜色的局限，应将标本置于 1.0m 处观察岩石的整体颜色，再进一步描述整体的颜色。岩浆岩的颜色在很大程度上代表了暗色矿物的含量，即岩石的颜色指数（或色率）。

颜色是岩石的主要物理特性之一，应对颜色进行准确、完整的观察和描述。颜色描述的原则规定是：

① 尽可能用新鲜干燥的岩石描述颜色。

② 描述潮湿或风化的岩石时，必须附加说明是潮湿或风化的颜色。

③ 描述颜色的纵向与横向变化规律和均匀程度。

④ 观察颜色和层理的关系。

⑤ 判断岩石的颜色是原生色还是次生色。

⑥ 不得用物质的名称来表述颜色，如猪肝色、咖啡色、乳白色等。推荐描述岩石颜色的单色词是"红、橙、黄、绿、青、蓝、紫、白、灰、棕、褐、黑"等共 12 个，由此 12 个单色词中任意 2 个组成颜色的复色词，且后边的颜色是主色，前边的颜色是次色。如"黄绿色"中，绿色是主色，黄色是次色。还将颜色色调特殊性的表达用词规定为"深、淡、亮、暗、鲜、苍"。此规定有利于颜色的描述与对比，有利于资料的计算机处理，也是手标本描述的重要参考。

（2）构造的观察：需根据岩石中矿物集合体（或其他组成部分）的空间排列和充填方式确定具体构造名称，如斑杂构造、杏仁状构造等。应进一步指出气孔的形状、大小，气孔在岩石中所占的比例，有无定向排列，有无次生充填物等；条带状构造应指出条带的矿物成分、结构构造、颜色、条带宽度及分布等定性及定量特征（视频 23）。

视频 23 常见岩浆岩的结构和构造的认识

（3）结构的观测：含结晶程度（全晶质、半晶质、隐晶质、玻璃质），颗粒大小（粗、中、细或斑状），应测量其具体尺寸，进而描述颗粒的形状和相互关系。

（4）矿物成分的观察描述：常需借助放大镜、小刀等工具，对岩石中各种矿物尽可能加以识别并目测含量。通常按主要矿物、次要矿物的顺序分别描述每种矿物的颜色、光泽、解理、硬度、大小和含量等特征，由于目测的局限，含量可用主要、次要或"约35%"等术语。

（5）其他特征的观察描述：如岩石的密度、断口性质、细脉穿插及次生变化等。岩浆岩的次生变化是岩石受热液和地表风化作用或脱玻化作用，使岩石发生颜色、结构、构造和矿物成分等各种变化的总称，对分析岩石形成后所经受的外部条件有重要意义。

（6）必须依据采用的分类方案和岩石的矿物组成及结构构造特征给岩石定名，大类名称应准确，还常将颜色、结构或构造作为修饰语加在岩石主名之前。

当然由于各人的习惯，也可先微观后宏观，即由小至大进行。不过总需按一定的顺序进行，尤其对于初学者，以保证内容完整全面且条理层次清楚。

二、岩浆岩薄片观测与描述的基本内容

岩浆岩薄片的观测与描述，是岩浆岩室内鉴别的重要工作之一，一般按以下步骤进行：

（1）在确定样品编号、产地、层位等内容之后，着重矿物种属名称的鉴别与描述。一般按先多数后少数的顺序逐一地、全面地进行鉴别与描述。对分类命名有决定意义的长石、石英、副长石和铁镁矿物应着重仔细观测描述，包括矿物种属名称、形态、自形程度、与其他矿物的关系等特征。对于初学者还要求观测记录矿物的颜色与多色性、解理、突起、干涉色、消光类型、延性、轴性、光性等光学性质。一般应鉴定至种属，尽可能测定长石的号码，并逐一记录。

（2）矿物晶粒大小的测定。一般应用目镜测微尺进行。目镜测微尺必须进行校正，即标定目镜测微尺每一小格所代表的实际长度。方法是将与载玻片一般大小的"物台微尺"放于载物台上，用单偏光镜对光、准焦，移动物台微尺使之与目镜测微尺平行且起点重合，同时仔细观察两个测微尺的分格线再次重合的部位。

（3）矿物含量的测定与记录。一般应用面积类比目测法逐一测定，以获得准确的百分数值。薄片矿物含量测定的方法，是经典而有效的方法，因此，薄片观测后必须应有各矿物含量的准确数据，各种组分含量之和须为100%，且应达到有关标准规定的误差基本要求。在薄片观测报告中，用"主要、次要、约35%"等术语来记录矿物的含量，显然是不正确的。

（4）结构特征的观测与描述。在每种矿物的含量、形态、自形程度和大小观测的基础上，须对薄片的主体结构进行观测描述，着重是薄片中占优势的粒度、占优势的自形程度、由矿物间相互关系显现的主体结构的观测与描述，同时不可忽视次要的结构、对成因分析有意义的局部结构。结构观察应全面，如具有斑状结构，斑晶还可有暗化边或反应边，基质也可为安山结构、粗面结构或玻璃质结构。当岩石各部分不均匀时，各部分的结构（如粗细、自形程度等）也可能不同。

（5）矿物生成顺序应以结构特征全面观测为基础，依据矿物的结晶程度、包含或包裹关系等特征，确定尽可能合理的矿物生成顺序。

（6）岩石构造的观测与描述，以手标本观测为主，但某些构造，如气孔构造、杏仁构造、条带构造等，在薄片中也可能显现，此时也应予以观察并作记录。

（7）次生变化，如果有出现必须进行鉴定与描述记录。

（8）依据相应的分类命名方案与命名原则，对岩石进行命名，即由"附加修饰词+基本名称"构成（如前述，国家标准规定的有关内容）。绘制素描图或照相。

任务实施

一、目的要求

掌握岩浆岩宏观（手标本）与微观（岩矿薄片）特征的观察与描述技巧。

二、资料和工具

（1）工作任务单；
（2）岩浆岩手标本与对应的矿物薄片。

任务考评

技能考评

（1）准确观察和描述岩浆岩手标本的宏观特征，包括颜色、构造、结构、矿物成分等，并能够根据观察结果，结合岩浆岩分类方案，对岩石进行初步分类和命名。
_____
_____
_____

（2）使用偏光显微镜对岩石薄片进行详细观察，鉴别矿物种属，测量矿物晶粒大小，估计矿物含量，并描述岩石的结构特征。

手标本描述：

薄片镜下描述：

成因分析：

定名：
结构素描图：

单偏光，$d=$_____ mm　　　　　正交偏光，$d=$_____ mm

手标本描述：

薄片镜下描述：

成因分析：

定名：
结构素描图：

单偏光，$d=$_____ mm　　　　　正交偏光，$d=$_____ mm

任务二　超镁铁质岩的系统鉴定

📖 任务描述

超镁铁质岩是一种颜色深、相对密度较大、富含铁和镁的岩石，其特征是 SiO_2 含量通常小于 45%。这类岩石主要由橄榄石和辉石组成，可能含有角闪石、黑云母等次要矿物，以及磁铁矿、钛铁矿等副矿物（视频 24、视频 25）。它们可以呈现多种结构和构造，如自形—半自形粒状结构、反应边结构、海绵陨铁结构和网状结构等。在命名和分类上，依据国家标准 GB/T 17412.1—1998，根据矿物含量和种类进行细分，如橄榄岩类、辉石岩类和角闪石岩类等。

视频 24　超基性岩类手标本的观察与描述

📖 相关知识

视频 25　超基性岩类镜下薄片的观察与描述

本类岩石以颜色指数 $M' \geqslant 90$，常呈暗绿色、暗黑色、棕色及绿色，相对密度较大为特征。化学成分上富铁和镁，绝大多数 SiO_2 含量小于 45%，属超基性岩类，部分岩石例外。

橄榄石是主要矿物，贵橄榄石最常见，镁橄榄石（以折射率及突起略小、$2V$ 角略大、二轴正晶区别于贵橄榄石）次之，常呈自形或半自形晶，受熔蚀后多为圆粒状。橄榄石在地表极易发生蛇纹石化，首先沿橄榄石的边缘和裂隙交代，然后遍及整体，最后仅保留橄榄石的假象，所析出的铁质往往沿橄榄石的裂纹或边缘形成次生磁铁矿。浅成岩和喷出岩中橄榄石常变为伊丁石或蒙脱石—绿泥石集合体。

辉石也是主要矿物，可为斜方辉石（顽火辉石、古铜辉石和紫苏辉石）或单斜辉石（透辉石、异剥辉石、普通辉石），有时二者兼有。它们通常在橄榄石之后结晶出来，常包围橄榄石呈反应边结构；在两类辉石中，常见片状或针状磁铁矿、钛铁矿或钛磁铁矿沿一定方向平行排列形成"席列结构"。

角闪石和黑云母是常见的次要矿物。角闪石以棕褐色普通角闪石为主，偶尔也可见浅绿色普通角闪石；在某些种属中，角闪石也可代替橄榄石和辉石成为主要矿物。云母主要为富镁黑云母和金云母，多呈棕褐色或红褐色鳞片状至板片状晶体。

副矿物极少，常见磁铁矿、钛铁矿、铬铁矿、尖晶石（铬尖晶石、镁铁尖晶石）、石榴子石、磷灰石等。侵入岩的某些种属可含极少的拉长石和培长石（<10%），不含石英。

侵入岩常见自形—半自形粒状结构、反应边结构及包含结构，有时可见海绵陨铁结构、网状结构等。火山熔岩常见斑状结构、玻基斑状结构、半自形细粒结构、微粒结构、隐晶质结构、玻璃质结构等。

海绵陨铁结构，是早结晶形成的自形程度较高的橄榄石或辉石颗粒之间，充填了较多的稍晚形成的磁铁矿、钛铁矿等金属矿物；当金属矿物少时则称为填隙结构。网状结构，是橄榄石经蛇纹石化后形成的次生结构，其特征是蛇纹石呈网脉状，网孔中保留有被交代的橄榄石细小残余晶体，如果若干邻近的橄榄石残余晶体同时消光，表明这些邻近的橄榄石残余晶粒原本属于同一晶体，否则原本是不同的晶体。

侵入岩常见块状构造、层状或条带状构造及流动构造等。喷出岩常见块状构造、气孔状构造、杏仁构造及枕状构造等。

📖 任务实施

一、目的要求

能够通过肉眼和显微镜观察,准确鉴别超镁铁质岩中的矿物成分与结构构造。

二、资料和工具

(1) 工作任务单;
(2) 超镁铁质岩手标本和对应薄片标本。

📖 任务考评

一、理论考评

判断题:
(1) 超镁铁质岩是一种颜色深、相对密度较大、富含铁和镁的岩石,其特征是 SiO_2 含量通常小于45%。(　　)
(2) 橄榄石在地表极易发生蛇纹石化。(　　)

二、技能考评

观察和描述超镁铁质岩手标本和对应薄片标本的矿物成分、结构和构造。

手标本描述:
_____
_____

薄片镜下描述:
_____
_____

成因分析:
_____
_____

定名:

结构素描图:

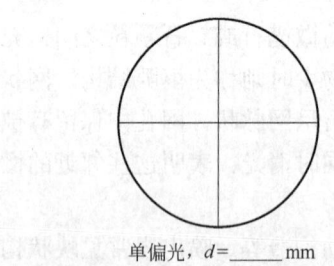

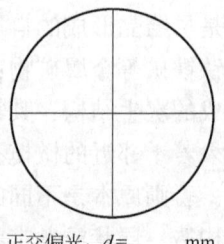

单偏光,$d=$_____ mm　　　正交偏光,$d=$_____ mm

任务三　基性岩的系统鉴定

📖 任务描述

基性岩是一类火成岩，颜色通常为黑灰色，SiO_2 含量介于 45% 至 52%，主要由基性斜长石、辉石和少量橄榄石组成。这些岩石可以是侵入岩，如辉长岩，或喷出岩，如玄武岩（视频 26、视频 27）。它们具有多样的结构，如全晶质半自形粒状结构，以及块状、条带状或气孔杏仁状构造。在命名时，会根据矿物含量和岩石特征进行分类，如中粒橄榄辉长岩。

📖 相关知识

基性岩多为黑灰色，颜色指数（色率）M' 为 40~90，多属暗色岩及中色岩类，少数铁镁矿物含量低、斜长石含量多者属浅色岩，当色率 M' 小于 10 时属斜长岩。基性岩 SiO_2 的含量为 45%~52%；钙、铝较超镁铁岩高，铁、镁较超镁铁质岩低，钠、钾的含量为 2%~6%（里特曼指数 $\delta>9$ 的碱性基性岩除外），一般 Na_2O 含量>K_2O 含量。

基性岩通常由基性斜长石、单斜辉石、斜方辉石和橄榄石组成，有时见褐色原生角闪石、石英，在偏碱性的变种可见钾长石。通常斜长石和辉石是主要成分，二者含量相近；当岩浆成分变异、向超镁铁质岩（或向中性岩）过渡时，橄榄石（或斜长石）相应成为主要矿物。

基性斜长石常为拉长石或培长石，向中性岩或碱性岩过渡的种属中可出现中长石；常呈板柱状，白—灰色，风化面呈褐灰色，具 {001} 和 {010} 完全解理，常有钠长石双晶及卡钠复合双晶，双晶叶片（单晶体）较宽，环带结构少见，常有磁铁矿、钛铁矿、磷灰石等包裹体；常发生黝帘石化、碳酸盐化、绿泥石化。

单斜辉石多为普通辉石、透辉石，薄片中无色至浅绿、浅黄绿色，弱多色性，短柱状或粒状，具 {110} 两组解理，交角 87°，有时透辉石中发育平行 (100) 面的细密裂理（称异剥辉石）；常见简单双晶、反应边结构、与斜方辉石等组成交生结构。其中透辉石以 {100} 和 {010} 裂理更发育、(010) 面上消光角小于 40°、干涉色略高，可与普通辉石（消光角多大于 40°）相区别。斜方辉石为紫苏辉石、古铜辉石和顽火辉石，只出现在某些种属中，以干涉色Ⅰ级、平行消光及对称消光与单斜辉石相互区别。顽火辉石无色，正高突起（低于紫苏辉石），干涉色Ⅰ浅黄（低于紫苏辉石），正光性；紫苏辉石弱多色性，正高突起，干涉色Ⅰ级橙，负光性；古铜辉石无色至极弱多色性，突起和干涉色介于二者之间，光性可正可负，2V 角大；常有出熔的单斜辉石呈条纹交生，见磁铁矿、钛铁矿的包体规则排列成为"席列结构"。辉石均常发生绿泥石化、皂石化、碳酸盐化等蚀变。

橄榄石多为贵橄榄石，圆粒及自形晶状，在橄榄岩中为主要矿物，其余均为次要矿物，在有石英的变种中则无橄榄石。在橄榄石外围常有辉石及角闪石的反应边，常蚀变成蛇纹石、皂石、绿泥石及伊丁石。

普通角闪石，为次要矿物，原生者多为褐色，可呈大晶体包裹橄榄石或辉石，也可呈辉石、橄榄石的反应边。在偏碱性的岩石中可出现棕闪石（红棕色为特征）。次生者为无色或浅绿色的透闪石、纤闪石，后者往往环绕辉石、橄榄石垂直生长。

黑云母，在含石英的岩石中为次要矿物，多呈黑色或棕褐色鳞片状，或为角闪石的反应边。碱性长石，常为正长石，他形粒状，多出现在向碱性岩过渡的种属中。石英，一般很少出现（<5%），只发育在向中性岩过渡的种属中。

副矿物主要有磁铁矿、钛铁矿、钒钛磁铁矿、磷灰石、尖晶石等。

侵入岩常呈中、粗粒状全晶质半自形粒状结构，斑状者少见。典型的是辉长结构，也可见辉绿结构及其过渡类型的嵌晶含长结构、辉长辉绿结构等。喷出岩常见斑状结构、显微斑状结构、聚斑结构、玻基斑状结构，斑晶多为基性斜长石和暗色矿物。基质为微晶结构、细粒至隐晶质结构、玻璃质结构，还常见有间粒结构、间隐结构、填间结构、中空骸晶结构等。

中空骸晶结构是指细长条状斜长石的横切面近方形，中间为空心（多已被绿泥石或玻璃质充填），其边部往往为锯齿状，从而构成中空的骸晶。这是海（湖）相水下熔岩急剧淬火的特征结构之一，陆相熔岩中极少见。

侵入岩常见块状构造、条带状构造、球状构造。喷出岩常见气孔构造、杏仁构造、枕状构造、绳状构造。当气孔大量出现、彼此连通时则形成熔渣状构造，多见于玄武质浮岩中。杏仁体以圆形及不规则状为主，充填物以石英、玉髓、沸石、碳酸盐矿物常见，还常见绿鳞石、绿脱石、蒙脱石、红色铁质等。枕状构造主要见于细碧岩、某些玄武岩中。当熔岩黏度小时，在地表边流动、边冷却、边扭曲呈绳索状而形成绳状构造。

任务实施

一、目的要求

能够通过肉眼观察和显微镜分析，准确识别基性岩中的矿物成分，观察和描述基性岩的结构和构造特征。

二、资料和工具

（1）工作任务单；
（2）基性岩手标本和对应岩矿薄片标本。

任务考评

一、理论考评

判断题：
（1）基性岩浆岩主要由石英和斜长石组成。（　　）
（2）基性岩是一类火成岩，颜色通常为黑灰色，SiO_2含量介于45%至52%。（　　）

二、技能考评

准确识别和描述所给基性岩手标本和薄片中的矿物成分、结构和构造。

手标本描述：_____

薄片镜下描述：

成因分析：

定名：

结构素描图：

单偏光，$d=$ _____ mm　　　　　正交偏光，$d=$ _____ mm

手标本描述：

薄片镜下描述：

成因分析：

定名：

结构素描图：

单偏光，$d=$ _____ mm　　　　　正交偏光，$d=$ _____ mm

任务四　中性岩的系统鉴定

任务描述

中性岩是火成岩的一种，SiO_2含量在52%至65%，颜色多为深灰或灰色。主要由浅色的长石族矿物组成，暗色矿物如角闪石和黑云母较少。结构上可能是半自形粒状或斑状，构造包括块状和气孔杏仁状（视频28、视频29）。命名时依据矿物含量和特征，如角闪安山岩。

视频28 中性岩类手标本的观察与描述

视频29 中性岩类镜下薄片的观察与描述

相关知识

中性岩，含闪长岩—安山岩类、二长岩—安粗岩和正长岩—粗面岩等岩类。其SiO_2含量介于52%~65%；颜色指数M'为15~40，属中色岩及浅色岩类，常呈深灰、灰色、肉红色。正长岩—粗面岩类的K_2O+Na_2O含量略高，CaO含量略低，属偏碱性的种属。成分以浅色矿物长石族为主，少量或不含石英，向碱性岩过渡的岩石可有少量似长石；暗色矿物通常为次要矿物，角闪石为主，次为辉石和黑云母。

斜长石，一般为中长石，在闪长岩—安山岩中达60%~70%（主要矿物），在正长岩—粗面岩中多为次要矿物。环带结构发育，多为正常环带或韵律环带，晶体常呈半自形厚板状；在似斑状浅成岩中，斑晶斜长石号码高于基质中的斜长石，其差值有时可达20~30号码；双晶发育，常见有钠长石双晶和卡钠复合双晶；常发生绢云母化和钠黝帘石化，次生变化后环带显得更清楚而双晶则变得不明显。

碱性长石，有正长石、微斜长石、条纹长石等，是正长岩—粗面岩类的主要矿物，可达60%~70%（主要矿物），在碱性正长岩中可含An<5的钠长石。在闪长岩—安山岩类中则为次要矿物，含量少，常呈他形粒状充填于其他矿物颗粒间。

角闪石，一般为普通角闪石，多为绿色，有时为褐色，多呈半自形长柱状晶体，横切面为菱形及六边形。镜下强多色性，强吸收性，具角闪石式解理，正中至正高突起；最高干涉色Ⅱ级底，闪石式消光，沿解理方向正延性；二轴负晶，2V角中等至大。简单或聚片双晶较常见，横切面上双晶缝平行菱形解理纹的长对角线。据此可与辉石、橄榄石区别，单斜角闪石各种属之间可依据（010）面上最大消光角的不同而相互区别。

在正长岩中多属针状及长柱状的钠闪石、钠铁闪石等碱性角闪石；易蚀变为绿泥石或绿帘石，并析出少量磁铁矿。

钠闪石，常呈长柱状、针状、纤维状晶体；特殊的多色性（Ng—浅黄绿色、Nm—蓝色、Np—深蓝），特殊的反吸收（$Ng<Nm\leq Np$）；角闪石式的解理与消光；正高突起，干涉色Ⅰ级黄白至黄橙（受本色干扰难以辨认）；（010）面消光角$Np\wedge Z$通常<5°，负延性；二轴负晶2V大。蓝闪石为正延性；钠铁闪石的消光角略大（$Np\wedge Z$通常10°左右），双折射率略低（0.005~0.012），干涉色Ⅰ级灰黄可以区别。

钠铁闪石，常呈短柱状、板状；多色性显著（Ng—黄绿至蓝灰色、Nm—蓝紫至蓝绿或橘黄、Np—深蓝至深绿），吸收性有变化（一般$Ng<Nm\leq Np$，有时$Ng>Nm>Np$）；闪石式解理与消光；正高突起，干涉色Ⅰ级灰至黄，$Np\wedge Z$为10°左右，沿解理负延性；二轴负晶，2V角中等。蓝闪石为正延性，霓石和霓辉石具辉石式解理，可相互区别。

辉石，次要矿物，常见于与辉长岩共生过渡的闪长岩和二长岩中，主要为无色或带褐、绿色的透辉石和普通辉石，有时偶见少量紫苏辉石；在碱性正长岩中则出现霓石、霓辉石等碱性种属；次生变化产物主要有纤闪石、绿泥石、碳酸盐类矿物等。

霓石（钝钠辉石），以长柱状至针状晶形（柱面有纵纹）、多色性较强（Ng—浅绿至浅绿褐，Nm—黄绿，Np—深绿）、反吸收性（$Ng<Nm<Np$）、正极高突起、干涉色Ⅲ级至Ⅳ级（常被本色掩盖）、负延性（$Np\land Z=4°$左右）、二轴晶负光性$2V$角大等为特征。霓辉石，以长柱至板柱状晶体、多色性明显（Ng—黄至浅褐，Nm—绿至黄色，Np—绿至草绿色）、颜色多呈环带分布、正高突起、干涉色Ⅱ级中部到Ⅲ级底部（较霓石略低）、负延性（$Np\land Z=15°\sim 38°$较霓石大）、二轴晶光性可正可负、$2V$角大（较霓石更大）等为特征，与其他辉石类相区别。

黑云母，次要矿物，常和角闪石相伴生，在偏酸性的岩石中含量略多，往往呈褐色；碱性正长岩中多为红褐色的铁云母或铁锂云母；遭受蚀变后常变为绿泥石或蛭石等。

石英，次要矿物，含量一般小于5%，他形粒状充填于其他矿物颗粒之间；当石英含量达5%～20%时，应参与岩石命名，如石英闪长岩、石英正长岩和石英二长岩等。

某些向碱性岩过渡的岩石，可含少量似长石，多为霞石、方钠石、蓝方石、黝方石等，含量一般不超过5%。其中蓝方石和黝方石只偶尔出现于超浅成岩石中。

副矿物微量（<1%），主要有磷灰石、榍石、磁铁矿、钛铁矿和锆石等。有些副矿物在一些岩石中有两期产出，早期形成极细小的自形晶，常被角闪石或斜长石所包裹，晚期的多是因暗色矿物遭受蚀变时形成的，如角闪石绿泥石化的同时可析出少量磁铁矿小晶粒。

中性侵入岩常见半自形粒状结构。一般情况下总是角闪石、黑云母等暗色矿物首先结晶，然后为斜长石，碱性长石和石英最后结晶。在辉长闪长岩中，可出现辉长辉绿结构。浅成岩具细粒结构和似斑状结构，偶见斑状结构。在二长岩中则具有典型的二长结构，其特点是斜长石比碱性长石自形程度高，较自形的板条状斜长石或嵌于他形碱性长石晶体中，或是他形碱性长石分布于斜长石间隙中组成半自形粒状结构。

中性喷出岩常见斑状结构。基质结构类型繁多，有交织结构、安山结构（玻基交织结构）、粗面结构、正边结构、间碱结构、隐晶质结构、霏细结构等；斑晶常有暗化边结构。

粗面结构，由细条状钾长石微晶略呈平行排列，几乎不含玻璃质，为粗面岩的典型结构。正边结构是指斜长石斑晶周边具碱性长石环边的现象。间碱结构为斜长石微晶之间充填有他形碱性长石微晶集合体的现象，常见于粗面岩和安山岩中。

中性侵入岩常见半自形粒状结构。一般情况下总是角闪石、黑云母等暗色矿物首先结晶，然后为斜长石，碱性长石和石英最后结晶。在辉长闪长岩中，可出现辉长辉绿结构。浅成岩具细粒结构和似斑状结构，偶见斑状结构。在二长岩中则具有典型的二长结构，其特点是斜长石比碱性长石自形程度高，较自形的板条状斜长石或嵌于他形碱性长石晶体中，或是他形碱性长石分布于斜长石间隙中组成半自形粒状结构。

中性侵入岩常见构造有块状构造、晶洞构造和条带状构造，在同化混染作用发育的地区也可出现斑杂状构造。

中性喷出岩常见斑状结构。基质结构类型繁多，有交织结构、安山结构（玻基交织结构）、粗面结构、正边结构、间碱结构、隐晶质结构、霏细结构等；斑晶常有暗化边结构。粗面结构由细条状钾长石微晶略呈平行排列，几乎不含玻璃质，为粗面岩的典型结构。正边结构是指斜长石斑晶周边具碱性长石环边的现象。间碱结构为斜长石微晶之间充填有他形碱性长石微晶集合体的现象，常见于粗面岩和安山岩中。

中性喷出岩常见构造有气孔构造、杏仁构造，有时还见珍珠构造。

任务实施

一、目的要求

能够通过肉眼观察和显微镜分析，准确识别中性岩中的矿物成分，观察和描述中性岩的结构和构造特征。

二、资料和工具

（1）工作任务单；
（2）中性岩手标本和对应岩矿薄片标本。

任务考评

一、理论考评

判断题：
（1）中性岩浆岩中 SO_2 的含量为52%~65%。（　　）
（2）中性岩主要由浅色的长石族矿物组成，暗色矿物如角闪石和黑云母较少。（　　）

二、技能考评

准确识别和描述所给中性岩手标本和薄片中的矿物成分、结构和构造。

手标本描述：

薄片镜下描述：

成因分析：

定名：

结构素描图：

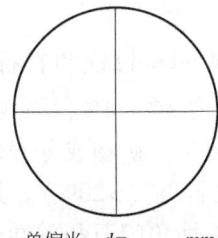

单偏光，$d=$_____ mm  正交偏光，$d=$_____ mm

手标本描述：
_____
_____
_____

薄片镜下描述：
_____
_____
_____

成因分析：
_____
_____

定名：_____

结构素描图：

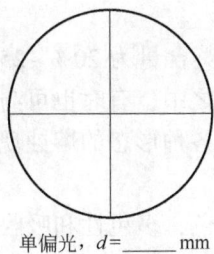

单偏光，$d=$_____ mm  正交偏光，$d=$_____ mm

任务五　酸性岩的系统鉴定

任务描述

酸性岩是富含 SiO_2（65%~78%）的火成岩，颜色浅，主要由长石和石英构成，也含少量暗色矿物和副矿物。它们具有等粒或斑状结构，常见块状构造。按矿物含量，可分为花岗岩和流纹岩等（视频30、视频31）。例如，江苏镇江的花岗岩样本 DT54-08，主要由斜长石、石英、角闪石组成，命名为中粒角闪花岗闪长岩。

视频30　酸性岩类手标本的观察与描述

视频31　酸性岩类镜下薄片的观察与描述

相关知识

酸性岩类的 SiO_2 含量高，一般为 65%~78%，属 SiO_2 过饱和岩石。颜色指数 M' 小于 15，属浅色岩类。K_2O 和 Na_2O 的含量较高，平均各占 3%~4%；而 MgO、FeO、Fe_2O_3 和 CaO 含量是岩浆中最低的岩石类型，一般均小于 2%~3%。矿物成分表现为以浅色矿物占绝对优势，主要是长石类矿物（碱性长石和斜长石）及石英（>20%）。其次有少量云母、角闪石或辉石等矿物（5%~15%），碱性花岗岩可出现碱性角闪石和碱性辉石；副矿物主要有锆石、磷灰石、磁铁矿、榍石、电气石、萤石等矿物。

碱性长石，包括钾长石和 An<5 的钠长石，钾长石有单斜晶系的正长石，三斜晶系的微斜长石、条纹长石，还有浅成相及喷出相的透长石及歪长石。钾长石偏离单斜对称的程度，称为三斜度。三斜度是其形成温度的函数，即产于喷出岩中的多为三斜度低的透长石、歪长石；产于侵入岩中的多为三斜度较高的微斜长石和正长石。三斜度还与岩体的年龄有关，年轻的花岗岩体中多为三斜度较小的正长石；古老的花岗岩体多为三斜度较大的微斜长石或条纹长石。钾长石三斜度的测定，可为岩体形成温度和岩体年龄的确定提供间接依据。测定钾长石中钠长石的含量，对确定花岗岩的成因也很有意义。有人认为，钾长石中钠长石的含量小于 15%者，多为交代花岗岩；钠长石含量大于 15%，多为岩浆成因的花岗岩。碱性长石均为负低突起，解理 {010} 和 {001} 发育，常遭受高岭石化而呈淡黄褐色，易与石英等相区别；正长石和透长石只有简单双晶或无双晶，微斜长石和歪长石常有格子双晶，钠长石常有聚片双晶，据此可相互区别。

斜长石，更长石为主，可见中长石，一般号码为 10~35，碱性花岗岩中可见钠长石。聚片双晶发育，双晶纹细而密，自形程度常较碱性长石略高；在花岗岩中斜长石环带较少见，而在花岗闪长岩中斜长石环带比较发育，多为正环带或韵律环带。常见绢云母化、高岭石化、绿帘石化而呈土灰色。

石英，含量一般为 25%~40%，花岗闪长岩中石英含量为 20%~25%；通常是结晶最晚的矿物，无色透明，他形粒状，充填于其他矿物间隙之中，有时也可与钾长石形成规则的文象连生体；在浅成相和喷出相中可呈自形斑晶，并有各种形态的熔蚀现象。石英中常可有气态、液态和某些固态矿物的包裹体。

黑云母，是酸性岩常见的次要矿物，深褐至暗绿色，多色性和吸收性明显，常有绿泥石化或退性现象（有时变为白云母）。在某些富铝的花岗岩中可有原生白云母产出，无色、片状，一组极完全解理，闪突起明显，干涉色达Ⅱ级中。

角闪石，花岗岩中少见，花岗闪长岩中略多，并随斜长石含量增加、黑云母含量减少而有所增加。一般为普通角闪石，在碱性花岗岩中则为碱性角闪石（钠闪石、钠铁闪石等）。普通角闪石常被蚀变为绿泥石或绿帘石。

辉石，少见，多为普通辉石或透辉石，在碱性花岗岩中，则常出现霓石、霓辉石等碱性辉石；紫苏辉石为紫苏花岗岩中的特有矿物。

副矿物，种类繁多，含量极少，一般小于 1%，有时可达 3%，常见的有锆石、磷灰石、榍石、磁铁矿和一些含稀有元素或放射性元素的矿物。

侵入岩常见半自形细粒至粗粒等粒结构，又称花岗结构，还可见似斑状结构和斑状结构，而更长环斑结构则是似斑状结构中的特殊变种，其特点是斑晶中的钾长石边缘有白色更长石的边环。此外，还有钾长石和石英交生形成的文象结构与显微文象结构，以及蠕虫状结构（蠕英结构）。

喷出岩常见斑状结构，斑晶常有各种形态的熔蚀结构或暗化边结构，基质则常见隐晶质结构、霏细结构、球粒结构、轴粒结构、显微嵌晶结构、玻璃质结构等，还可有少斑或无斑玻璃质（或基质）结构等。球粒结构在流纹岩中常见，在某些浅成岩中也可见，是由长英质和火山玻璃的纤维放射状丛生的球状形成物构成，纤维大多为负延性，正交偏光下常呈十字形消光；球粒的形态、大小、内部结构均各不相同，有的内部包含早期的细小晶体，有的由多层放射状纤维组成。当纤维体围绕直线或曲线呈羽状、放射状生长时，则构成轴粒结构（流纹岩及珍珠岩中较常见）。

侵入岩石多呈块状构造，岩体边部有时有斑杂构造（由于含捕虏体或析离体而出现矿物成分、结构或颜色上不均一的结果）。有时可见球状构造（由放射状分布的长石、石英、黑云母等构成的球形体）、条带状构造及似片麻状构造（原生片麻状构造，是流动的岩浆对围岩挤压而在岩体边部形成的暗色矿物及浅色矿物断续定向排列的现象）等。喷出岩常见流纹构造，其次为气孔构造、杏仁构造、珍珠构造和石泡构造等。珍珠构造，主要见于玻璃质熔岩中，外貌似珍珠，镜下为同心状裂纹，沿裂纹常有脱玻化现象，而致珍珠与其周围的熔岩成分上略有差异。石泡构造，是酸性熔岩在凝固时，遇气体逸出而收缩形成的一种中空的球形体，一般由同心层状空腔和球粒状结晶层相间排列构成，空腔内可被后生石英、玉髓、沸石等集合体充填。

任务实施

一、目的要求

能够通过肉眼观察和显微镜分析，准确识别酸性岩中的矿物成分，观察和描述酸性岩的结构和构造特征。

二、资料和工具

（1）工作任务单；
（2）酸性岩手标本和对应岩矿薄片标本。

任务考评

一、理论考评

1. 单选题
（1）SO_2 含量高，富含石英和长石，暗色矿物含量少的岩浆岩属于（　　）。
A. 超基性岩类　　B. 基性岩类　　C. 中性岩类　　D. 酸性岩类
（2）下列属于酸性岩浆岩的是（　　）。
A. 辉石岩　　　　B. 闪长岩　　　C. 石英斑岩　　D. 石英正长岩
2. 判断题
（1）酸性岩浆岩中 SO_2 的含量为 52%~65%。（　　）
（2）酸性岩颜色浅，主要由长石和石英构成，也含少量暗色矿物和副矿物。（　　）

二、技能考评

准确识别和描述所给酸性岩手标本和薄片中的矿物成分、结构和构造。

手标本描述：_____
_____
_____
_____

薄片镜下描述：_____
_____
_____
_____

成因分析：_____
_____
_____

定名：_____

结构素描图：

单偏光，$d=$_____ mm　　　　正交偏光，$d=$_____ mm

手标本描述：_____
_____
_____
_____

薄片镜下描述：_____
_____
_____
_____

成因分析：_____
_____
_____

定名：_____

结构素描图：

单偏光，$d=$____mm   正交偏光，$d=$____mm

任务六　碱性岩的系统鉴定

任务描述

碱性岩是一类火成岩，以低 SiO_2 和高碱质含量为特点，主要由副长石（霞石、方钠石等）、碱性长石和碱性暗色矿物（霓石、霓辉石等）组成。结构通常为半自形粒状，构造多为块状。分类依据 QAP 三角图，可细分为霓霞岩、霞石岩等。云南个旧的霞石正长岩样本 FT28-02，主要由正长石和霞石组成，结构为中粒半自形粒状，命名为中粒云霞正长岩。

相关知识

碱性岩是指里特曼指数 $δ>9$ 的一类岩浆岩，地壳中碱性岩极少见，出露面积仅 1%。其特点是：二氧化硅 SiO_2 含量较低而碱质含量较高；铁镁矿物变化大（$M<90$），因岩浆成分和岩石种属不同而异；主要矿物成分为副长石（霞石、方钠石、方沸石、钙霞石等，含量>10%）、碱性长石（微斜长石、正长石、透长石、钠长石）、碱性暗色矿物（霓石、霓辉石、钠铁闪石、钠闪石等）、斜长石，但各种矿物的含量因岩石种属不同而有很大变化；通常含少量副矿物。

霞石，是副长石中最常见的种属。常呈短柱、厚板状或不规则粒状，柱面{1010}和底面{0001}解理不完全，折射率低，负低突起（或同一晶体的一方向负低突起、另一方向正低突起），一轴负晶，易溶于盐酸。相似矿物的区别：磷灰石正中突起；正长石负低突起，两组完全解理，常见简单双晶与条纹结构，二轴晶，置于盐酸中不溶化；钙霞石负低突起，解理{1010}完全，干涉色达Ⅱ级底，一轴负晶。

方钠石，多为菱形十二面体及立方体，或为不规则粒状；无色或浅色调，解理{110}中等；负低突起（$N=1.483~1.487$），均质体全消光；粉末加硝酸少许，蒸发后可形成石膏晶体。相似矿物萤石负高突起，解理{111}完全，可以区别。

方沸石，呈四角三八面体或呈四角三八面体与立方体的聚形，也常呈不规则粒状，无色透明，{100}解理很不完全，负低突起（$N=1.479~1.493$），均质体全消光，失水时可有极弱干涉色（双折射率 0.001）。相似矿物区别：白榴石为稍高的负低突起（$N=1.508~1.511$），无解理，常有聚片双晶、复合双晶及许多包体（方沸石一般无包体）；火山玻璃无解理，突起稍高（$N=1.48~1.61$ 为负低突起或正低突起）。

钠闪石，以多色性特殊、特殊的反吸收（$Ng<Nm≤Np$）、干涉色低（Ⅰ级黄白至黄橙，受本色干扰难辨）、负延性（$NpΛZ$ 通常<5°）为特征。钠铁闪石，以多色性显著、吸收性有变化、干涉色低（Ⅰ级灰—黄，较钠闪石略低）、(010) 面上，沿解理负延性（$NpΛZ$ 为

10°左右，较钠闪石略大）、二轴负晶为特征。

霓石，以长柱及针状晶体、多色较强、反吸收性、干涉色高（Ⅲ顶至Ⅳ底，被本色掩盖）、沿解理负延性（$Np\wedge Z<15°$）为特征。霓辉石，以柱状至板状晶体、多色性明显、干涉色达Ⅱ级中至Ⅲ级底（较霓石略低）、沿解理斜消光（$Np\wedge Z = 15°\sim 38°$）为特征。显然，霓石多色性更强、消光角略小、干涉色更高，可以相互区别。普通角闪石，以闪石式解理、多色性更强、吸收性 $Ng>Nm>Np$、干涉色达Ⅱ级中、沿解理正延性，可以区别。

碱性长石和斜长石的含量因岩石种属不同而异，变化大。如在霞石正长岩等中性的岩石类型中，碱性长石常与似长石同为主要成分；在似长辉长岩等基性岩石类型中，中长石、拉长石常与碱性长石、碱性暗色矿物等同为主要成分。

副矿物常见磷灰石、黑榴石、钛铁矿等，某些岩石类型中副矿物含量可以较多。

侵入岩普遍具半自形粒状结构，还可见到辉长结构、辉绿结构、二长结构、斑状结构、微晶结构，有时还可见文象结构、反应边结构等。喷出岩常见斑状结构、无斑隐晶质结构、玻璃质结构，基质多为交织结构、似粗面结构、响岩结构等。似粗面结构是碱性长石的细小板片状晶体近于定向平行排列，晶体间有霞石及霓石等晶体充填的结构。响岩结构是较自形的霞石或白榴石微晶之间，被细小条状透长石、隐晶质及玻璃质充填的结构。

构造常见有块状构造、条带状构造、流动构造、气孔构造、杏仁构造等。

任务实施

一、目的要求

能够通过肉眼观察和显微镜分析，准确识别碱性岩中的矿物成分，观察和描述碱性岩的结构和构造特征。

二、资料和工具

（1）工作任务单；
（2）碱性岩手标本和对应岩矿薄片标本。

任务考评

一、理论考评

判断题：
（1）碱性岩是一类火成岩，以低 SiO_2 和高碱质含量为特点。（　　）
（2）碱性岩是指里特曼指数 $\delta<9$ 的一类岩浆岩，地壳中碱性岩极少见，出露面积仅1%。（　　）

二、技能考评

准确识别和描述所给碱性岩手标本和薄片中的矿物成分、结构和构造。

手标本描述：_____

薄片镜下描述：

成因分析：

定名：
结构素描图：

单偏光，$d=$ _____ mm　　　　正交偏光，$d=$ _____ mm

学习情境四　变质岩的系统鉴定

视频 32　变质岩的概念及影响变质作用的因素

变质岩是地壳中广泛发育的岩石类型之一，并常以岩屑的形式出现在沉积岩及油气储层中，因此，变质岩的系统鉴定具有重要意义（视频32）。

变质岩系统鉴定的内容与岩浆岩类似，包含手标本的观察与描述、薄片中矿物成分及含量的测定（特别注意变质矿物的观察，即使其数量极少）、岩石的结构与构造的观测描述、按规定的方案与原则进行定名。进而讨论变质作用条件，分析可能的原岩成分。

变质岩的特征和类型，既与原岩化学成分有关，也与变质作用类型和变质强度有关。因此，必须重视了解变质岩产出的地质环境，注意变质岩的矿物成分、共生组合、结构构造等特征与变质条件之间关系的研究，以期达到系统鉴定和全面认识变质岩的目的。

知识目标

（1）熟悉并掌握变质岩矿物成分的分析方法，认识变质岩中的主要矿物、次要矿物和特征矿物；
（2）掌握常见的变质岩结构与构造，认识典型的变质岩结构和构造特征；
（3）掌握变质岩的分类与命名方法；
（4）掌握常见变质岩手标本的鉴别方法与技巧。

技能目标

（1）能够正确区分变质岩中的主要矿物、次要矿物和特征矿物；
（2）能够正确观测典型的变质岩结构和构造特征；
（3）能够正确观测并描述变质岩的形态及结构构造，进而确定变质岩的名称；
（4）能够综合、准确鉴别变质岩手标本，填写鉴定报告。

项目一　变质岩矿物成分的鉴别

变质岩的矿物成分，是变质岩分类命名的主要依据，也是分析了解变质作用的物理化学条件、划分变质带、变质相的主要佐证，还可提供了解变质作用演化历史和恢复原岩的重要信息。因此，矿物成分是变质岩系统鉴别最主要内容之一。

石英、长石等矿物，在岩浆岩和沉积岩中广泛分布，在变质岩中同样广泛分布，所不同的是，在变质岩中常含有或多或少的典型变质矿物，变质矿物的存在是变质岩与其他岩石类型的主要区别之一。常见典型变质矿物的主要鉴别标志与区别如后述。

任务描述

变质岩矿物成分的鉴别涉及对地壳中岩石在高温高压条件下经历物理和化学变化后形成的岩石的矿物成分和结构特征的分析，这些特征不仅揭示了岩石的成因和演化历史，也是区分不同类型变质岩的关键。本任务旨在使学生能够掌握变质岩矿物成分的鉴别方法，并了解其在地质学中的应用。

相关知识

变质岩中的矿物成分，按其成因可分为：

（1）新生矿物（变晶矿物）：在变质作用过程中新生成的矿物。如黏土岩经过变质后生成的红柱石。

（2）原生矿物：在变质作用过程中保留下来的原岩中的稳定矿物。如云英岩中的一部分石英就是花岗岩在云英岩化过程中保留下来的原生矿物。

（3）残余矿物：在变质作用过程中残留下来的原岩中的不稳定矿物。如花岗岩在云英岩化过程中残留有不稳定的长石。

新生矿物、原生矿物对于一定的变质条件都是稳定存在的，所以可统称为稳定矿物。

某些矿物如绿泥石、绢云母、红柱石、蓝晶石、十字石、透闪石、硅线石、刚玉、硅灰石、符山石、滑石、叶蜡石、硬绿泥石等属于新生矿物，它们对指示原岩成分和说明变质作用性质、强度有特殊意义，因此又称之为特征变质矿物或指示矿物。例如，由黏土岩经变质作用形成的矿物相——绢云母和绿泥石、蓝晶石和十字石、硅线石，分别指示低级、中级和高级变质作用。

应该指出，稳定和残余的概念是相对的，某一矿物在这一种条件下稳定，而在另一种条件下则可能呈残余状态出现，如上例中所举的黏土质变质岩，其中的绿泥石和绢云母在低级变质作用条件下稳定，但处于中级变质条件下就变得不稳定，将转变成为黑云母，它们本身只呈残余状态存在。

任务实施

一、目的要求

识别变质岩中常见的矿物成分及其特征。

二、资料和工具

（1）工作任务单；
（2）富含典型矿物的变质岩手标本；
（3）偏光显微镜。

任务考评

一、理论考评

（1）在高温高压条件下，岩石中的石英和长石可以转变成哪种常见的变质矿物？

(2) 变质岩中哪种矿物可以指示岩石经历了高压变质作用？

(3) 选择题。
① 变质岩中常见的硅酸盐矿物不包括以下哪一项？（　　）
A. 云母　　　　B. 角闪石　　　　C. 石英　　　　D. 黄铁矿
② 变质岩中的矿物成分通常不包括以下哪一项？（　　）
A. 石英　　　　B. 长石　　　　C. 碳酸盐矿物　　　　D. 石榴子石
③ 以下哪种矿物不是变质岩中常见的硅酸盐矿物？（　　）
A. 云母　　　　B. 角闪石　　　　C. 方解石　　　　D. 辉石

二、技能考评

观察显微镜下的典型变质岩矿物。

项目二　变质岩结构与构造的鉴别

视频33　变质岩的结构与构造

变质岩的结构与构造是变质岩主要特征之一，是变质岩分类命名的重要依据，也是查明原岩类型、划分矿物世代、判断形成条件、揭示变质岩演化历史的重要依据（视频33）。熟悉变质岩主要结构与构造的类型及其特征，掌握观察、描述结构的方法，是变质岩系统鉴别的主要工作之一。

任务描述

变质岩的结构指的是岩石中矿物颗粒的形态、大小和排列方式，而构造则涉及岩石的层理、片理、线理等宏观特征。通过本任务的学习，学生将深入了解变质岩的结构和构造特征，掌握如何通过观察和分析这些特征来鉴别不同类型的变质岩。

相关知识

一、变质岩结构的分类

变质岩的结构，主要与变质作用的类型和变质作用的强度有关，原岩的成分和结构也有一定的影响，尤其是对变质程度低的岩石。通常按变质成因和变质强度，将变质岩的结构分为变余结构、变晶结构、交代结构和碎裂结构四大类，再按矿物晶体大小、晶习与形状、相互包含穿插反应关系进行细分（表4-1）。

表4-1 变质岩结构分类表（据陈漫云等，2009，略改）

成因	细分标志	结构名称			
变余结构	原岩为沉积岩	变余角砾结构	变余砾状结构	变余砂状结构	变余粉砂结构
		变余泥质结构	变余生物碎屑结构		
	原岩为岩浆岩	变余半自形粒状结构	变余斑状结构	变余辉绿结构	变余辉长结构
		变余辉长辉绿结构	变余嵌晶含长结构	变余间粒结构	变余交织结构
		变余溶蚀结构	变余火山碎屑结构	变余晶屑结构	变余岩屑结构
		变余玻屑结构	变余熔结结构		
变晶结构	矿物绝对大小	粗粒变晶结构（>3mm）	中粒变晶结构（1~3mm）	细粒变晶结构（1~0.1mm）	
		显微变晶结构（0.1~1.01mm）		隐晶质变晶结构（<0.01mm）	
	矿物相对大小	等粒变晶结构	不等粒变晶结构	斑状变晶结构	角岩结构
	晶习与晶体形状	粒状变晶结构	镶嵌粒状变晶结构	齿状粒状变晶结构	鳞片变晶结构
		柱状变晶结构	纤状变晶结构	放射状变晶结构	束状变晶结构
		扇状变晶结构	粒状片状变晶结构	粒状柱状变晶结构	片状柱状变晶结构
	包含穿插反应关系	包含嵌晶变晶结构	筛状变晶结构	残缕结构	旋转结构
		雪球结构	穿插变晶结构		
		冠状结构	后成合晶结构	变质反应边结构	环礁状结构
交代结构	相互关系及交代强度	交代残余结构	交代蠕虫结构	交代净边结构	交代穿孔结构
		交代条纹结构	交代反条纹结构	交代蚕食结构	交代假象结构
		交代斑状结构	交代镶边结构	交代网状结构	
动力变质结构	显微变形	波状消光	变形纹	变形带	扭折带
		机械（变形）双晶	亚颗粒	核幔结构	动态重结晶
		静态重结晶	S-C面	矿物（云母）鱼	压力影
	碎裂结构	碎裂结构	压碎角砾结构	碎斑结构	碎粒结构
		碎粉结构			
	断层及糜棱结构	断层角砾结构	糜棱结构	超糜棱结构	碎斑玻基结构

二、变质岩构造的分类与典型构造的鉴别

变质岩的构造是指岩石中各组成部分的形态、在空间的分布和排列方式所显现的特征。一般依据其成因可分为三大类（表4-2）。

表4-2 变质岩常见构造分类表（据陈漫云等，2009）

变余构造		变成构造		混合岩构造	
副变质岩有关	正变质岩有关	斑点状构造	瘤状构造	角砾状构造	网脉状构造
变余层理构造	变余杏仁构造	板状构造	千枚状构造	碎块状构造	细脉状构造
变余粒序构造	变余气孔构造	片状构造	片麻状构造	层状或条带状构造	布丁状构造
变余斜层理构造	变余枕状构造	皱纹状构造	块状构造	褶皱构造	肠状构造
变余波痕构造	变余流纹构造	粒块状构造	条带状构造	眼球状构造	析离状构造
变余泥裂构造	变余条带构造	条纹状构造	斑痕状构造		云雾状构造
变余生物遗迹构造					

1. 变余构造

变余构造，是在变质作用微弱，或原岩组分的活动性极小、变质作用不易进行的条件下，使得原岩的矿物成分变化不大，原岩构造特征明显地保留下来，从而形成各种变余构造。变余构造主要发育在低级变质岩中，但某些不易被改造、厚度较大、成分差异明显的变余层理，有时也可发育在中高级变质岩石中。常见的变余构造有：

(1) 变余层理构造：在副变质岩中常见，其特征是岩石中不同（矿物成分、结构和颜色）的部分之间具有平行的突变或渐变的界面。当原岩具粒序层理，受轻度变质改造即可形成变余粒序层理。

(2) 变余气孔构造及变余杏仁构造是变质火山岩的特征构造之一。变余枕状构造原岩是水下火山岩的特征构造。

2. 变成构造

变成构造，是在岩石变质作用过程中，在内外因素影响下经重结晶等变质作用而形成的构造。变成构造既受原岩化学组成的控制，又受变质作用因素所左右。常见的变成构造有如下类型。

(1) 斑点构造：指低级接触变质岩中，由碳质、铁质及红柱石、堇青石等矿物的雏晶聚合而成的细小斑点。镜下为某些组分相对集中或粒度较周围有略粗的浑圆状或不规则状圆斑，散布于隐晶质基质之中。再经变晶与重结晶作用后，这些雏晶长大成微晶、集合体相应增大而在岩石表面呈小豆状突起时，则形成瘤状构造。斑点构造和瘤状构造是低温热接触变质岩中轻微变质岩石的标志构造。

(2) 板状构造（或板状劈理）：板岩的标型构造。黏土岩、凝灰岩等柔性岩石，在较强应力作用下形成的一组平行的破裂面（或称劈理），称为板状构造。其特征是：可沿板状劈理面剥离成平整而光滑的大块的薄板及薄片；原岩组分基本没有重结晶，仅有少量绢云母、绿泥石等新生矿物，使劈理面呈弱丝绢光泽；是在温度低而应力强的条件下形成，板状劈理面大多平行于原岩的层理，但在一些褶皱强烈的地区也可出现斜交层理或片理的局部滑劈理（图4-1）。

斑点构造　板状构造　千枚状构造　片状构造　片麻状构造　条带状构造

图4-1　变质岩常见构造素描图（图中标尺均为2cm）

(3) 千枚状构造：千枚岩的典型构造，常由黏土岩、粉砂岩和一部分凝灰岩等，在低级区域变质或区域动力变质作用下形成。其特征是：岩石中有关组分已经大部分重组合结晶成为细小的新矿物（如绢云母、绿泥石、石英、长石等）；新生成矿物初具定向性排列；新矿物晶体细小肉眼难以辨认（粒度一般小于0.1mm）；片理面上有强烈的丝绢光泽；有时可见具微小褶皱的微层理，其褶皱轴面相互平行，称为显微褶皱构造。千枚状构造以新生矿物数量多、片理面有强烈丝绢光泽、不能剥离成光滑的大块薄板、常可见微小褶皱与板状构造相区别。

（4）片状构造：或称为片理，是片状、柱状矿物数量多且定向排列所形成的构造（有时石英、长石等粒状矿物定向拉长也可形成片状构造）。组成片理的矿物粒径一般大于 0.1mm，肉眼已能辨认。片理面有的平直，有的呈波状弯曲，仅可小范围剥离成片。柱状矿物平行排列且一向延长者称线理。某些岩石可同时具有线理和片理构造，如角闪片岩。片理兼具皱纹者称为皱纹片状构造。片状构造以新生矿物晶体粒径肉眼可辨认（晶体粒径一般大于 0.1mm）与千枚岩相区别；以新生矿物数量多、晶粒肉眼可辨认、不能剥离成光滑的大块薄板与板状构造相区别。

（5）片麻状构造：是在大量的粒状矿物之中，散布着少量片状、柱状矿物，片状、柱状矿物呈断续的定向排列所形成的构造，又称为片麻理。有时粒状的长英质矿物也会在定向应力的作用下被拉长，形成片麻状构造。原岩为泥质、泥灰质及中基性凝灰岩的区域变质岩中常出现片麻状构造。片麻构造以粒状矿物为主、长石居多、矿物晶体粒度较粗大、不能剥离成光滑的大薄板，与片状、千枚状、板状构造相区别。

（6）条带状构造：是变质岩的定向构造之一，以相同的矿物组合、结构、构造、颜色等相对集中和大致层状展布相间排列为特征，但组成条带的矿物既可以是定向排列的，也可以是不定向排列的。如磁铁石英岩即由粒状磁铁矿和石英分别相对富集而形成薄的互层状条带（图 4-1）。条带状构造的成因十分多样：可以是原岩的层理经变质作用形成；在应力作用下，片状、柱状矿物在垂直压应力方向上相对集中分布也可形成；长英质矿物由于压溶作用发生熔融分异，再经重结晶作用形成。在中深变质岩中条带状构造十分发育。条带构造与变余层理相似，后者仅见于较浅变质的副变质岩中、层面规整稳定、延伸方向与区域构造线方向无关、常伴有与沉积有关的变余结构，据此可相互区别。

（7）块状构造：以岩石中不见片理和片麻理等定向性构造、矿物成分及结构构造均匀分布、呈致密块状为特征。若变质岩主要由无定向分布的粒状矿物组成，则称为粒块状构造。性质均匀的原岩在应力作用较弱、重结晶作用较强的条件下常可形成块状构造。

3. 混合岩构造

混合岩构造主要由浅色长英质脉体与暗色基体的形态和数量比例而显现，常和混合岩化作用的强度相联系，是混合岩分类的主要依据之一。常见的混合岩构造如下所述。

（1）眼球状构造：由浅色长英质沿片理呈眼球状团块、断续分布而形成的构造。眼球常由碱性长石、石英组成，大小不一，当眼球含量增多时，可成串珠状连接排列，并逐渐过渡为条带状构造（图 4-2 中 a）。

（2）网脉状构造：当长英质脉体不规则地穿切基体，呈细脉状、分支状、网状分布。但脉体数量较少，宽窄不定，有时尖灭（图 4-2 中 b）。

（3）角砾状构造：当长英质脉体将基体分割包围，基体呈"角砾状"散布于脉体中（图 4-2 中 c）。在野外岩石露头上，角砾状可过渡到其他混合岩化的构造类型。原来变质岩受构造变动后成角砾，再经混合岩化作用，脉体贯入也可形成角砾状构造。

（4）条带状构造：当淡红色或灰白色长英质成分呈条带定向展布相间排列时则形成条带状构造（图 4-2 中 d）。混合岩化作用形成的条带状构造，均是由浅色的脉体和暗色的基体相间分布组成的，条带之间的界线较清楚，宽窄不一（细者数毫米、宽者数十厘米不等），变化不定（同一条带时宽时窄，相邻条带时而合并时而分开，与其他混合岩构造相邻并相互过渡转变），与岩浆岩中的条带构造容易区别。当长英质成分增多、基体被改造，暗

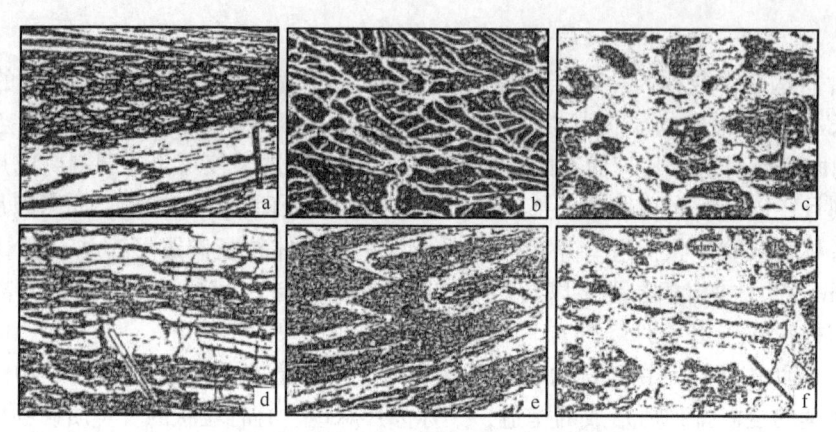

图 4-2　混合岩常见构造类型素描图
a—眼球状构造；b—网脉状构造；c—角砾状构造；
d—条带状构造；e—肠状构造；f—云雾状构造

色组分呈隐约可见的细纹状时，称为条痕构造。

（5）肠状构造：混合岩地区特有的构造之一（图4-2中e），其特征是长英质脉体成复杂的"揉皱肠状"存在于基体中，在露头上常呈蛇形弯曲，弯曲方向多与基体的片理揉皱相一致。当肠状细密时，则称皱纹状构造。

（6）云雾状构造：也称为阴影状构造（图4-2中f），其特征是基体与脉体之间的界线已完全不清楚，有时只见交代残留的某些轮廓，成斑杂状或阴影状分布，进一步发展可成均质状的构造。

总之，混合岩的构造较为复杂多变，常在野外露头范围内就有多种不同的构造类型并存，并相互过渡转换。据此，容易与变成构造、变余构造和岩浆岩的构造相区别。

任务实施

一、目的要求

能够观察和描述变质岩的微观结构和宏观构造。

二、资料和工具

（1）工作任务单；
（2）具有典型变质结构和构造的变质岩手标本、薄片；
（3）偏光显微镜。

任务考评

一、理论考评

（1）变质岩中的条带状构造是如何形成的？请给出至少两种可能的成因。

(2) 选择题。

① 以下哪种构造不是变质岩特有的？（　　）
A. 片理　　　　　B. 层理　　　　　C. 线理　　　　　D. 流纹

② 变质岩中的矿物定向排列通常与哪种构造特征相关？（　　）
A. 层理　　　　　B. 片理　　　　　C. 流纹　　　　　D. 网状构造

③ 变质岩中的斑点状构造通常由以下哪种矿物形成？（　　）
A. 石英　　　　　B. 长石　　　　　C. 石榴子石　　　D. 所有以上矿物

④ 变质岩中的片麻状构造通常形成于：（　　）
A. 区域变质作用　　　　　　　　B. 接触变质作用
C. 热液变质作用　　　　　　　　D. 冲击变质作用

二、技能考评

（1）给出一块变质岩样品的描述，包括其颜色、矿物组成和构造特征。请根据这些信息推断其可能的变质环境。

手标本描述：
_____
_____
_____

成因分析：
_____
_____
_____

定名：

（2）观察一块变质岩的薄片，并描述其矿物的定向排列。这种定向排列可能指示了哪种变质作用？

薄片镜下描述：
_____
_____
_____
_____

成因分析：
_____
_____
_____

定名：

结构素描图：

单偏光，$d=$ ____ mm　　　　　　正交偏光，$d=$ ____ mm

项目三　变质岩的分类与命名

任务描述

变质岩是通过变质作用从原有的岩石类型转变而来。变质岩的分类与命名对于理解地壳的物质循环、岩石的成因以及地质历史具有重要意义。本任务旨在使学生掌握变质岩的分类原则、命名方法，以及如何根据岩石的矿物组成、结构和构造特征进行系统的分类和命名。

相关知识

变质岩类型极其多样复杂，其分类与命名方案很多，并多有争议。在此仅对国家标准推荐的分类命名方案加以讨论。

中华人民共和国国家标准，《岩石分类和命名方案　变质岩岩石的分类和命名方案》（GB/T 17412.3—1998）是当前有代表性的变质岩分类命名方案。该方案的突出特色如下。

首先，提出变质岩分类命名的一般原则：

（1）变质岩的分类和命名，应以变质岩的岩石特征为基础。一定的变质岩石类型，应具有一定的矿物组成、含量及结构、构造等特征。

（2）同一变质岩石类型可以是多成因的。例如，片岩、片麻岩可以由区域变质作用形成，也可以由热接触变质作用、动力变质作用等形成。

（3）变质岩的分类和命名，既要划分标志和界限明确，又要符合自然界的内在联系；既要有科学性和系统性，又要简明实用。

（4）变质岩的分类和命名，应尽可能地与传统习惯用法一致，尽量采用国内外已通用的岩石名称。特定成因的变质岩类型，仍按传统习惯沿用。例如，角岩、硅（矽）卡岩等。

其次，变质岩石全名由"附加修饰词+基本名称"构成。基本名称反映岩石基本特征，包括矿物组成、含量及结构、构造特征。附加修饰词用以说明岩石的某些重要附加特征。可作为附加修饰词的有次要矿物、特征变质矿物、结构、构造及颜色等。

其中，次要矿物作为附加修饰词的规定是：

（1）矿物含量为5%～10%时，用"含"字作前缀。

（2）矿物含量大于10%时，直接作为附加修饰词。

（3）当数种矿物含量都大于10%时，选择2～3种（最多不超过5种）比较重要的矿物，按含量增加的顺序（少前多后）排列，作为附加修饰词。

特征变质矿物作为附加修饰词的规定是：

（1）矿物含量小于5%时，加"含"字前缀。有些重要特征变质矿物含量小于5%，也可直接作为附加修饰词，如空晶石、蓝闪石、紫苏辉石等。

（2）矿物含量大于5%时，直接作为附加修饰词。

（3）当岩石中含有两种以上特征变质矿物，而且其生成顺序符合一般规律时，选择生成最晚或具有最重要意义的矿物作为附加修饰词。例如，含有蓝晶石、十字石、石榴子石的黑云母片麻岩，称为蓝晶黑云片麻岩。

参加岩石命名的矿物名称简化的规定是：

（1）在不引起误解的情况下，参加岩石命名的矿物名称，可以简化为两个汉字或一个汉字。例如，斜长石简化为"斜长"，微斜长石简化为"微斜"，黑云母简化为"黑云"，十字石简化为"十字"，石榴子石简化为"石榴"或"榴"，绢云母简化为"绢云"或"绢"，电气石简化为"电气"或"电"，紫苏辉石简化为"紫苏"或"苏"等。

（2）简化后容易引起误解的矿物名称不能简化。如：白云母、白云石等矿物名称不能简化。

（3）岩石名称前附加修饰词的字数以偶数为宜。因此，有时由两个汉字组成的矿物名称不宜简化。例如：滑石片岩、云母片岩、辉石麻粒岩等岩石名称中的矿物名称不宜简化。

（4）附加修饰词"含"字后矿物名称应用全名，不要简化。

最后，国家标准以岩石的矿物成分、含量及结构、构造等基本特征为基础，将常见和比较常见的变质岩石划分为如下20类：①轻微变质岩类；②板岩类；③千枚岩类；④片岩类；⑤片麻岩类；⑥变粒岩类；⑦石英岩类；⑧角闪岩类；⑨麻粒岩类；⑩榴辉岩类；⑪铁英岩类；⑫磷灰石岩类；⑬大理岩类；⑭钙硅酸盐岩类；⑮碎裂岩类；⑯糜棱岩类；⑰角岩类；⑱矽卡岩类；⑲气—液蚀变岩类；⑳混合岩类。每一类型变质岩再依据其特征作进一步细分与综合命名。

任务实施

一、目的要求

（1）能够根据岩石的矿物组成、结构和构造特征进行分类；
（2）掌握变质岩的命名规则和技巧。

二、资料和工具

（1）工作任务单；
（2）具有典型特征的变质岩手标本、薄片；
（3）偏光显微镜。

任务考评

一、理论考评

（1）描述变质岩的命名规则，并给出一个例子。

（2）选择题。
① 以下哪种岩石不是根据其矿物组成来命名的？（   ）
A. 石英岩　　　　B. 辉绿岩　　　　C. 片麻岩　　　　D. 角闪岩
② 变质岩的命名中，"片岩"一词通常指的是：（   ）
A. 具有片状构造的岩石　　　　B. 具有粒状结构的岩石
C. 含有大量片状矿物的岩石　　D. 含有大量长石矿物的岩石

③ 以下哪种岩石的命名反映了其变质程度？（　　）
A. 高压片岩　　　B. 角闪岩　　　C. 麻粒岩　　　D. 片麻岩
④ 变质岩的分类中，"麻粒岩"一词通常指的是：（　　）
A. 具有麻点状构造的岩石　　　B. 具有粒状结构的岩石
C. 含有大量长石和石英的岩石　　　D. 含有大量云母矿物的岩石

二、技能考评

使用显微镜观察一块变质岩薄片，描述你观察到的矿物组成和结构特征，并尝试对该样品进行分类和命名。

薄片镜下描述：

___

___

___

___

成因分析：

___

___

定名：

结构素描图：

单偏光，$d=$_____ mm　　　　正交偏光，$d=$_____ mm

项目四　变质岩主要岩石类型的鉴定

变质岩系统鉴定的观察描述与岩浆岩类似，必须遵循手标本观察与薄片鉴定并重、野外观测与室内分析并举的原则。

（1）手标本的观察与描述。

与岩浆岩类似，由宏观到微观的顺序逐一进行。具体内容是：

① 样品编号、产地层位、野外定名。

② 颜色的观测描述，可按《野外石油天然气地质调查规范》（SY/T 5517—2021）的规定，使用推荐的术语和方式进行描述记录。

③ 构造的描述，注意主体构造与局部构造并重、定性描述与定量测定并重。

④ 结构的观测，注意主体结构与局部结构并重、定性描述与定量测定并重。

⑤ 矿物成分的观测，对主要矿物、特征变质矿物、次要矿物逐一进行，描述各矿物的形态、颜色、解理、硬度等主要特征，测定其粒径与含量。

⑥ 其他特征，如相对密度、次生变化等。
⑦ 岩石定名。
（2）薄片的观测与描述。

薄片观测描述内容与岩浆岩类似，由微观到宏观的顺序逐一进行。对矿物成分的观测，总体上按由多至少的顺序进行。但特征变质矿物是变质岩极重要的标志，应该特别关注。因此，即使特征变质矿物的数量不多，或者含量极微，必须优先全面详尽的观测描述，这是变质岩薄片观测描述须注意的地方。

这一步的具体内容是：
① 样品编号、产地层位、野外定名（与手标本同）。
② 矿物成分的鉴别与描述，对特征变质矿物、主要矿物、次要矿物逐一进行，描述其形态、解理、颜色及多色性、突起、干涉色、消光特性等主要特征，测定其粒径与含量。
③ 结构的观测，注意主体结构与局部结构并重、定性描述与定量测定并重。
④ 构造的描述，着重微观构造的观测与描述。
⑤ 确定岩石名称，由"附加修饰词+基本名称"组成。绘素描图或照相。

最后，初步分析判断矿物之间关系、确定矿物共生组合，初步分析变质条件、变质相带、变质等级（低级、中级、高级）及原岩类型。但是，对于每一件变质岩样品与薄片，均要求确定其变质条件、恢复原岩类型，往往是十分困难的，甚至是不可能的。如石英岩和大理岩，在任何变质条件下均能稳定存在，其变质条件只可根据岩石的野外产状、与之共生的其他变质岩石的特征等资料，经过综合分析后才能确定。当然，依据样品的特征作出一些初步分析判断仍是必要的和可能的。

任务一　区域变质岩类的系统鉴定

📖 任务描述

区域变质岩类是地球岩石圈中广泛分布的岩石类型，它们记录了地球漫长地质历史中的高温和高压事件（视频34、视频35）。系统鉴定区域变质岩类对于理解地壳的物质循环、变质作用的类型和强度，以及区域地质背景具有重要意义。本任务旨在使学生掌握区域变质岩类的鉴定方法，包括岩石的矿物组成、结构、构造和化学特征的分析，以及如何将这些特征与岩石的变质相和变质相系联系起来。

视频34　区域变质岩类手标本的观察与描述

📖 相关知识

区域变质岩是自然界分布最为广泛的变质岩类型，由于原岩类型极其多样、变质因素十分复杂、地质环境各异，其岩石类型相应极其多样复杂。

视频35　区域变质岩类镜下薄片的观察与描述

一、板岩类的鉴别

板岩是具有板状构造（板劈理）的低级变质岩石。板岩的主要特征是：
（1）板岩是由黏土岩、粉砂岩、中酸性凝灰岩等细结构的柔性岩石，经轻微变质作用使原岩脱水而硬度增高所形成。

(2) 矿物成分基本上没有重结晶或只有部分重结晶，基本保持原有的致密隐晶质状态，矿物组成与原岩类型有关，多为黏土矿物、粉砂级长石和石英等，少量新生矿物为细小石英、绢云母、绿泥石等（多集中于劈理面上），还可有少量杂质（碳质、钙质、硅质等）。

(3) 板岩常具有变余泥质结构、变余粉砂结构、变余凝灰结构等不同的变余结构（与原岩类型有关）。

(4) 板岩具有典型板状构造，劈（板）理面暗淡光泽到弱丝绢光泽，新生绢云母、绿泥石等越高，丝绢光泽越明显；可具有变余层理构造、斑点构造、瘤状构造等多种变余构造及变成构造，劈理面与变余层理面的方向可一致、也可角度斜交（与变质时的应力方向和强度有关）。

板岩，是分布最为广泛的变质岩类型之一，在区域变质岩与热接触变质岩中均有大量产出。对板岩的观测，必须遵循手标本、野外现场观测与薄片鉴定并重的原则，以达到标本和薄片描述全面、定名准确，同时为成因分析提供详细的依据。

鉴于板岩的特殊性，尤其应注意变余结构、变余构造、特征变质矿物的观测与鉴别；还应注意野外产状的观测，含展布范围、是否与区域构造线一致、与侵入岩体的关系、相邻岩石的类型等，或者详尽收集野外产状的有关资料。

二、千枚岩类的鉴别

千枚岩是具有千枚状构造的低级变质岩石。千枚岩的突出特征是：

(1) 千枚岩原岩通常为细结构的柔性岩石，如泥（页）岩、含硅质（钙质、碳质）泥质岩、粉砂岩、中—酸性凝灰岩等。

(2) 千枚岩是经区域低温动力变质作用或区域动力热流变质作用在低绿片岩相阶段所形成，在热接触变质条件下经低温重结晶作用也可形成。

(3) 千枚岩原岩成分重结晶作用明显，主要由细小的绢云母、绿泥石、石英、钠长石等新生成的矿物组成，常含少量金红石、电气石、磁铁矿及碳质、铁质等，有时含少量黑云母、方解石、白云石微晶及硬绿泥石、锰铝榴石、绿帘石、蓝闪石、阳起石等细小变斑晶。

(4) 千枚岩具显微鳞片变晶结构、显微粒状鳞片变晶结构、显微鳞片粒状变晶结构、斑状变晶结构等结构类型（粒径小于 0.1mm 裸眼难以辨认）。

(5) 千枚岩具有千枚状构造，镜下片柱状矿物定向明显，片理面上具强丝绢光泽，剖面上常有细小褶皱。

(6) 千枚岩的变质程度比板岩稍高，主要由绿泥石、绢云母等新生矿物组成，这些矿物在镜下可明显辨认区别，具多种变晶结构和千枚状构造，不能剥离成平整的大薄板，容易与典型板岩相区别。当然，也存在千枚岩与板岩、千枚岩与片岩之间过渡性质的岩石。

千枚岩，是分布最为广泛的变质岩类型之一，在区域变质岩类中广泛分布，在热接触变质岩等岩类中也有产出。鉴于千枚岩的特殊性，尤其应注意千枚状构造的发育特征，注意变余结构和变余构造的有无与类型，注意特征变质矿物的种类与数量，注意野外现场观测千枚岩的展布范围、是否与区域构造线一致、与侵入岩体的关系、与之共生的相邻岩石的类型等，或者详尽收集野外产状的有关资料。遵循野外现场观测、手标本观测、薄片鉴定紧密结合的原则，以达到观测全面、描述详尽、岩石定名准确、成因分析合理的目的。

任务实施

一、目的要求

能够识别和描述常见的区域变质岩类。

二、资料和工具

(1) 工作任务单；
(2) 典型的区域变质岩手标本。

任务考评

一、理论考评

(1) 区域变质岩类的形成通常与哪些因素有关？
_____

(2) 选择题。
① 区域变质岩类通常不包括以下哪种岩石？（   ）
A. 片麻岩　　　　B. 片岩　　　　C. 石灰岩　　　　D. 麻粒岩
② 区域变质岩类的鉴定不涉及以下哪项内容？（   ）
A. 岩石的矿物组成　　　　　　B. 岩石的颜色
C. 岩石的化学成分　　　　　　D. 岩石的沉积环境
③ 以下哪种矿物不是区域变质岩类中常见的变质矿物？（   ）
A. 石榴子石　　B. 辉石　　　　C. 方解石　　　　D. 矽线石
④ 区域变质岩类鉴定中，哪种结构特征不常见？（   ）
A. 片状结构　　B. 粒状结构　　C. 层状结构　　　D. 流纹结构

二、技能考评

给出一块区域变质岩样品的描述，包括其颜色、矿物组成和结构特征。请根据这些信息，尝试对该样品进行初步鉴定。

手标本描述：
_____
_____

薄片镜下描述：
_____
_____

成因分析：

定名：

结构素描图：

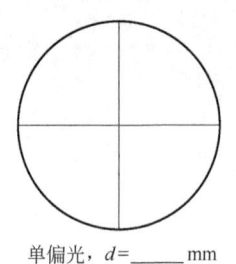

单偏光，$d=$ _____ mm　　　　正交偏光，$d=$ _____ mm

任务二　接触变质岩类的系统鉴定

任务描述

接触变质岩类是在岩浆侵入体与周围岩石接触带中，由于温度和岩浆流体的影响而形成的变质岩石（视频36、视频37）。这类岩石的变质作用通常局限于接触带附近，因此具有明显的空间分布特征。接触变质岩类的系统鉴定对于理解岩浆活动、热液循环以及接触带的物理化学条件具有重要意义。本任务旨在使学生掌握接触变质岩类的鉴定方法，包括岩石的矿物组成、结构、构造特征的观察，以及如何将这些特征与岩石的成因和地质背景联系起来。

视频36　接触变质岩类手标本的观察与描述

视频37　接触变质岩类镜下薄片的观察与描述

相关知识

接触变质作用是以岩浆作用为主热源的一种局部变质作用。当岩浆侵入围岩时，在侵入体与围岩的接触带附近，由于受岩浆所散发的热量及气体挥发组分或流体的影响，使围岩发生重结晶、变质结晶和交代作用等。在整个变质过程中，一般无明显的应力作用。

一、接触交代变质岩

在接触变质作用中，由岩浆带来的热量及岩浆结晶晚期所析出的挥发组分和热水溶液与围岩发生交代作用，形成新矿物组合的变质作用，称为接触交代变质作用。此作用主要发生在岩浆侵入体与围岩的接触地带。由于具活动性的气水溶液常起到主导作用，因此有人将接触交代变质作用归入气成热液变质作用的范畴。此变质作用最常出现在中酸性及酸性侵入体与碳酸盐岩的接触带，岩浆侵入体中SiO_2、Al_2O_3、FeO部分带入围岩，而围岩中的CaO、MgO等组合转入岩体内，使二者之间发生了物质的交换（称双交代作用），形成一种新的岩石，称为矽卡岩。因此，常常可把此种变质作用称为矽卡岩化作用。

二、矽卡岩

矽卡岩是指发育在花岗岩与石灰岩接触带，由透辉石和石榴子石等所组成的一套岩石。资料表明，矽卡岩常常由石榴子石（钙铝榴石—钙铁榴石）、辉石（透辉石—钙铁辉石）及一些其他富钙的硅酸盐矿物（绿帘石、硅灰石等）组成，还常出现不定量的透闪石、阳起石、石英、方解石等矿物，各种矿物含量变化大，岩性相当复杂。肉眼观察，矽卡岩呈浅褐、红褐和暗绿等色；具细—粗粒、等粒或不等粒变晶结构；致密块状构造，有时也有斑杂状、带状构造，还常有一些大小不等的空洞或空隙，呈疏松多孔状，孔洞常被一些不规则状、被膜状或晶簇状的次生矿物所充填。由于矽卡岩中含较多的石榴子石，因而岩石相对密度较大。

按矿物成分的不同，矽卡岩可划分为以下两个类型：

(1) 钙质矽卡岩，主要是由钙铝榴石—钙铁榴石、透辉石—钙铁辉石系列的单斜辉石、硅灰石、符山石等富钙硅酸盐矿物组成的一类岩石。钙质矽卡岩是在浅处或中等深度条件下，由酸性或中酸性岩浆侵入体侵入石灰岩经高温交代作用而形成，是自然界最常见的矽卡岩。根据岩石中的主要矿物，钙质矽卡岩常见的岩石种属有：石榴子石矽卡岩、石榴子石—辉石矽卡岩、辉石矽卡岩、石榴子石—绿帘石矽卡岩及绿帘石矽卡岩、石榴子石—符山石矽卡岩及符山石矽卡岩等。对于细粒至粗粒的矽卡岩，因其组成矿物结晶较好，所以易于辨认；对于某些隐晶质致密状的矽卡岩，只能根据其产状（产于岩体与围岩接触带）、颜色、硬度、相对密度较大等作出判断，详细鉴定需在显微镜下观察。

(2) 镁质矽卡岩，主要是由镁橄榄石、透辉石、尖晶石、金云母和硅镁石、白云母等组成的一类岩石。镁质矽卡岩是由中酸性岩侵入到白云岩或白云质灰岩经接触交代形成的矽卡岩。根据岩石中主要矿物成分，镁质矽卡岩常可划分如下种属：透辉石矽卡岩、镁橄榄石—透辉石矽卡岩（蛇纹石化透辉石矽卡岩）、硅镁石—金云母矽卡岩、粒状硅镁石矽卡岩、金云母—橄榄石矽卡岩及金云母矽卡岩等。

矽卡岩在中国分布相当广泛，以长江中下游地区尤其是安徽省铜陵市一带最具代表性，其他各省区也有矽卡岩产出。与矽卡岩有关的矿产有：铁、铜、铅、锌、钨、锡、铋、钴、铍等；此外，还有硼、磷、稀土元素及金云母等矿产。

任务实施

一、目的要求

能够根据岩石的矿物组成和结构特征确定其接触变质类型。

二、资料和工具

(1) 工作任务单；
(2) 具有典型特征的接触变质岩手标本。

任务考评

一、理论考评

(1) 描述接触变质岩类的主要特征，并给出一个例子。

(2) 选择题。

① 接触变质岩类主要是由于哪种地质作用形成的？（　　）
A. 沉积作用　　　B. 岩浆侵入作用　　C. 构造应力作用　　D. 风化作用

② 接触变质岩类的特征不包括以下哪项？（　　）
A. 高温影响　　　　　　　　　B. 明显的空间分布特征
C. 沉积层序的变化　　　　　　D. 矿物的再结晶

③ 接触变质岩类中的角岩通常不含有以下哪种矿物？（　　）
A. 石榴子石　　B. 辉石　　　C. 长石　　　D. 生物碎屑

二、技能考评

给出一块接触变质岩样品的描述，包括其颜色、矿物组成和结构特征。请根据这些信息，尝试对该样品进行初步鉴定。

手标本描述：

薄片镜下描述：

成因分析：

定名：

结构素描图：

单偏光，d=＿＿＿mm　　　　　正交偏光，d=＿＿＿mm

视频38　动力变质岩类手标本的观察与描述

任务三　动力变质岩类的系统鉴定

📖 任务描述

动力变质岩类是一类在构造应力作用下，经历强烈的塑性变形和变质作用而形成的岩石（视频38、视频39）。这类岩石通常具有明显的定向构造特征，如条带状、片状或条带状构造，以及矿物的定向排列。动力变质岩类的系统鉴定对于理解地壳的构造活动、岩石变形机制以及区域构造演化具有重要意义。本任务旨在使学生掌握动力变质岩类的鉴定方法，包括岩石的构造特征分析、矿物组成和结构特征的观察，以及如何将这些特征与岩石的成因和构造环境联系起来。

视频39 动力变质岩类镜下薄片的观察与描述

相关知识

由动力变质作用形成的变质岩称为动力变质岩。因为动力变质作用常和构造运动有关，且以矿物的变形、破碎为主，所以动力变质岩又称为构造岩或碎裂变质岩。

一、构造角砾岩

由于应力作用使原岩破碎成角砾状，并被破碎细屑充填胶结或有部分外来物质胶结的岩石，将这样的结构称为破碎角砾结构。它是动力变质岩中碎裂程度最轻的岩石。根据应力性质不同，构造角砾岩可分为张性角砾岩、压性角砾岩和压扭性角砾岩。张性角砾岩的角砾碎块大小不一，边缘不整齐，排列杂乱无章，胶结物常有外来物质（碳酸盐、硅质、铁质等），有时还呈贝壳状围绕角砾碎块分布。压性或压扭性角砾岩的角砾因挤压而有圆化现象，呈次棱角状、次圆状，而且略呈定向排列，外源胶结物较少。

构造角砾岩在断层破碎带广泛分布，其厚度取决于破碎的强度，有时可厚达数百米，延伸数十至数百千米。

二、碎裂岩

具有碎裂结构或碎斑结构的岩石称为碎裂岩。

碎裂岩是原岩在较强的应力作用下，受到挤压破碎而形成。其粒化作用仅发生在矿物颗粒的边缘，而尚未达到糜棱阶段，因而颗粒间的相对位移不大，原岩的特征尚部分被保存下来，据此可以判断原岩的性质。

碎裂岩可由各种岩石破碎而成，但主要在刚性岩石中发育，长英质岩石中尤为常见（如花岗岩、砂岩等）。矿物除产生裂缝和机械破碎外，常发生晶面、解理面、双晶结合面的弯曲，云母等片状、柱状矿物弯曲扭折，石英呈压扁透镜状并被细粒的碎基围绕等现象。这些现象在手标本上有时都很明显，在矿物断面上可见到张开的裂缝，在颗粒边缘开口较大，向内呈楔形闭合（俗称喇叭口）。矿物边缘因发育碎边，颗粒界线模糊不清，光泽变暗等。此外颗粒的内部结构（粒内结构）也会在应力作用下发生相应的改变。如前述的光性异常（波状消光、一轴晶转变成二轴晶等）、变形双晶（或滑动双晶）的产生等。

碎裂岩中还可见到少量新生矿物的出现，如绢云母、绿泥石、绿帘石、方解石等。有时可见石英微粒聚集重结晶成较粗粒状，微粒间有铁质的浸染痕迹。碎裂岩一般不发育片理，多为块状构造，偶尔也具带状构造，各条带并非由片状矿物所分离，而是粗粒与细粒成相间条带。

碎裂岩在断裂带经常可见，如河南省南阳市桐柏地区的碎裂花岗岩、碎裂斜长角闪岩，北京密云有碎裂片麻岩，山东泰山有碎裂花岗闪长岩等。后者呈暗褐—红褐色，多具碎边，镜下可见波状消光。长石也多被压碎，晶面不显，镜下可见双晶纹扭弯。此外有少量新生矿物，如绿帘石、黝帘石、榍石等。

三、糜棱岩

具有糜棱结构的岩石称为糜棱岩。糜棱岩是强烈破碎塑性变形作用所形成的岩石，常分布在断裂带两侧。由于压扭应力的作用，使岩石发生错动，研磨粉碎，并由于强烈的塑性变形，使细小的碎粒处在塑性流变状态下而呈定向排列。糜棱岩的粒度细小、但一般比较均匀，外貌致密，坚硬，需借助显微镜才能分辨颗粒轮廓，有时在断面上可见透镜状定向排列的碎斑。糜棱岩常由花岗质岩石和砂岩类岩石形成，所以主要矿物成分是石英和长石。并常被压扁、拉长，石英碎粒还可出现平行光轴的波状消光带。在磨碎的基质中有时残留有稍大的石英、长石单个晶粒（或碎屑），或由两者集合构成的眼球状体。眼球状体中同样可见波状消光和解理双晶纹的弯曲。此外，如有比碎基坚硬的矿物存在，则在压性或压扭性应力作用下溶解转移的物质可在该矿物两端的孔隙中沉淀，形成压力影。根据压力影的对称情况，可判断应力是压性或压扭性。

糜棱岩常具条带状和纹层状构造，条带和纹层的形成系由矿物成分、颜色、颗粒大小等差别造成的。糜棱岩中也常见一部分新生矿物出现，如绿泥石、绢云母、多硅白云母、绿帘石、滑石、蛇纹石等。这些矿物常作定向排列，致使条带构造更趋明显。

四、千枚糜棱岩（千糜岩）

千糜岩在矿物成分组合和外表上与千枚岩相似，但其成因不同于千枚岩，而是和糜棱岩一样，是强烈破碎作用所形成。但其明显的重结晶又与糜棱岩不同，因而在矿物成分和结构上都有区别。

千糜岩中的矿物颗粒也很细小，其中石英、长石常重结晶集合构成"扁豆状体"，石英常沿光轴方向作定向排列。此外还形成大量新生矿物，如绢云母、绿泥石、钠长石、绿帘石、方解石等。

千糜岩具发育的片理构造，外貌上可见一组或几组片理，或紧密的小褶曲。显微镜下也可见到云母片的定向排列和弯曲等。

千糜岩沿断裂带分布时，与碎裂岩、糜棱岩伴生。

任务实施

一、目的要求

能够根据岩石的构造特征和矿物组成确定其动力变质类型。

二、资料和工具

（1）工作任务单；
（2）具有典型特征的动力变质岩手标本。

任务考评

一、理论考评

（1）描述动力变质岩类的主要构造特征，并给出一个例子。

(2) 选择题。
① 动力变质岩类通常形成于哪种地质作用？（　　）
A. 沉积作用　　　B. 火山作用　　　C. 构造变形作用　　　D. 热液作用
② 以下哪种构造不是动力变质岩类的特征？（　　）
A. 条带状构造　　B. 片状构造　　　C. 层状构造　　　　　D. 碎裂构造
③ 动力变质岩类中的糜棱岩主要形成于：（　　）
A. 低温高压环境　　　　　　　　B. 高温低压环境
C. 高温高压环境　　　　　　　　D. 低温低压环境
④ 以下哪种岩石不是典型的动力变质岩？（　　）
A. 碎裂岩　　　　B. 糜棱岩　　　　C. 片麻岩　　　　　D. 角砾岩

二、技能考评

给出一块动力变质岩样品的描述，包括其颜色、矿物组成和构造特征。请根据这些信息，尝试对该样品进行初步鉴定。

手标本描述：
_____
_____

薄片镜下描述：
_____
_____
_____

成因分析：
_____
_____

定名：
结构素描图：

单偏光，d=____mm　　　　　　正交偏光，d=____mm

任务四　交代变质岩类的系统鉴定

任务描述

交代变质岩类是在岩石遭受热液流体交代作用过程中形成的一类变质岩石（视频40、

视频40 交代变质岩类手标本的观察与描述

视频41 交代变质岩类镜下薄片的观察与描述

视频41）。这种交代作用通常由富含化学物质的热液溶液引起，导致岩石中原有矿物被新的矿物所替代，从而形成具有特定化学成分和结构特征的变质岩石。交代变质岩类的系统鉴定对于理解区域热液活动、成矿过程，以及岩石的物质和能量交换具有重要意义。本任务旨在使学生掌握交代变质岩类的鉴定方法，包括岩石的矿物组成、结构、构造特征的观察，以及如何将这些特征与岩石的成因和地质背景联系起来。

相关知识

交代变质岩是在气液态的溶液影响下由于交代作用使原岩发生变质所形成的岩石。交代作用是一种伴随有化学成分改变的变质作用。交代变质岩的化学成分和矿物成分，与原岩相比较，都有显著的变化，所以交代作用又称为蚀变作用。

交代变质岩的种类较多，变化也较复杂。根据交代作用的产物和原岩的成分可将交代变质岩分为以下主要类型：蛇纹岩原岩成分相当于超基性岩的交代变质岩。青磐岩原岩成分相当于中基性岩的交代变质岩。云英岩、黄铁绢英岩、次生石英岩原岩成分相当于中酸性岩的交代变质岩。矽卡岩原岩成分大多为碳酸盐岩的交代变质岩。

一、蛇纹岩

蛇纹岩主要是由超基性岩受低—中温热液交代作用，使原岩中的橄榄石和辉石发生蛇纹石化所形成。

蛇纹岩一般呈暗灰绿色、黑绿色或黄绿色，色泽不均匀。风化后颜色变浅，可呈灰白色。质软，具滑感。常见为隐晶质结构，镜下见显微鳞片变晶结构或显微纤维变晶结构，当保留有橄榄石或辉石的交代假象时，则为变余粒状结构等。致密块状或带状、交代角砾状等构造。矿物成分比较简单，主要由各种蛇纹石组成，如纤维蛇纹石、叶蛇纹石、胶蛇纹石、绢石、石棉等。次要矿物有磁铁矿、钛铁矿、铬铁矿、尖晶石、水镁石和镁铁碳酸盐矿物。橄榄石和辉石常呈残余矿物出现。其他尚有少量滑石、直闪石、透闪石、阳起石等。根据其所含的主要蛇纹石变种，可分为叶蛇纹岩、纤维蛇纹岩、复成分蛇纹岩等。

蛇纹岩的化学成分与超基性岩相似（即富铁镁而贫硅钙和碱金属），但水的含量往往较高。因此一般认为蛇纹石化作用主要是水化过程，也可能伴有部分SiO_2的加入（硅化）和CO_2的影响。

蛇纹岩在较大的超基性岩中常分布于岩体顶部呈帽盖状或分布于岩体边缘；有时也呈脉状或不规则状。较小岩体往往全部蚀变成蛇纹岩。

蛇纹岩的分布较广，中国内蒙古、祁连山、秦岭、西藏、云南和四川西部都有大量的蛇纹岩和蛇纹石化岩石分布。

与蛇纹岩有关的矿产有铬、镍、钴、铂、石棉、滑石、菱镁矿等。蛇纹岩也是一种良好的化肥配料。

二、青磐岩

青磐岩是中性以及基性成分的浅成岩、喷出岩和火山碎屑岩在中—低温热液作用下，特

别是在含 H_2S、CO_2 的热液作用下经蚀变作用所形成。由于在安山质火山岩中最为发育，因此又叫变安山岩。

青磐岩一般呈灰绿色、暗绿色。隐晶质，但往往具变余斑状结构及变余火山碎屑结构。块状、斑块状、角砾状构造。矿物成分较复杂，主要有阳起石、绿帘石、绿泥石、钠长石、碳酸盐等，此外还常见有冰长石、沸石、葡萄石、明矾石、黄铁矿、黄铜矿、闪锌矿、方铅矿等。

青磐岩分布较广泛，尤其在活动区常作区域性分布。青磐岩既可单独出现，也可作为次生石英岩的最外带，即分布于次生石英岩和未蚀变岩石之间，成为过渡至原岩的边缘带，有时则分布于矿脉附近。

与青磐岩有关的矿产有铜、铅、锌等多金属硫化物和金、金—银脉状矿床等，例如，中国安徽庐江某些含铜石英脉附近的玄武安山岩可见蚀变为青磐岩的现象。

三、云英岩

云英岩是由酸性侵入岩受气成高温热液交代作用蚀变所形成的岩石。有时侵入体的顶板围岩（泥质岩、砂岩、千枚岩、片岩等）中也可见到。

云英岩主要是由白云母和石英组成的岩石，此外还常含有萤石、黄玉、电气石、锂云母、绿柱石等富含挥发组分的矿物。常见的金属矿物有黑钨矿、锡石、辉钼矿、辉铋矿、黄铜矿、黄铁矿、毒砂等。石英含量常大于 50%，甚至达到 90% 以上，白云母含量小于 40%，电气石、黄玉及萤石的总量一般不超过 20%~30%。

云英岩的颜色较浅，一般为浅灰、浅灰绿色。花岗变晶结构或鳞片花岗变晶结构，交代残留结构也常见，块状构造。

云英岩主要发育在花岗岩或花岗斑岩岩体的顶部和边缘，或在矿脉两侧呈脉状、网状等。在云英岩发育地段，常可见不同类型的云英岩的分带现象：直接靠近矿脉发育电气石云英岩，向外依次发育黄玉云英岩、萤石云英岩、白云母云英岩和云英岩化岩石，但一般没有这样完全。

云英岩是重要的找矿标志，经常伴有钨、锡、铋、钼及稀土元素等矿床，中国江西、广西、湖南等地有广泛分布。

📖 任务实施

一、目的要求

能够根据岩石的矿物组成和结构特征确定其交代变质类型。

二、资料和工具

（1）工作任务单；
（2）具有典型特征的交代变质岩手标本。

📖 任务考评

一、理论考评

（1）描述交代变质岩类的主要构造特征，并给出一个例子。

（2）选择题。

① 交代变质岩类的形成主要是由于：（　　）
A. 物理风化　　　　　　　　B. 沉积作用
C. 热液流体的交代作用　　　D. 构造应力作用

② 以下哪种矿物不是交代变质岩类中常见的矿物？（　　）
A. 方解石　　　B. 石英　　　C. 生物碎屑　　　D. 绿帘石

③ 交代变质岩类中的大理岩通常由哪种矿物占主导地位？（　　）
A. 长石　　　B. 云母　　　C. 方解石　　　D. 石榴子石

④ 以下哪种岩石不是典型的交代变质岩？（　　）
A. 绿帘岩　　　B. 大理岩　　　C. 片麻岩　　　D. 青磐岩

二、技能考评

给出一块交代变质岩样品的描述，包括其颜色、矿物组成和构造特征。请根据这些信息，尝试对该样品进行初步鉴定。

手标本描述：
_____
_____
_____

薄片镜下描述：
_____
_____
_____

成因分析：
_____
_____
_____

定名：_____

结构素描图：

单偏光，d=_____ mm　　　　　　正交偏光，d=_____ mm

任务五　混合岩类的系统鉴定

📖 任务描述

混合岩类是一类在地壳深处，由于高温和高压的地质环境，岩石经历了复杂的物理和化学变化，导致原有岩石与新形成的矿物或岩石组分混合在一起的变质岩石（视频42、视频43）。这类岩石的形成通常与岩浆活动、区域变质作用以及构造运动有关。混合岩类的系统鉴定对于理解地壳的物质循环、岩石的成因以及地质历史具有重要意义。本任务旨在使学生掌握混合岩类的鉴定方法，包括岩石的矿物组成、结构、构造特征的观察，以及如何将这些特征与岩石的成因和地质背景联系起来。

视频42　混合岩类手标本的观察与描述

视频43　混合岩类镜下薄片的观察与描述

📖 相关知识

混合岩是原变质岩受混合岩化作用改造的产物，残留的变质岩基体和长英质新生脉体是它们的基本组成。所以基体和脉体的数量关系，基体变质岩遭受改造的程度，脉体与基体之间的配置关系（即混合构造），脉体的岩石类型等是混合岩进一步划分的依据。根据脉体与基体的量比，混合岩分为三大类，即混合岩类、混合片麻岩类和混合花岗岩类。其中混合岩类脉体含量占次要地位，大约为岩石体积的15%～50%；混合片麻岩中脉体约占50%～85%；混合花岗岩类中长英质物质占了绝大部分，即大于85%。对于那些脉体低于15%的混合岩，可称之为"混合岩化的变质岩"。

一、混合岩类（注入混合岩类）

混合岩常见的类型有：

（1）分支状（网脉状）混合岩脉体数量较少，呈分支细脉状不规则地穿插在变质岩的基体之中，界限清楚，交代结构不发育。

（2）角砾状混合岩脉体沿变质原岩的裂隙或片理等注入，把基体切割成角砾状。角砾通常为片理不好的块状变质岩，并富含铁镁矿物，有时也可为暗色黑云母片麻岩类。角砾状混合岩中，基体和脉体的数量变化较大，角砾与脉体之间的界线一般较明显，但有时也可见到有反应带存在。

（3）眼球状混合岩基体多为片理发育的岩石，一般是片麻岩或片岩。脉体沿片理注入呈眼球状、透镜状或串珠状，有时晶形相当完好，成为交代斑晶。眼球的成分通常是碱性长石，以微斜长石最为常见，粒度大小从几毫米到几厘米不等。

（4）条带状混合岩也称层状或平行脉状混合岩。浅色的脉体与暗色的基体之间呈条带状互层，侧面上看黑白相间，非常清楚。条带状混合岩的原岩通常为片理发育的各种片岩或暗色片麻岩类。一般情况下，脉体和基体界限明显，但有时在脉体边缘可出现因交代作用所形成的黑云母片的薄边，甚至在基体与脉体间出现类似片麻岩的过渡带。

（5）肠状混合岩长英质脉体呈复杂的肠状揉皱，分布在片理发育的片岩或片麻岩中，两者大多整合接触，有时也见到脉体切穿基体的现象。肠状褶皱的规模不一、变化很大，最大的也超不过几米。其形成时的温度较高，基体也有塑性变形，肠状褶皱与塑性状态下的挤压有关。

二、混合片麻岩类

由于混合岩化强烈，残留基体小于50%，基体和脉体之间界限很不清楚，显典型的片麻构造。常见的类型有眼球状混合片麻岩、条带状混合片麻岩和条痕状混合片麻岩。进一步命名是辅之以暗色矿物成分，如角闪石眼球状混合片麻岩、黑云母条带状混合片麻岩等。

三、混合花岗岩类

混合花岗岩类是混合岩化作用最强烈的产物，在岩性上与岩浆成因的花岗岩极为相似。此时基体与脉体已无法分辨，岩性比较均一，但有时在其中仍能见到不同程度的隐约的片麻理或星云状斑点。命名原则是：构造+暗色矿物+混合花岗岩，如云染状黑云母混合花岗岩、斑点状角闪斜长石混合花岗岩等。

混合花岗岩和岩浆成因花岗岩相比有如下特点：
（1）混合花岗岩与结晶片岩之间是通过各类混合岩而相互过渡；
（2）多少具有片麻构造；
（3）有一定数量的角闪岩、大理岩、磁铁石英岩等暗色残留体；
（4）暗色矿物的含量很不均匀；
（5）不具岩相分带、流动构造和接触变质等现象。

以上概要地叙述了混合岩的特点及其形成条件。实际上，由于原岩性质上的差异和不均匀性，构造环境的不同，更由于混合岩化程度的不同，常存在一系列的过渡变化，这些变化表现在混合岩的构造特点上也就不同。

任务实施

一、目的要求

根据岩石的矿物组成和结构特征确定其混合岩类型。

二、资料和工具

（1）工作任务单；
（2）具有典型特征的混合岩手标本。

任务考评

一、理论考评

（1）描述混合岩类的主要构造特征，并给出一个例子。

（2）选择题。
① 混合岩类通常形成于哪种地质环境？（　　　）
A. 深海海沟　　　B. 沉积盆地　　　C. 岩浆侵入体附近　　　D. 火山喷发区域

② 混合岩类的特征不包括以下哪项？（   ）
A. 岩石的混合结构　　　　　　B. 明显的定向构造
C. 单一的矿物组成　　　　　　D. 复杂的岩石组分
③ 混合岩类的形成通常与哪种作用无关？（   ）
A. 岩浆活动　　B. 区域变质作用　　C. 沉积作用　　D. 构造运动
④ 以下哪种矿物不是混合岩类中常见的矿物？（   ）
A. 钾长石　　　B. 云母　　　　C. 石英　　　　D. 生物碎屑

二、技能考评

给出一块混合岩样品的描述，包括其颜色、矿物组成和构造特征。请根据这些信息，尝试对该样品进行初步鉴定。

手标本描述：_____
_____
_____

薄片镜下描述：_____
_____
_____

成因分析：_____
_____

定名：
结构素描图：

单偏光，$d=$_____ mm　　　　　　正交偏光，$d=$_____ mm

— 171 —

学习情境五　沉积岩的系统鉴定

沉积岩是由母岩风化产物及火山碎屑等其他原始物质，经过搬运、沉积和成岩作用而形成的一类岩石（视频44）。它是组成岩石圈的三大岩类之一，仅分布于地壳表面，其露出面积约占大陆面积的75%，是地壳发展历史的重要记录。一层层的沉积岩犹如万卷书画向人们展示了地壳的发展历程。沉积岩中含有的丰富矿产给人类提供了可燃性矿产。作为重要建筑材料的水泥也是沉积岩的加工制品。同时沉积岩的系统鉴定与描述，是生产及科研现场的基本工作内容，是地质勘探技术从业人员的一项最基本技能。那么，该从哪几方面入手来鉴定沉积岩呢？本情境从识别沉积岩特征入手，介绍沉积岩的颜色、结构与构造、分类及常见沉积岩的系统鉴定。

视频44　沉积岩的概念及成分

知识目标

（1）掌握沉积岩的定义、分类、基本特征及形成过程；
（2）掌理陆源碎屑岩的概念与分类，掌握陆源碎屑岩的结构、构造特征及命名；
（3）理解碳酸盐岩的概念与分类，掌握碳酸盐岩的成分及结构组分；
（4）掌握常见沉积岩手标本和薄片的鉴别方法与技巧。

技能目标

（1）能够正确区分沉积岩、变质岩、岩浆岩；
（2）能够系统地观察分析沉积岩的化学组成、结构、构造；
（3）能够根据沉积岩的矿物组分、结构特征，进行沉积岩定名及成因分析；
（4）能够综合、准确鉴别常见沉积岩手标本和薄片并填写鉴定报告。

项目一　沉积岩分类及常见沉积构造的鉴定

任务描述

沉积岩是组成岩石圈的三大类（岩浆岩、变质岩、沉积岩）岩石之一（视频45）。它是在地壳表层或地表不太深的地方，在常温常压条件下，由母岩（岩浆岩、变质岩、先成的沉积岩）的风化产物、生物来源的物质、火山物质、宇宙物质等原始物质，经过搬运作用、沉积作用以及成岩作用所形成的一类岩石。沉积岩层记录了地球的地质历史，包括古气候、古环境、生物演化等信息，通过研究沉积岩，科学家可以重建过去的环境条件和生物多样性；沉积岩的孔隙结构和渗透性对地下水的储存和流动至关重

视频45　沉积岩的颜色和结构

要，研究沉积岩可以帮助我们更好地理解地下水资源的分布和运动；沉积岩中的化石和化学成分可以反映过去的环境变化，如海平面变化、气候变化等，这对于理解当前和预测未来的环境变化具有重要意义；许多重要的矿产资源，如石油、天然气、煤炭、金属矿等，都与沉积岩有关，了解沉积岩的形成过程和分布规律有助于资源的勘探和开发。那么沉积岩是如何分类的呢？以及如何鉴定沉积岩？本任务将从以上2个问题展开，要求学生能够了解沉积岩的分类，同时掌握沉积岩的构造特征。

相关知识

一、沉积岩的分类

沉积岩类型多样，一般按其原始物质来源和成因进行分类（表5-1）。

表5-1 沉积岩分类表（据冯增昭等，1993）

主要由母岩风化产物组成的沉积岩		主要由火山碎屑物组成的沉积岩	主要由生物遗体组成的沉积岩
陆源碎屑（沉积）岩	化学（沉积）岩		
砾岩 粉砂岩	砂岩 黏土岩	碳酸盐岩 硫酸盐岩 卤化物岩 硅岩 其他（铁、铝、锰、磷）化学岩	火山碎屑岩	可燃有机岩 非可燃有机岩

主要由母岩风化产物组成的沉积岩是最主要的类型，它可以根据母岩风化产物的类型（碎屑物质）和其搬运沉积作用的不同（机械作用和化学作用）再划分为两类：碎屑岩和化学岩。

碎屑岩还可以根据其主要的特征（粒度）再进一步的划分为砾岩、砂岩、粉砂岩和黏土岩。化学岩还可以根据其主要成分特征，再进一步划分为碳酸盐岩、硫酸盐岩、卤化物岩、硅岩及其他化学岩。

二、沉积岩的构造

沉积岩的构造是指沉积岩的各个组成部分之间的空间分布和排列方式，它是沉积物沉积时和沉积之后，由于物理作用、化学作用及生物作用形成的（视频46）。沉积岩构造类型极其多样复杂，是沉积岩相互区别的重要标志，是判断沉积岩形成条件和确定沉积环境的重要标志，是沉积岩系统鉴定的重要内容，也是沉积相研究的最主要内容之一。通常依据沉积岩构造的成因将其分为物理成因（或机械成因）的构造、化学成因的构造和生物成因的构造，次一级分类是按构造的形态进行（表5-2）。

视频46 沉积岩的构造

表5-2 沉积构造的分类（据冯增昭等，1993）

	机械成因的				化学成因的	生物成因的
	流动成因的		侵蚀成因的	同生变形成因的	暴露成因的		
波痕	风成波痕 浪成波痕	流水波痕 干涉波痕	槽模 侵蚀模 冲刷充填构造 侵蚀面	负荷构造 球枕构造 包卷构造 滑塌构造 碟状构造 砂岩岩脉和岩床	泥裂 雨痕 冰雹痕	盐晶痕 冰晶痕 结核	生物遗迹构造 生物扰动构造 植物根痕
层理	水平层理 波状层理 压扁层理 递变层理 块状层理	平行层理 交错层理 透镜状层理 韵律层理					

— 173 —

1. 层理构造

层理是碎屑沉积岩中最典型、最常见的沉积构造之一，是通过碎屑岩石中的矿物成分、结构、颜色等特征，沿垂向发生变化而显现出的成层构造。

层理由细层、层系、层系组等要素组成。细层（图 5-1），也称纹层，是组成层理的最基本、最小的单位，是在一定条件下同时沉积的结果，其厚度甚小，一般为毫米级大小，数可达厘米级大小。层系，是由许多同类型纹层平行叠置而成，是在相同沉积条件下，一段时间水动力条件相对稳定的产物。层系组，也称层组，是由两个或多个相同性质的层系叠覆而成，其间无明显间断。岩层，简称层，是地层的基本单位，由成分基本一致的岩石组成，一个层内可包括一个或多个纹层、层系、层系组。在自然界，常见的层理构造有下列几种类型（图 5-1）。

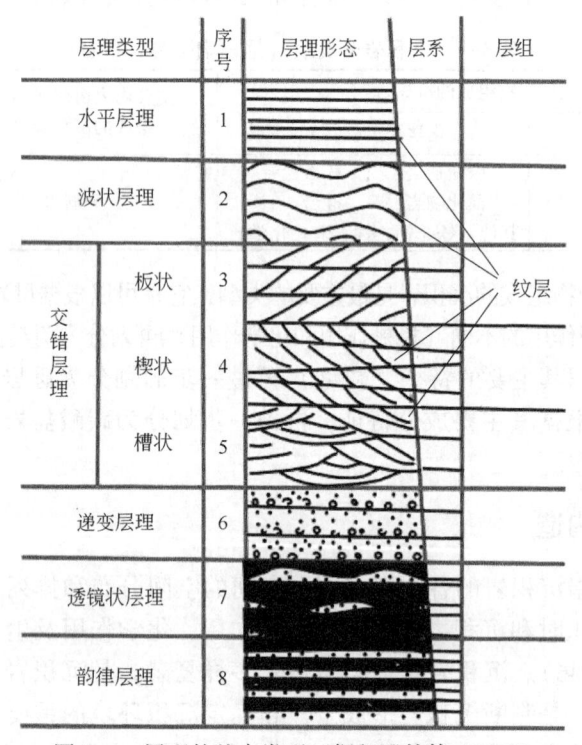

图 5-1 层理的基本类型（据赵澄林等，2001）

1) 水平层理与平行层理

水平层理与平行层理是碎屑岩中常见而相似的层理类型。水平层理的特点是，在剖面上纹层的界面呈直线状、彼此互相平行且平行于岩层层面、纹层厚度固定，一般 1~2mm 或更薄，在平面上分布稳定，多由粉砂和泥质沉积物组成，是静水或深水环境沉积的产物。平行层理的宏观形态与水平层理极相似，差别是平行层理主要见于细砂及中砂岩内，纹层厚度较大、侧向延伸较差，多由粒度大小不同的纹层叠覆而成，沿层理面剥开可见具有明显方向性的剥离线理构造（图 5-2），是在高流态平坦床砂水流机制下形成的。

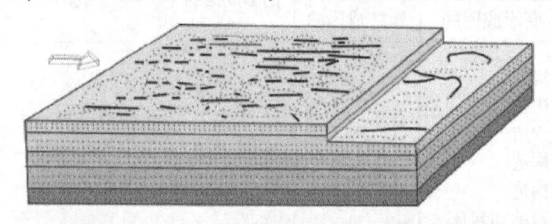

图 5-2 平行层理中的剥离线理构造示意图

2) 波状层理

波状层理是常见的层理类型，其特点是在剖面上纹层呈对称或不对称波曲状，其总的方向平行于岩层层面，多由粉砂和泥质沉积物组成。主要是由振荡运动的波浪造成，也可由单向水流的前进运动形成，前者常呈对称的波曲状，后者常呈不对称的波曲状。多形成于海、湖的浅水粉砂和泥质交互带、河漫滩、潟湖及海湾等环境中。

3) 交错层理

交错层理是由一系列彼此交错、重叠、切割的细纹组成。按其层系形态可分为板状、楔状、槽状三种基本类型。板状交错层理的层系界面为平面，且彼此平行。大型板状交错层理常见于河流沉积之中，其层系底面有冲刷面纹，层内常有下粗上细的粒度变化，有的纹层向下收敛。楔状交错层理的层系界面也为平面，但不相互平行。楔状交错层理常见于海、湖的浅水区和三角洲沉积。槽状交错层理的层系底界面为槽形冲刷面。大型槽状交错层理多见于河床沉积中，其层系底界冲刷面明显，底部常有泥砾。交错层理在各类砂岩、颗粒石灰岩中常见，对于判断介质性质、水动力强弱、沉积环境均有重要意义。

4) 其他层理类型

递变层理又称粒序层理，特点是在垂直岩层面的方向上粒度有明显的变化，即沉积物粒度一般自下而上由大变小，除粒度变化外无明显纹层。就其内部特征可分两种基本类型，其一是颗粒全部向上渐细，表明是在水流强度逐渐减弱的环境中沉积形成[图5-3(a)]；其二是仅由粗粒物质向上渐细、细粒物质在下部和上部都有分布，表明是悬浮物质在流速降低时因重力分异而整体堆积的结果[图5-3(b)]。此外偶尔可见粒度自下而上由小变大的反递变层理。递变层理多是沉积物重力流以悬浮、递变悬浮搬运和沉积作用所形成，具独特的指相意义，在河流、海流等其他环境中也可孤立地零星形成。

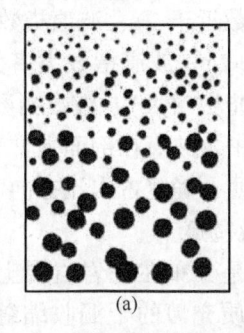

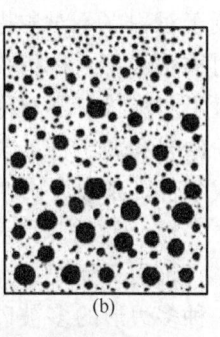

图5-3 递变层理的两种基本类型

韵律层理是由成分、结构或颜色等不同类型纹层有规律重复出现而构成的层理。如由砂泥间互组成的韵律层理主要见于湖泊环境和河流环境。

均质层理或称块状层理，是整个岩层或岩层内的某个层状部分的成分、结构或颜色都是均一的，或虽很杂乱，但却具有某种宏观的均一性，既没有纹层或纹理显示，也不是其他层理的构成部分，该岩层或层状部分就具有块状层理（图5-4），是碎屑物质快速补偿、快速沉积所致，也可因强烈生物扰动作用形成。

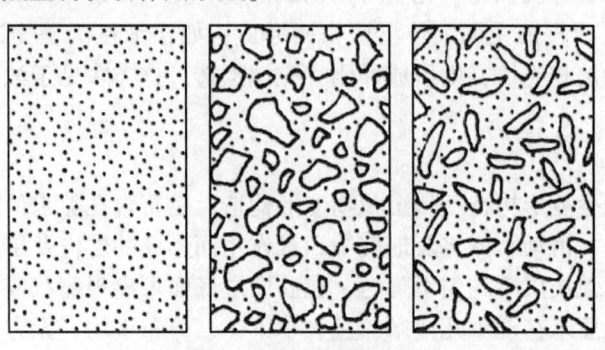

图5-4 均质层理素描图

2. 层面构造

层面构造是指岩层表面呈现出的各种构造痕迹，沉积岩中常见的层面构造有波痕、干裂、雨痕及雹痕、冲刷面等。

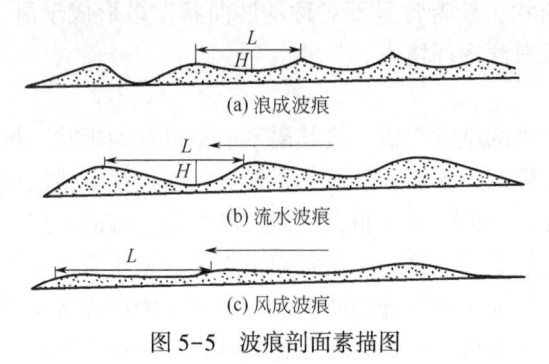

1）波痕

波痕是岩石层面上常见的沉积构造，是由风、水流或波浪等介质的运动，在沉积物表面所形成的一种波状起伏的层面构造，常见于砂岩、粉砂岩岩层表面。波长与波高之比（L/H）称为波痕指数，缓坡水平投影长度与陡坡水平投影长度之比（L_1/L_2）称为不对称指数。按成因，波痕可分为浪成的、流水的、风成的三种类型（图5-5）。

图5-5 波痕剖面素描图
(a) 浪成波痕
(b) 流水波痕
(c) 风成波痕

浪成波痕以波峰尖锐波谷圆滑、对称或近于对称（不对称指数近于1）、波痕指数多为6~7为特色；流水波痕以峰谷均较圆滑、不对称状（不对称指数>2）、波痕指数大多为8~15或更大为特色；风成波痕多为谷宽峰窄、极不对称状（不对称指数很大）、波痕指数一般在15~20以上为特色。波痕多发育在砂岩、粉砂岩和颗粒石灰岩中，波痕在剖面上常表现为各种交错层理。研究波痕，可了解岩石的形成条件、判断介质性质、确定古水流方向、划定岸线位置，因而具有重要意义。

2）干裂、雨痕及雹痕

干裂又称泥裂，是分布在泥岩岩层上表面的一种多边形的多被砂质充填的干涸收缩缝。在层面上呈龟裂状多边形（一般大数厘米至数十厘米），剖面上呈 V 字形（深数毫米至数厘米），V 字形裂纹内均被上覆砂质物质充填（图5-6）。雨痕和雹痕是雨滴或冰雹降落在泥质沉积物表面所形成的椭圆或不规则形凹穴，少见。此3种构造均是干旱的古气候和曝露古地理环境的重要标志，也可指示岩层的顶底。

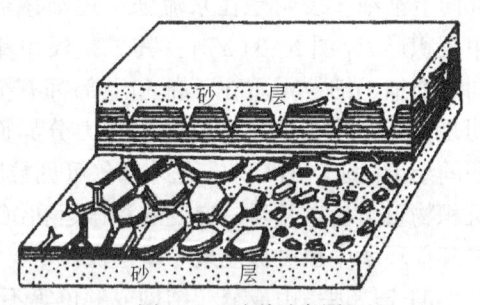

图5-6 干裂示意图

3）冲刷面

冲刷面是泥质或粉砂泥质沉积物表面经水流或波浪、潮汐冲刷作用造成的凹凸不平的表面，当其被砂屑及砾石等沉积物所充填时则构成冲刷—充填构造。冲刷面是水流强度突然增大达到"上部流态"时侵蚀先期细粒沉积物而形成；如在细粒沉积物遭受侵蚀的同时，有较粗的砂屑与砂石的沉积充填，则形成冲刷—充填构造。这类多见于浊流、河流、潮坪等环境中。

3. 变形构造

变形构造或称同生变形构造、软沉积物变形构造，是富含孔隙水的砂泥互层沉积物在固结成岩之前，受重力、滑动、流水及地震等因素作用而形成的层内及层面的变形构造。

当砂质层向其下泥质层不均匀下陷时，在砂质层底面可出现瘤状或丘状的隆起形态，突出深度从几毫米至几厘米甚至十几厘米，且大小不一、分布不均、无方向性，这些隆起形态则称为"重荷模"，又称"负载构造"。当下陷的瘤状体继续向泥质层陷落，最终完全脱离砂层底面，这些沉陷于泥质沉积物内的、大小不一的球形或枕状砂质体则称为"沙球"或"沙枕"。与其伴生的常有包卷层理和火焰构造。

当饱含孔隙水的较厚砂层受到不均匀压实作用时，孔隙水会向上运动同时穿透砂层内的纹层并使纹层变形，于是在砂层剖面上会出现一些向上弯曲的、大致平行的、若断若续的、模糊的弧形或碟状纹层，直径多为数厘米，则称其为"碟状构造"。沉积于水下斜坡或阶地上的砂泥沉积物在重力作用下由于滑动而形成的一种变形构造，称为"滑塌构造"。其特征是变形、揉皱、撕裂、破碎、岩性混杂，还常伴有小断裂。主要分布在坡脚地带或同沉积断层下降盘，该构造指示深水—半深水斜坡环境，有时也见于三角洲前缘。

4. 生物成因的构造

生物在沉积物内部或表层活动时，会破坏原来的沉积构造，同时遗留下各种生物痕迹，这些统称为生物成因构造，包括生物痕迹构造、生物扰动构造和植物根痕。

生物在沉积物中生活或活动将留下各种痕迹，即"生物痕迹构造"，又称为生物痕（遗）迹化石（图5-7）。生物在沉积物中活动还可使沉积物中原有的各种构造形态遭受破坏和改造，则形成"扰动构造"。根据层理的破坏程度分为规则层、不规则层、明显斑点、模糊斑点和均一层，相应的扰动级别是无扰动、弱扰动、中等扰动、较强扰动和强扰动。

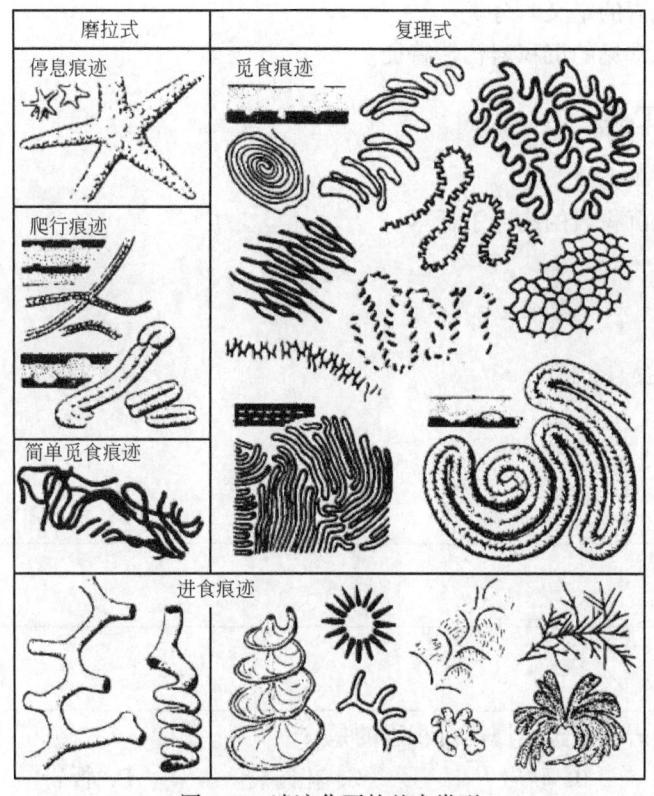

图 5-7 遗迹化石的基本类型

植物根痕是生长在沉积物中的植物在原地所留下来的痕迹，常见者是植物的根系，故又称"根土岩"。它是潮湿气候暴露环境的标志，常见于沼泽、河漫滩、三角洲平原等环境。

5. 化学成因的构造

化学成因构造是沉积物形成过程中经化学作用所形成的构造，常见的有：

晶体印痕是在泥质沉积物内或其表面形成的盐类的结晶物质，经交代置换作用留下原来的晶体的假象。如产于红色泥岩、页岩中的石盐晶体假晶或印痕，可指示干旱气候。

结核是分布在砂泥岩中的化学成因的结核状矿物集合体，可呈球状、饼状、扁豆状或串、珠状等形态，形状大小不一，在岩层内可单个产出，或成群成带出现。结核可以指示沉积岩的形成阶段及化学变化过程。

对沉积构造的观察研究，在定性定名的同时，还应从"量"上进行研究，如层理中的细层和层系、藻叠层中纹层的厚度，交错层理中纹层间交角的大小，波痕指数，槽模高宽及密集度，冲刷面、缝合线等的起伏规模，干裂的垂直深度和水平宽度，晶痕、鸟眼、结核、虫孔的大小和多少等。对各种层理、冲刷、滑塌、包卷层理、鸟眼、结核、藻叠层等构造，还应注意其颜色、粒度和成分等特征，以获取系统、全面的信息。

任务实施

一、目的要求

（1）掌握沉积岩的定义与分类；
（2）能够掌握常见的沉积岩构造特征。

二、资料和工具

（1）工作任务单；
（2）各种常见沉积岩的构造手标本。

任务考评

一、理论考评

（1）名词解释。
①沉积岩

②层系

③纹层

（2）请在下列岩石中选出属于沉积岩的是（　　）。
A. 大理岩　　　B. 砂岩　　　C. 花岗岩　　　D. 板岩
（3）沉积岩可以分为哪几类？

(4) 水平层理和平行层理的异同点。
_____
_____
_____

(5) 判断题。
① 沉积岩中不含有化石。（   ）
② 沉积岩在地壳表层分布甚广，陆地面积的大约 3/4 为沉积物（岩）所覆盖着；海底的面积几乎全部被沉积物（岩）所覆盖。（   ）
③ 沉积岩构造是指构成沉积岩的各部分的空间分布和空间排列方式所显现出的宏观特征。（   ）
④ 沉积岩的构造和颜色是沉积岩最直观的特征，是研究岩相古地理的重要依据，也是研究储层和油田开发的重要内容。（   ）
⑤ 原生沉积构造，它不能反映当时沉积环境的特点。（   ）

二、技能考评

根据实训室常见沉积岩的构造手标本，绘制其素描图。

(1) 水平层理　　　　　　　　　　　　(2) 平行层理

(3) 板状交错层理　　　　　　　　　　(4) 楔状交错层理

(5) 槽状交错层理　　　　　　　　　　(6) 递变层理

(7) 干裂　　　　　　　　　　　　　　(8) 冲刷面

项目二　陆源碎屑岩结构组分与结构特征的鉴定

任务描述

陆源碎屑岩常简称为碎屑岩，是主要由母岩风化产物（含碎屑物质和新生成的黏土矿物）经机械搬运、机械沉积和成岩作用形成的一类沉积岩。可以通过研究陆源碎屑岩中的碎屑颗粒识别其来源，因为不同母岩会有不同的矿物组合和特征，这有助于了解古地理环境和构造活动。通过碎屑岩的结构特征如分选性、磨圆度、颗粒大小等，可以揭示搬运距离、水动力条件以及搬运介质的流动特性。通过碎屑岩的结构成熟度揭示了风化、搬运、沉积过程中碎屑颗粒的改造程度，是了解沉积环境演化的重要依据。最重要的对于砂岩这类陆源碎屑岩，其孔隙结构和孔隙度直接影响其作为油气储层的性能，因此其结构特征对于油气勘探和开发具有极其重要的实际意义。故本任务主要重点介绍陆源碎屑岩结构组分与结构特征。碎屑岩的成分常分为碎屑颗粒和填隙物两类。

相关知识

一、碎屑岩中骨架颗粒成分特征

骨架颗粒，按其成分与结构特征，常可分为矿物碎屑和岩石碎屑。

1. 矿物碎屑

从理论上讲，母岩中的全部矿物均可能以碎屑的形式出现在碎屑岩中，由于各种矿物抗风化的能力相差悬殊，常在碎屑岩中出现的矿物约 20 余种。按矿物的密度常将碎屑岩中的矿物（碎屑）分为轻矿物和重矿物两类：相对密度大于 2.86 者为重矿物，多是母岩中抗风化能力强的副矿物和暗色矿物；相对密度小于 2.86 者为轻矿物。重矿物数量一般很少（常小于 1%），在薄片中偶尔可见，须采用"人工重砂"的方法进行研究。在薄片中常见的轻矿物碎屑有石英、正长石、微斜长石、钠长石、更长石、黑云母及白云母等。

2. 岩石碎屑

岩石碎屑即母岩的碎块，其数量的多少与母岩抗风化能力有关，还与碎屑岩的粒度及形成环境条件有关。一般砾岩中岩屑数量大，并常可见花岗岩、玄武岩等多种类型的粗结构与细结构的岩屑；砂岩、粉砂岩中岩屑数量变化较大，与源区母岩性质及沉积条件有关，相对而言，多为燧石岩、石英岩、流纹岩、千枚岩等细结构岩石的岩屑。薄片中岩屑主要依据其结构特征和矿物组成来鉴别，一般应先区分岩浆岩、变质岩和沉积岩岩屑，而后再进一步细分。

二、碎屑岩骨架颗粒结构特征

碎屑颗粒（骨架颗粒）的结构特征，表现为粒度的大小、分选性的好坏、圆度和球度的高低，以及形态及表面特征的差异。在固结岩石的薄片中所能观测到的结构特征有粒度、分选性和圆度。

从颗粒成分和碎屑颗粒大小的关系来看，一般是岩屑多大于 2mm 的粒级，粒径小于

2mm 者多为矿物碎屑，如石英、长石碎屑在 2~0.005mm 粒级内最为集中，小于 0.005mm 的颗粒则以黏土矿物为主。

在国际上广泛应用的粒级划分是伍登—温特华斯（Udden-Wentworth，1922）提出的 2 的几何级数制方案（表 5-3）。它是以颗粒直径 1mm 为中心，乘以或除以 2 来进行分级，比如卵石颗粒直径为 2~4mm。我国科研和生产中广泛应用十进制颗粒粒级划分（表 5-3）。

表 5-3 常用的碎屑颗粒粒度分级表

十进制			2 的几何级数制	
颗粒直径，mm	粒级划分			颗粒直径，mm
大于 1000 1000~100 100~10 10~2	巨砾 粗砾 中砾 细砾	砾	巨砾 中砾 砾石 卵石	大于 256 256~64 64~4 4~2
2~1 1~0.5 0.5~0.25 0.25~0.1	巨砂 粗砂 中砂 细砂	砂	极粗砂 粗砂 中砂 细砂 极细砂	2~1 1~0.5 0.5~0.25 0.25~0.125 0.125~0.0625
0.1~0.05 0.05~0.005	粗粉砂 细粉砂	粉砂	粗粉砂 中粉砂 细粉砂 极细粉砂	0.0625~0.0312 0.0312~0.0156 0.0156~0.0078 0.0078~0.0039
小于 0.005	黏土（泥）			小于 0.0039

分选性是碎屑颗粒的均匀程度，在一般薄片观测时常常依据主要粒级的相对百分含量将其分为三级：分选好，主要粒级含量大于碎屑总量的 75%；分选中等，主要粒级含量 50%~75%；分选差，碎屑粒级集中趋势不明显，即没一个粒级的碎屑含量超过 50%。也可依显微镜视域中碎屑颗粒分布情况与"模板"比较确定（图 5-8）。当进行了粒度分析时，则用分选系数或标准偏差来表征分选性的等级。

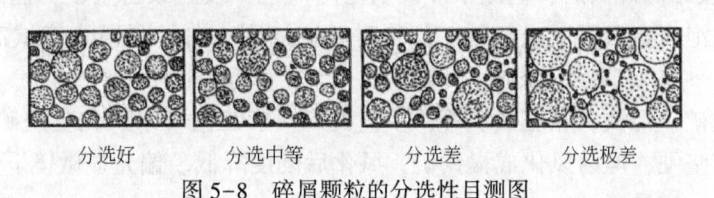

分选好　　　分选中等　　　分选差　　　分选极差

图 5-8 碎屑颗粒的分选性目测图

圆度（又称磨圆度），是碎屑颗粒在最大投影面上接近于圆形的程度。同一种矿物的圆度能反映碎屑颗粒在搬运过程中磨蚀圆化的程度，将其分为棱角状、次棱角状、次圆状、圆状、极圆状等五级，常用目测比较法确定（图 5-9）。

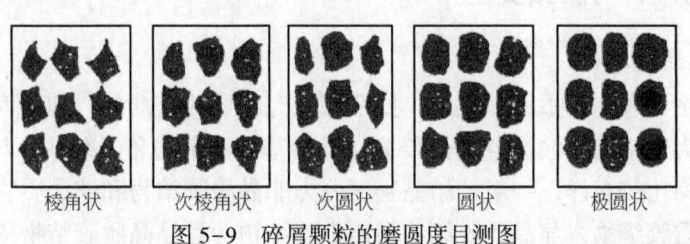

棱角状　　次棱角状　　次圆状　　圆状　　极圆状

图 5-9 碎屑颗粒的磨圆度目测图

三、碎屑岩中填隙物特征

填隙物通常分为杂基、胶结物及孔隙等次级类型。

1. 杂基

杂基是充填在碎屑颗粒之间空隙中的细小碎屑物质，其特征是：

（1）比碎屑颗粒细小许多，对砂岩而言小于0.03mm，对于砾岩而言杂基的粒径可达砂级大小；

（2）与碎屑颗粒同时沉积形成；

（3）以机械方式沉积受机械因素控制，杂基的数量与存在方式反映沉积时介质的水动力条件；

（4）在同一薄片成分多样复杂，以细小黏土矿物为主，同时有石英、长石、云母等极细小碎屑；

（5）杂基数量变化很大，与介质性质等有关，可多于碎屑颗粒甚而单独成岩（黏土岩）。

在标准薄片的厚度内常有多粒杂基矿物叠合，在显微镜下仅可辨其有光性（与非晶质有别），难以辨别其具体的矿物组成，因此将杂基作为一种结构组分统计含量而不再细分。

2. 胶结物与孔隙

胶结物是充填颗粒孔隙的化学沉积物质。

硅质胶结物多为石英、玉髓、蛋白石等矿物。石英最常见，多为碎屑石英的自生加大边，也常见呈微晶充填孔隙者。硅质胶结的岩石一般呈灰白色且致密坚硬、加稀盐酸无起泡反应。

钙质胶结物多为方解石、白云石、文石等矿物。方解石和白云石常见，在偏光显微镜下均以无色、菱面体解理发育、明显的闪突起、高级白干涉色为特征，二者难区别，常用混合液染色法区分（方解石染成红色，铁方解石染成紫红—紫色，白云石不染色，铁白云石染成蓝色）。钙质胶结的碎屑岩，肉眼下多浅灰至暗灰色、较为致密坚硬，但加稀盐酸时方解石和文石剧烈起泡，白云石反应微弱、加热时反应加剧，白云石遇"镁试剂"的碱性溶液染成蓝色。

铁质为赤铁矿、褐铁矿和菱铁矿等，多呈黄褐—紫红色（未风化菱铁矿为黑色），相对密度较大且致密坚硬，但易风化成褐铁矿，风化后硬度降低。偏光显微镜下铁质胶结物呈不透明至微透明状，容易区别。

海绿石，呈鲜艳的绿色，填隙状或粒状，小刀可以刻划，显微镜下呈较鲜艳的绿色，因晶体极细小而多为集合消光。常氧化为褐铁矿而呈褐色斑，严重时如同铁质胶结。

四、填隙物结构与胶结类型

1. 填隙物的结构

杂基的结构主要表现为重结晶程度，如杂基没有明显的重结晶，则称为原杂基，如有明显的重结晶则称为正杂基。注意各种似杂基（外杂基、淀杂基和假杂基）与杂基的区别。

胶结物的结构比较多样。一般按结晶程度分为非晶质胶结物和结晶质胶结物，后者按晶粒大小分为隐晶质胶结物、显晶质胶结物和连生胶结物，且显晶质胶结物按晶粒形状和排列方式分为镶嵌状胶结物、薄膜状胶结物、次生加大胶结物和胶结物。

2. 胶结类型

胶结类型是指由岩石的支撑方式、颗粒彼此之间的接触关系、填隙物（胶结物和杂基）自身结构差异及在岩石中分布状况所显现的特征。

支撑方式是碎屑颗粒占据空间的方式，当碎屑颗粒彼此不相接触而呈游离状，粒间均被杂基充填时称为杂基支撑型；当碎屑颗粒彼此相接触形成支架结构，颗粒间留下孔隙或充填杂基和胶结时称为颗粒支撑型。

接触关系，指碎屑颗粒间相互接触的紧密程度，是成岩过程中压实—压溶作用强度的反映，一般分为（图5-10）：

(1) 点接触，颗粒之间呈点状接触；
(2) 线接触，颗粒之间呈线状接触；
(3) 凹凸接触，颗粒之间呈曲线状接触；
(4) 缝合线接触，颗粒之间呈缝合线状接触。

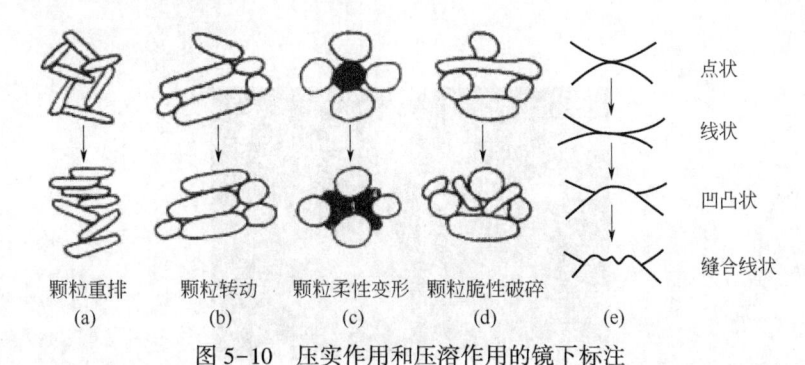

图5-10 压实作用和压溶作用的镜下标注

任务实施

一、目的要求

(1) 掌握陆源碎屑岩结构特征；
(2) 能够鉴定薄片中碎屑颗粒的粒度大小，分选程度，圆度及形态等特征。

二、资料和工具

(1) 工作任务单；
(2) 各种常见沉积岩的薄片标本。

任务考评

一、理论考评

(1) 碎屑岩按照粒度可以分为（　　）、（　　）、（　　）三类。
(2) 碎屑岩按照圆度可以分为（　　）、（　　）、（　　）、（　　）、（　　）五级。

（3）碎屑岩按照分选性可以分为（　　　）、（　　　）、（　　　）三级。
（4）碎屑岩的基本组分包括（　　　）。
A. 孔隙　　　　B. 碎屑颗粒　　　　C. 杂基　　　　D. 胶结物
（5）判断题。
① 杂基是指与砂、砾等碎屑同时沉积下来的较细的颗粒物质，主要为黏土物质，还有细粉砂和碳酸盐灰泥等。（　　）
② 胶结物是对碎屑颗粒起胶结作用的化学沉淀物。（　　）
③ 杂基和胶结物合称为填隙物。（　　）
④ 碎屑物质可以是矿物碎屑，也可以是岩石碎屑。（　　）
⑤ 碎屑岩的性质主要是由填隙物的性质决定。（　　）

二、技能考评

看图说话：画出并标注出图中的矿物成分、填隙物类型、碎屑岩的粒度、圆度及分选性等。

（1）

（2）

项目三　陆源碎屑岩主要岩石类型的鉴定

任务一　陆源碎屑岩系统鉴定的观测内容

任务描述

陆源碎屑岩是由各种大小的岩石碎片组成的沉积岩，它们通常由河流、风、冰川等搬运并沉积在沉积盆地中。陆源碎屑岩的观测内容和主要岩石类型鉴别通常包括颜色、颗粒组成、粒度分布、分选性、磨圆度、层理、胶结类型、矿物成分等方面。通过观察和鉴别陆源碎屑岩，可以了解地球历史时期的沉积环境、古地理、古气候等信息；通过本任务的学习，学生分析岩石的组成和结构，可以重建古环境条件，为理解地球过去的环境变化提供依据。

视频47 碎屑岩类手标本的观察与描述

相关知识

碎屑岩薄片观察描述内容与岩浆岩和变质岩相似，一般也是从手标本的观察描述开始。碎屑岩观测应包括碎屑岩标本肉眼观察与薄片的显微镜观察两方面的内容（视频47、视频48）。

视频48 碎屑岩类镜下薄片的观察与描述

一、碎屑岩标本肉眼观察

碎屑岩标本肉眼观察应包括：岩石颜色、沉积构造和结构特征，组成岩石的结构组分的特征及含量。在碎屑岩标本观察时，常使用稀盐酸帮助判断胶结物是否含碳酸盐。碎屑岩致密程度分为三级，即致密（用手指不能搓下颗粒）、中密（用手指只能搓下少量颗粒）和疏松（手指能搓下大量颗粒）。定性后定量，如碎屑大小的具体尺寸与含量等。最后进行定名，以此作为薄片鉴定的基础。

二、薄片的显微镜观察

薄片的显微镜观察，一般先用低倍或中倍物镜对薄片全局进行概略观察，确定碎屑和填隙物的种类、数量和分布基本情况。再选用适合倍率的物镜对各种结构成分及其结构特征逐一进行观察描述。可按碎屑颗粒、填隙物、结构特征和孔隙特征4个方面进行观测描述（表5-8）。

（1）碎屑颗粒的观测，一般按石英屑、燧石屑、钾长石屑、斜长石屑、云母屑、绿泥石屑及重矿物屑、岩浆岩屑、变质岩屑、沉积岩屑、火山碎屑岩屑等顺序进行。每一类颗粒应准确测定含量；石英应区分不同来源的标型特征及光学性质的观测，钾长石、斜长石、云母等还须区分正长石、微斜长石、条纹长石、更长石、钠长石、黑云母、白云母等矿物的数量比例；各种岩屑还应区分花岗岩屑、酸性喷出岩屑、中性喷出岩屑、石英岩屑、千枚岩屑、片岩屑、粉砂岩屑、细砂岩屑、泥岩屑等种属，分别描述各种岩石碎屑的矿物组成、结构特征与含量或数量比例。如有植物碎屑、煤屑应测定含及描述特征，但不参与碎组分的分组统计。

（2）填隙物的观测，杂基和胶结物分别进行。测定杂基与每种胶结物的含量，描述胶结物的结构特征。如有有机质充填物，同样观测记录。

（3）结构特征的观测，包括致密程度、风化程度、最大粒径、主要粒径、分选性等级与各粒级的百分含量、圆度、支撑方式、碎屑间接触方式、胶结类型。还应对各粒组碎屑的含量进行统计，对显微构造等微观特征等，逐一观测描述。

（4）孔隙特征主要是在铸体薄片中观测，应区分孔隙类型、喉道类型、孔径与喉道的大小、连通情况等特征，并测定各类孔隙的面孔率和薄片的总面孔率。对于普通岩石薄片中的孔隙，难以观测且误差很大，一般不作要求。当然普通岩石薄片中孔隙可以辨别时也不可忽略。

以此为基础，按选定的分类命名方案进行综合命名，并绘素描图。最后，对岩石的形成条件与沉积环境进行必要的分析。

碎屑岩薄片观测与岩浆岩不同的是，碎屑岩是以结构组分为观察描述的基本单元，不能仅局限于矿物的观察鉴别，因为同种矿物，如石英，可以是矿物碎屑，可以是岩浆岩屑的组成部分，也可以呈杂基的形式出现，还可以是胶结物，各种石英的成因、形成时间、意义均各不相同。在薄片观测程中，一定要定性与定量并重，尤其是各结构组分的含量必须按测线法或面积目测法系统全面地进行测定。按含量测定的原理可知，同一薄片中各种碎屑颗粒与各种填隙物的含量之和应为100%，否则是不合理的、不正确的。

📖 任务实施

一、目的要求

（1）掌握碎屑岩的观察方法和描述内容；
（2）掌握碎屑岩研究的地质意义。

二、资料和工具

（1）工作任务单；
（2）各种常见碎屑岩的手标本。

📖 任务考评

一、理论考评

（1）粉砂岩的分选常为（　　）。
A. 分选差　　　　B. 分选中等　　　C. 分选好　　　　D. 分选极好
（2）粉砂岩中常见（　　）层理。
A. 交错　　　　　B. 平行　　　　　C. 水平　　　　　D. 波状
（3）（　　）是指一系列产状基本一致的倾斜细层与层系界面斜交形成的层理。
A. 平行层理　　　B. 波状层理　　　C. 脉状层理　　　D. 交错层理
（4）（　　）是指在一个岩层内，由下而上粒度有序变化且内部无细层的层理。
A. 递变层理　　　B. 波状层理　　　C. 脉状层理　　　D. 交错层理
（5）判断题
① 内碎屑的粒径大小，反映沉积盆地水动力的性质和能量强度。（　　）
② 波状层理形成于强、弱水动力交替出现的环境中。（　　）
③ 水平层理构成的岩性以砂岩为主，部分为砾岩和粉砂岩等，岩性粒度越大，水平层理的规模也越大。（　　）
④ 层面构造是指保存在岩层表面的各种不平坦的沉积构造。（　　）

二、技能考评

（1）碎屑岩的命名：

①某岩石中，石英 35%，长石 35%，燧石 10%，石英砂岩岩屑 10%，花岗岩岩屑 5%，杂基 5%，该岩石定名为什么？

②某岩石中，石英 30%，长石 20%，燧石 5%，火山岩岩屑 15%，花岗片麻岩岩屑 25%，杂基 5%，该岩石定名为什么？

③某岩石中，石英 35%，长石 5%，燧石 5%，火山岩岩屑 15%，花岗片麻岩岩屑 40%，杂基 5%，该岩石定名为什么？

(2) 观察和描述常见陆源碎屑岩的标本，初步分析其形成条件。

任务二 砾岩的描述与鉴别

任务描述

碎屑岩的观察分为手标本和薄片两部分内容，前者具有宏观和空间性，后者则是微观和断面的显示，两者相辅相成。通过本次实验过程，首先对砾岩手标本的观察，了解砾岩的基本特征，掌握砾岩观察与描述的方法；熟悉砾岩手标本的观察与描述的内容，掌握砾岩成分分类和命名原则，学会识别砾岩的结构和构造并掌握砾岩定名方法之后，再有目的、有意识地进行镜下薄片观察，以弥补手标本鉴定中的不足之处。

相关知识

砾岩的突出特征是：
(1) 砾岩由骨架颗粒与填隙物（含孔隙）组成，骨架颗粒以不小于 2mm 的砾石级碎屑为主（砾石的相对含量≥50%），并有数量不等的砂级碎屑。
(2) 砾石的岩性和组成，受物源区母岩岩性及搬运距离控制。近源的砾岩以砾石粗大、岩石碎屑为主。远物源的滨海砾岩等，以砾石细小、岩石碎屑及矿物碎屑为主、岩石类型较为简单、稳定的岩屑含量高、填隙物含量低。
(3) 砾岩填隙物成分复杂、数量变化很大，杂基多为泥质、粉砂及细砂屑，胶结物多钙质、硅质、铁质及泥质。
(4) 砾岩具有典型的砾屑结构，砾石的圆度、形态、粒级分布等结构特征，主要与沉积环境及搬运距离有关。

(5) 砾岩常具块状构造、递变层理、冲刷—充填构造，细砾岩及小砾岩可发育斜层理构造。

对砾岩的观测，应以野外现场及手标本观测为主，依据砾岩的特征，尤其应注意：碎屑颗粒的岩性及各种碎屑颗粒的含量；填隙物的类型及含量；碎屑颗粒及填隙的结构特征；沉积构造及时野外产出状态。遵循宏观与微观结合、室外内与野外结合、定性与定量结合的原则，才能获得砾岩较全面的特征、正确的分类与命名，并合理分析判定其形成环境条件。

任务实施

一、目的要求

(1) 掌握砾岩观察与描述的方法；
(2) 熟悉砾岩手标本的观察与描述的内容，掌握砾岩成分分类和命名原则；
(3) 镜下观察，识别砾岩的成分、结构类型（胶结物及胶结类型）。

二、资料和工具

(1) 工作任务单；
(2) 放大镜10倍、小刀、无釉白瓷板、地质锤、显微镜、岩石薄片、砾岩手标本。

任务考评

一、理论考评

(1) 主要由（　　）粒级（含量大于50%）的碎屑颗粒组成的碎屑岩称为砾岩。
A. >2mm　　　B. 0.1~0.01mm　　C. 1~0.1mm　　D. ≤0.01mm
(2) （　　）是砂层与泥层交替出现且呈波状起伏，但其总的延伸方向与层理面平行。
A. 递变层理　　B. 波状层理　　C. 脉状层理　　D. 交错层理
(3) 粒径为0.35mm的碎屑颗粒应属于（　　）。
A. 粗砂　　　B. 中砂　　　C. 细砂　　　D. 粉砂
(4) 决定碎屑物质在流水中被搬运或沉积条件的是（　　）。
A. 颗粒大小和流速　　　　B. 颗粒成分
C. 颗粒形状　　　　　　　D. 流水性质
(5) 层理构造有（　　）。
A. 平行层理　　B. 波痕　　C. 递变层理　　D. 包卷层理
(6) 判断题。
① 河成砾岩常见于山区河流，位于河床沉积的顶部。（　　）
② 由于砾岩常形成于构造运动期后，常与侵蚀面相伴生而大范围出现，在地层上也常作为沉积间断和地层对比的依据。（　　）

二、技能考评

观察和描述实训室砾岩标本，初步分析其形成条件。

手标本描述：

薄片镜下描述：

成因分析：

定名：

结构素描图：

单偏光，$d=$_____ mm　　　　　正交偏光，$d=$_____ mm

手标本描述：

薄片镜下描述：

成因分析：

定名：

结构素描图：

单偏光，$d=$_____ mm　　　　　正交偏光，$d=$_____ mm

任务三　砂岩的描述与鉴别

任务描述

通过本次实验过程，首先对砂岩手标本进行观察，了解砂岩的基本特征，掌握砂岩观察与描述的方法；熟悉砂岩手标本的观察与描述的内容，掌握砂岩成分分类和命名原则，学会识别砂岩的结构和构造并掌握砂岩定名方法之后，再有目的、有意识地进行镜下薄片观察，以弥补手标本鉴定中的不足之处。

相关知识

砂岩的突出特征是：

（1）砂岩骨架颗粒以砂级碎屑为主。

（2）砂屑有石英屑、长石屑及岩屑等多种类型，岩屑的岩石类型常常是稳定性较高的和细结构的岩石碎屑，不同类型砂屑的相对百分含量，是砂岩分类的重要标志，碎屑颗粒的组合特征与源区母岩性质有关，也与沉积环境及改选程度有关。

（3）砂岩填隙物数量一般不多，杂基多为泥质、泥级的石英与岩石等的极细碎屑，胶结物多为钙质、硅质、铁质。

（4）砂岩具有典型的砂屑结构，砂屑的圆度、粒度与粒级分布等结构特征，主要与沉积环境及搬运距离有关。

（5）砂岩常发育多种斜层理及递变层理、韵律层理、变形层理、冲刷—充填构造等多种沉积构造。

野外及手标本，着重观测颜色、致密程度与风化程度、沉积构造、碎屑组成、岩层的产状、与其他岩层的组合关系和接触关系。

薄片观测描述内容：

（1）着重分析碎屑颗粒的类型及不同类型碎屑的含量，并测定各种碎屑的含量。

（2）杂基的含量与分布；胶结物的类型、含量与分布情况；胶结类型及特征。

（3）测定碎屑颗粒的粒径，最大的粒径与主要粒径的范围，需测定不同粒级碎屑的相对含量；碎屑颗粒的分选性等级、圆度等级、碎屑之间的接触关系与支撑类型、确定砂岩的胶结类型。

（4）尽可能观测孔隙与裂隙类型、喉道类型、连通情况与面孔率。

综合宏观、微观鉴定特征，初步分析沉积环境与沉积条件。

任务实施

一、目的要求

（1）掌握砂岩观察与描述的方法；

（2）熟悉砂岩手标本的观察与描述的内容，掌握砂岩成分分类和命名原则；

（3）镜下观察，识别砂岩的成分、结构类型（胶结物及胶结类型）。

二、资料和工具

（1）工作任务单；
（2）放大镜10倍、小刀、无釉白瓷板、地质锤、显微镜、岩石薄片、砂岩手标本。

任务考评

一、理论考评

（1）主要由（　　）粒级（含量大于50%）的碎屑颗粒组成的碎屑岩称为砂岩。
A. 0.01~0.001mm   B. 0.1~0.01mm
C. 1~0.1mm   D. ≤0.01mm

（2）成分成熟度最高的砂岩是（　　）。
A. 石英   B. 长石   C. 岩屑   D. 石英质长石

（3）粒径为0.15mm的碎屑颗粒就属于（　　）。
A. 粗砂   B. 中砂   C. 细砂   D. 粉砂

（4）能指示炎热干燥气候的层面构造有（　　）。
A. 石盐晶体印痕   B. （干裂）泥裂
C. 沟模   D. 雨痕

（5）判断题。
① 石英砂岩是高度成熟砂岩，它是风化作用、分选作用和磨蚀作用持续较久的终极产物。（　　）
② 石英砂岩主要产出于海岸环境，并发育于稳定的地台区。（　　）
③ 岩屑砂岩类总的特征是岩屑含量大于长石，岩屑含量在25%~100%，长石含量小于50%，石英含量在75%以下。（　　）
④ 岩屑砂岩的形成首先是母岩较复杂，同时物理风化强烈，搬运距离短、堆积快。（　　）
⑤ 杂砂岩定义为杂基含量大于20%的砂岩。（　　）

二、技能考评

观察和描述实训室砂岩标本，初步分析其形成条件。

手标本描述：
_____
_____
_____

薄片镜下描述：
_____
_____
_____

成因分析：

定名：

结构素描图：

单偏光，$d=$____ mm　　　　正交偏光，$d=$____ mm

手标本描述：

薄片镜下描述：

成因分析：

定名：

结构素描图：

单偏光，$d=$____ mm　　　　正交偏光，$d=$____ mm

任务四　泥岩的描述与鉴别

任务描述

泥岩的观察分为手标本（野外露头）和薄片两部分内容，前者具有宏观和空间性，后者则是微观和断面的显示，两者相辅相成。通过本次实验过程，对泥岩手标本观察，了解泥岩的基本特征，掌握泥岩观察与描述的方法；熟悉泥岩手标本的观察与描述的内容，掌握泥岩成分分类和命名原则，学会识别泥岩的结构和构造并掌握泥岩定名方法之后。再有目的、有意识地进行镜下薄片观察，以弥补手标本鉴定中的不足之处（视频 49、视频 50）。

视频 49
黏土岩类手标本的观察与描述

视频 50
黏土岩类镜下薄片的观察与描述

相关知识

泥岩的突出特征是：

（1）泥岩主要是由黏土矿物和泥级碎屑矿物组成，碎屑矿物包括石英、长石、方解石等，黏土矿物包括高岭石、伊利石、绿泥石等。碎屑矿物和黏土矿物含量的不同是导致不同页岩差异明显的主要原因。

（2）泥岩有一定量的粉砂屑、生物碎屑等混入物泥质岩中，常常有钙质、硅质等自生矿物，有时可能含有较多有机质。含有机质较多时，颜色棕色至黑色、具油味、纹层特别发育，称为油页岩。

（3）国家标准将粒径小于 2μm 的颗粒称为黏土，但是与黏土同时沉积的泥级—粉砂级陆源碎屑也是非常细小，显微镜一般难以区分各类颗粒和黏土矿物的类型，须借助 X 射线仪、热分析仪等多种手段，综合测定泥页岩中各种矿物的种类及含量。

（4）泥岩常具有典型的泥质结构、含粉砂泥质结构等结构类型。

（5）泥岩常发育水平层理构造、变形层理构造、生物钻孔或生物扰动构造、块状构造等构造类型。

基于泥岩的特殊性，着重沉积构造的观测，区分泥岩与页岩、钻孔构造与扰动构造；观测陆源碎屑的类型并测定含量，区分结构类型与特征；观测颜色、致密坚硬程度、污手程度、与盐酸反应与否及镜下特征。

任务实施

一、目的要求

（1）掌握泥岩观察与描述的方法；
（2）熟悉泥岩手标本的观察与描述的内容，掌握泥岩成分分类和命名原则；
（3）镜下观察，识别泥岩的成分、结构与构造类型。

二、资料和工具

（1）工作任务单；
（2）放大镜 10 倍、小刀、无釉白瓷板、地质锤、显微镜、岩石薄片、泥岩手标本。

任务考评

一、理论考评

（1）主要由（　　）粒级（含量大于 50%）的碎屑颗粒组成的细粒碎屑岩称为粉砂岩。

A. 0.01~0.001mm B. 0.1~0.01mm C. 1~0.1mm D. ≤0.01mm

（2）粉砂岩碎屑颗粒磨圆度常为（　　）。

A. 棱角状　　　　B. 次棱角状　　　C. 次圆状　　　　D. 圆状

（3）判断题。

① 黏土岩是母岩在风化过程中所产生的细微碎屑质点和胶体矿物的混合物。（　　）

② 黏土岩中常含有一些有机质、腐泥质、沥青质及生物遗体等。（　　）

③ 泥岩不具有页理构造，遇水立即膨胀。（　　）

④ 钙质页岩中含大量已碳化的有机质，可见到植物残迹，岩石松软可以染手，常与煤层共生。（　　）

二、技能考评

观察和描述实训室泥质岩标本，初步分析其形成条件。

手标本描述：
_____
_____
_____

薄片镜下描述：
_____
_____
_____

成因分析：
_____
_____
_____

定名：

结构素描图：

单偏光，$d=$_____mm　　　　　正交偏光，$d=$_____mm

手标本描述：
_____
_____
_____

薄片镜下描述：
_____
_____
_____

成因分析：_____
_____
_____

定名：_____
结构素描图：

单偏光，d=_____mm　　　　　　正交偏光，d=_____mm

项目四　碳酸盐岩构造与矿物成分的鉴定

📖 任务描述

碳酸盐岩是主要由方解石、白云石等碳酸盐矿物组成的沉积岩类型，是母岩风化形成的溶解物质，经由化学沉积作用以及生物沉积作用、机械沉积作用、交代作用等多种途径堆积形成。碳酸盐岩在地壳中分布相当广泛，所蕴含的石油及天然气资源，与碎屑岩中的含量不相上下。通过本项目的学习，熟悉碳酸盐岩薄片系统鉴定方法，包括其矿物成分、结构、构造、成岩后生变化和孔隙裂隙的观察与鉴定，以及岩石的分类定名，进而分析成因、判断并恢复沉积和成岩环境、了解其与成岩和与油气的关系。

📖 相关知识

一、碳酸盐岩特有构造的鉴别

1. 叠层石构造

叠层石构造也称为叠层藻构造，简称为叠层石。叠层石是由富藻纹层与富碳酸盐纹层交替叠置组成。富藻纹层，又称为暗层，藻类组分含量多，碳酸盐沉积物较少故颜色较暗；富碳酸盐纹层，又称为亮层，藻类组分含量较少，有机质含量较少，故色浅。

2. 鸟眼构造

鸟眼构造是在泥晶至细粉晶的石灰岩中，出现的毫米级大小的、多呈定向排列的、多为方解石或硬石膏充填的孔隙。因其形似鸟眼，故称为鸟眼构造。一般认为鸟眼构造是潮上带的标志。具体地说，这种鸟眼构造乃是一种非钙化的藻类，经溶解、腐烂或干涸后，被其后的亮晶方解石充填而成。

3. 示顶底构造

示顶底构造是指由沉积作用在碳酸盐岩层中形成的可指示岩层顶底关系的特殊沉积构造。其特点是，在碳酸盐岩同期的各类孔隙中，如鸟眼孔、生物体腔孔等孔隙，同时被亮晶与泥晶所充填，所有孔隙的下部均为暗色的泥晶方解石，所有孔隙的上部均被浅色的亮晶方解石充填，暗色泥晶与浅色亮晶之间的分界面为平面，且各孔隙中的这种分界面彼此平行。

这两种不同的孔隙充填物代表两个不同时期的充填作用。底部或下部的泥粉晶充填物常是上覆盖层遭受淋滤作用时由淋滤水沉淀的，或者是在同生期由渗流粉砂充填形成，上部或顶部的亮晶方解石则是后期充填的。两者之间的平直界面代表沉淀时的沉积界面，与水平面是平行的。因此，根据这一充填孔隙构造，可以判断岩层的顶底，故称为示顶底构造，也可简称为示底构造。

4. 虫孔及虫迹构造

虫孔及虫迹构造属于生物成因构造，它包括生物穿（钻）孔、生物潜穴（或生物掘穴、虫穴）、生物爬行痕迹等，这里说的生物主要是没有硬体的蠕虫动物或软体动物等。生物穿孔是指生物的活动，在固结或半固结的岩石或生物组分中通过穿孔方式所形成的一种孔状或管状构造。生物潜穴（或生物掘穴、虫穴）是指在尚未固结的沉积物中，由于生物的生活活动所造成的一种洞穴、孔穴、管穴构造。生物爬行痕迹是指生物在尚未固结的沉积物表面上爬行的痕迹。

虫孔及虫迹构造可以指示生物特征及其活动情况，是很有用的环境分析标志。

5. 缝合线构造

缝合线构造是碳酸盐岩中常见的一种裂缝构造。在岩层的剖面上，它呈现为锯齿状至波纹状的曲线，此即称为缝合线（图5-11）；在平面上，即在沿此裂缝破裂面上，它呈现为参差不平、凹凸起伏的面，此即缝合面；从立体上看，它呈现为凹下或凸起的大小不等的柱体，称为缝合柱。

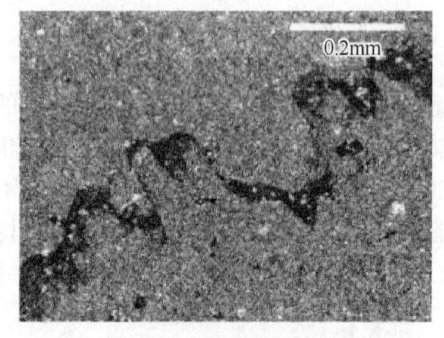

图 5-11 缝合线显微镜照片（单偏光）

二、常见碳酸盐矿物的鉴别

碳酸盐矿物，是碳酸盐岩的主要矿物成分，以方解石和白云石最常见，在某些条件下还可形成菱铁矿、文石、菱镁矿等碳酸盐矿物。方解石和白云石，以及其他碳酸盐矿物，物理性质十分相似，但仍可通过染色法及一些光学常数加以区别。

方解石（图5-12），纯净者无色或白色，含杂质可呈灰色、黄色、浅红色等多种浅颜色。薄片中无色，菱面体{1011}解理完全，在薄片中常可见到两组斜交直线状解理纹，突起正中至负低。干涉色高级白，在具有菱形解理纹的切面上对称消光，负延性，一轴负晶。遇稀盐酸（<5%）反应剧烈、大量起泡。

白云石（图5-13），纯净者无色或白色，含铁者呈灰至淡褐色。薄片中无色，有时呈混浊的灰色，菱面体{1011}解理完全，薄片中常可见两组斜交直线状解理纹，突起正高至负低。干涉色高级白，沿解理纹方向对称消光，负延性，一轴负晶。遇稀盐酸（<5%）不起泡，粉末及热的稀盐酸起小泡。

白云石与方解极为相似，区别在于：白云石的聚片双晶发育程度稍差；在碳酸盐岩中白云石晶形通常较好；白云石与冷稀盐酸（<5%）不反应、方解石反应剧烈；粉末加"镁试剂"的碱性溶液，白云石呈蓝色，方解石无色。

图 5-12　方解石 　　　　　　　图 5-13　白云石

菱铁矿（图 5-14），新鲜者灰白色至浅黄色，风化后黄褐色至深褐色。镜下无色、青灰色或浅黄褐色，吸收性 $Ne<No$，菱面体 $\{1011\}$ 解理完全，闪突起不显著。干涉色高级白，薄片边缘可呈现较鲜艳的色彩，在具有菱形解理纹的切面上对称消光，负延性。与冷稀盐酸不反应。

图 5-14　菱铁矿

任务实施

一、目的要求

（1）掌握碳酸盐岩的概念；
（2）掌握碳酸盐岩的成分（矿物成分和化学成分、碳酸盐岩矿物辨别方法、颜色等内容）。

二、资料和工具

（1）工作任务单；
（2）各种常见的碳酸盐岩手标本。

任务考评

一、理论考评

（1）名词解释。
① 叠层石构造

② 鸟眼构造

③ 虫迹构造

④ 缝合线构造

(2) 判断题。
① 碳酸盐岩主要由碳酸盐矿物组成，还含有非碳酸盐自生矿物及陆源碎屑混入物等。（   ）
② 内碎屑指沉积盆地中已沉积的弱固结或固结的碳酸盐沉积物，在波浪、潮汐等水流作用下，经冲刷、破碎、磨蚀、搬运、再沉积而形成的颗粒。（   ）

二、技能考评

观察实训室手标本，区别白云石与方解石有何异同？

项目五　碳酸盐岩结构组分的鉴定

任务描述

碳酸盐岩基本组成主要由颗粒、泥、胶结物、晶粒、生物格架等五类结构类型组成。此外，还有一些次要的结构组分如陆源物质、其他化学沉淀物质、有机物质等；也还有一些派生的结构组分，如孔隙等。这些次要的和派生的组分对岩石性质也有一定的影响，对岩石的成因及沉积环境分析也有重要的意义，而孔隙对油、气、水的运移和储集就更为重要了。通过本任务的学习，掌握这五类主要的或基本的结构组分。

相关知识

一、颗粒的鉴别

颗粒是流水成因碳酸盐岩最常见最重要的结构组分之一，按成因可分为盆内颗粒和盆外颗粒。盆外颗粒指陆源碎屑颗粒，一般数量少，但是当颗粒碳酸盐岩向陆源碎屑岩过渡时，陆源碎屑的含量可能较多。盆内颗粒指在沉积盆地或沉积环境内形成的碳酸盐颗粒。这种颗粒可以是化学沉积作用形成的，也可以是机械破碎作用形成的，还可以是生物作用形成的，或者是这些作用的综合产物。在碳酸盐岩中，凡提到颗粒，只要不特别注明是陆源的，均指内颗粒。

二、泥和胶结物的鉴别

1. 泥

"泥"在薄片中多呈深灰至暗灰色，散布于颗粒之间，无确定的形态与边界。对"泥"的观测，着重准确测定含量，并依据染色结果和光学特征，区分灰泥、云泥和黏土矿物。如有必要还须应用 X 射线衍射分析等方法测定"泥"的矿物组成。

2. 胶结物

胶结物主要是孔隙溶液中沉淀于颗粒之间的结晶方解石或其他矿物，与砂岩中的胶结物相似。胶结物在镜下的特征是常有明显的世代关系。亮晶方解石胶结物与粒间灰泥的区别在于：亮晶晶粒较粗大，灰泥则较微小；亮晶较清洁明亮，灰泥则较污浊浑暗；亮晶胶结物常呈现出栉状等特征的分布排列状况，灰泥则随机地充填于颗粒之间。

三、晶粒和生物格架的鉴别

1. 晶粒

晶粒即碳酸盐矿物的晶体颗粒，是晶粒碳酸盐岩的主要结构组分，是岩石经过强烈的重结晶作用、交代作用，使原始结构完全消失而形成的碳酸盐矿物的晶粒，或者原来就是晶粒结构后经重结晶加大后的晶体颗粒。晶粒一般按大小进一步细分为巨晶、粗晶、中晶、细晶、粉晶和泥晶。

2. 生物格架

生物格架，主要是原地生长的群体生物（如珊瑚、苔藓、海绵、层孔虫等），在原地保留的坚硬的钙质骨骼。另外一些藻类，如蓝藻和红藻，其黏液可以黏结其他灰泥、颗粒、生物碎屑等碳酸盐组分从而形成黏结格架，如各种叠层石以及其他黏结格架。

骨骼格架及黏结格架都是生物格架，它们是礁碳酸盐岩的必不可少的结构组分。

碳酸盐岩种类繁多，但均是由上述 5 种结构组分按不同的比例组合而成的。由颗粒、灰泥和亮晶组成的结构，称为"粒屑结构"，具此类结构的颗粒碳酸盐岩常是油气储层而最受关注；主要由灰泥组成的结构，称为泥晶结构，具有此种结构的泥晶灰岩分布相当广泛，常可成为生油层及盖层而受到重视；主要由晶粒组成的结构称晶粒结构，常见于白云岩和结晶灰岩中。礁灰岩，是由生物格架与礁角砾、礁碎屑、生物碎屑、泥、亮晶等多种结构组分组成的岩石，其孔隙发育，常常是油气及其他矿物储集体，因此倍受重视。

任务实施

一、目的要求

（1）熟练掌握碳酸盐岩的构造特点；
（2）掌握碳酸盐岩的结构组分特点。

二、资料和工具

（1）工作任务单；
（2）各种常见的碳酸盐岩手标本。

任务考评

一、理论考评

（1）碳酸盐岩基本组成主要由_____、_____、_____、_____、_____

等五类结构类型组成。

（2）碳酸盐岩颗粒按其成因和组成特征，颗粒又分为（　　　）等若干类型。
　　A. 内碎屑　　　　　B. 鲕粒　　　　　C. 藻粒　　　　　D. 球粒和生物颗粒

（3）一般经过波浪和流水作用沉积而成的碳酸盐岩，常常具有颗粒（粒屑）结构，即由（　　　）等几种结构组分构成。
　　A. 颗粒　　　　　B. 泥晶基质　　　　C. 亮晶胶结物　　　D. 孔隙

（4）判断题。

① 生物格架一般是指原地生长的群体生物（珊瑚、苔藓、海绵、层孔虫等）以其坚硬的钙质骨骼所形成的骨骼框架。（　　　）

② 内碎屑的粒径大小，反映沉积盆地水动力的性质和能量强度。（　　　）

③ 生物颗粒是多数碳酸盐岩内常见的颗粒组分。（　　　）

④ 晶粒即碳酸盐矿物的晶体颗粒，是晶粒碳酸盐岩的主要结构组分，是岩石经过强烈的重结晶作用、交代作用，使原始结构完全消失而形成的碳酸盐矿物的晶粒，或者原来就是晶粒结构后经重结晶加大后的晶体颗粒。（　　　）

⑤ 生物格架，主要是原地生长的群体生物（如珊瑚、苔藓、海绵、层孔虫等），在原地保留的坚硬的钙质骨骼。（　　　）

⑥ 球粒是较细粒的（粗粉砂级或砂级）、由灰泥组成的、不具有特殊内部结构的、球形或卵形的、分选较好的颗粒。（　　　）

⑦ 藻粒即与藻类有成因联系的颗粒，包括藻鲕、藻灰结核、藻团块。藻粒主要形成在有蓝绿藻参与的、水动力较强的浅水环境中。（　　　）

⑧ 鲕粒是具有核心和包壳结构的球状—椭球形颗粒。鲕粒是碳酸盐中最具特征最易于识别的颗粒之一。（　　　）

⑨ 内碎屑主要是在沉积盆地中沉积不久的、半固结或固结的各种碳酸盐沉积物，受波浪、风暴流、重力流等的作用，破碎、搬运、磨蚀、再沉积而形成的碎屑。（　　　）

二、技能考评

总结碳酸盐岩的结构和构造：

_____
_____
_____
_____

项目六　碳酸盐岩成岩作用标志的鉴别

任务描述

碳酸盐岩的成岩作用有胶结、交代、溶解、矿物转化、重结晶、压实和压溶等类型。碳酸盐矿物是地壳中活动性很强的矿物之一，因此，与碳酸盐矿物有关的各种成岩作用，可在不同成岩时期、多种成岩环境和矿物之间发生，因而显得更加复杂。碳酸盐岩成岩作用的研究对于理解油气储层的形成和演化具有重要意义。成岩作用是影响碳酸盐岩储层品质的关键地质因素之一，涉及多种地质过程，包括溶蚀作用、白云石化作用、胶结作用、压实作用和压溶作用等。通过本项目的学习，学生分析影响岩石的结构和矿物组成，进而分析储层的孔隙度和渗透性，了解影响油气的储集和流动特性，为后期油气勘探和开发提供重要的地质依据。

相关知识

一、胶结作用

胶结作用是从孔隙水中通过化学方式沉淀结晶出新矿物，使松散的碳酸盐沉积物固结成岩石的过程与结果，也是胶结物形成的过程与结果。在胶结过程中，随着胶结物的沉淀结晶，原始孔隙水逐步排除，孔隙体积同时相应减少甚至消失。许多矿物都可成为碳酸盐岩的胶结物，其中以文石、方解石和白云石最为常见，石膏和硬石膏、石英、菱铁矿等次之。碳酸盐岩的胶结作用可发生在多个成岩时期和不同成岩环境中，不同时期不同环境中形成的胶结物成分和结构常不一样，这是分析成岩环境和成岩阶段的重要依据，也是薄片观察描述的重点之一。

二、交代作用

在碳酸盐岩中交代现象十分普遍，常见的有白云化作用和去白云化作用、石膏化和硬石膏化作用与去膏化作用等。

白云化作用是形成白云石和白云岩的主要原因，有多种类型，可发育于各成岩阶段及多种成环境之中。同生期白云化，形成在蒸发潮坪、浅水潟湖、内陆盐湖等高盐度环境中，发生白云化作用后常形成白云岩。这些白云岩通常具有大小均一的微晶结构，纹层状或块状构造，常有干裂、鸟眼、石膏和石盐假晶、藻叠层、沙纹交错层理等构造伴生，有时可有下伏灰岩的内碎屑，化石稀少或无。

去白云石化（白云石被方解石交代）作用，主要发生在表生期和表生成岩环境。去白云石化形成的岩石常略带红色，保留不太发育的刀砍纹，具粗—细晶结构，溶解孔隙发育，常见方解石充填的小晶洞。镜下特征：方解石晶粒粗大，形成特征的嵌晶结构，其中有白云石残余或阴影；方解石呈白云石菱形晶体假象；方解石内有白云石菱面体的氧化铁环带；去白云石化常伴有溶解作用，产生菱形孔洞，也可增加孔隙度。

三、溶解作用

溶解作用是岩石中的组分进入溶液被带走而形成次生孔隙的过程与结果。碳酸盐岩的溶解作用可发生在沉积后作用的各个阶段。

同生期和成岩早期的溶解作用常具有选择性的特点，海底和大气淡水成岩环境中的不稳定组分，很容易被溶解形成各种溶蚀孔隙，这是文石和高镁方解石的生物骨骼以及文石质的颗粒比方解石易受溶解而造成的。这类颗粒溶解后常常形成特征的溶模孔隙。

晚成岩期和表生期，由于不稳定组分已经转变为低镁方解石，其溶解作用多不具选择性。富含 CO_2 和 O_2 的淡水沿节理、裂隙和孔隙流动，产生不受沉积结构和构造控制的次生溶孔、溶缝、溶沟和溶洞，有时也可见菱铁矿、铁白云石等被溶解形成的晶洞。

溶解作用最明显的结果是形成各种次生孔隙，除此外还有或多或少的原生孔隙存在。碳酸盐岩中孔隙分为粒内孔、粒间孔、晶间孔等多种类型（表5-4）。

表5-4 碳酸盐岩的储集空间类型

类	亚类		空间大小
孔隙	原生孔隙	粒间孔、粒内孔、生物孔、生物钻孔、晶间孔、鸟眼孔	<2mm
	次生溶孔	粒间溶孔、粒内溶孔、铸模孔（粒模孔和晶模孔）、晶间溶孔、晶内溶孔、非组构溶孔	<2mm
洞	次生溶洞	溶洞	≥2mm

四、矿物转化作用

矿物转化作用，是不稳定矿物（如文石、高镁方解石等）向稳定矿物转化的过程与结果。常有两种情况：一种是矿物发生同质多象转化时，仅发生晶格和晶形的变化，并无化学成分的变化，如文石转变为方解石即属于这种类型；另一种变化时有离子的带出，即有化学成分的变化，如高镁方解石转化为方解石时有镁离子的带出，但无晶格和晶形的变化。

现代浅海的碳酸钙沉积物是由文石、高镁方解石和低镁方解石组成的，但在相应环境中形成的古代石灰岩却都由低镁方解石组成。这一现象说明，文石和高镁方解石在成岩过程中已转变为低镁方解石，由于转变的最终产物是低镁方解石，所以又称为"方解石化"作用。根据大量现代沉积的研究资料，碳酸钙矿物的转化是在常温、常压下进行的湿态转变，且主要发生在早期成岩作用阶段。

五、重结晶作用

重结晶作用又称为新生变形作用，在碳酸盐岩中十分普遍，通常表现为进变新生变形。进变新生变形表现为：其一，颗粒灰岩填隙物中泥晶重结晶后出现粒状镶嵌的方解石斑块，此种方解石的特征是晶粒内含泥晶包体，颜色深暗，边界弯曲，粒间多三重结合，不具世代，常破坏颗粒边界。其二，微亮晶灰岩，由泥晶方解石重结晶而成。其三，似斑块结构。退变新生变形作用主要指微泥晶化作用。

六、压实作用和压溶作用

碳酸盐沉积物在上覆物重力的作用下，发生的孔隙流体排除、孔隙体积缩小的过程和结果，称为压实作用。常见的压实作用的标志有：颗粒点接触频率升高、颗粒定向和变形、颗粒间线状接触或曲面接触、塑性颗粒变形、颗粒断裂或破裂、颗粒错断或分离、颗粒内部构造形变、颗粒在应力作用下发生粉碎性碎裂等。压实作用从同生期就开始进行，而明显的压实作用是在早成岩期阶段初，随胶结作用进行和沉积物的固结而渐弱。

碳酸盐岩在负荷或应力作用下，在颗粒、晶体和岩层之间的接触点上，受到最大应力和弹性应变，化学势能不断增加，使接触点处的溶解度提高，导致在接触处发生局部溶解的过程与结果称为压溶作用。常见压溶作用的标志是：缝合线的形成；颗粒间的微缝合线；黏土和石英粉砂含量高或含有机质较丰富的石灰岩和晶粒较细白云岩中发育的"细密缝"。压溶作用主要出现在晚成岩期及深埋藏成岩环境。

七、成岩阶段与成岩环境

成岩阶段是碳酸盐沉积物沉积之后至碳酸盐岩变质之前的无机组分和有机组分在各种成岩环境中发生变化的历史阶段。

成岩阶段划分为以下 5 个次级阶段：

（1）同生成岩阶段：沉积物沉积之后至被埋藏前的作用与变化的时期称为同生成岩阶段。

（2）早成岩阶段：沉积物被埋藏并脱离海水、大气水和混合水的影响之后，在浅—中埋藏成岩环境中固结成岩且伴之形成生物气的阶段称为早成岩阶段。

（3）中成岩阶段：碳酸盐岩曾经或正处于中—深埋藏成岩环境，发生物理、化学变化，有机质深化达到形成原油—凝析油的阶段称为中成岩阶段。

（4）晚成岩阶段：碳酸盐岩曾经或正处于深埋藏成岩环境，有机质深化形成干气，岩石发生物理、化学变化并破裂直至变质前的阶段称为晚成岩阶段。

（5）表生成岩阶段：因地壳运动反升或海平面下降，曾处于早成岩阶段至晚成岩阶段的碳酸盐岩出现一次或多次暴露及接近地表的成岩环境，发生物理、化学、生物风化（淋滤、溶蚀、侵蚀、剥蚀等）作用的时期称为表生成岩阶段。

碳酸盐沉积物和碳酸盐岩，在其漫长的演化过程中，会发生各种成岩作用及各种成岩变化，这些成岩作用与成岩变化发育和演化的顺序称为"成岩序列"。显然成岩序列受多种因素的控制：沉积物是物质基础；沉积环境是主要控制因素；盆地构造运动及动力学机制是主要动力条件。这些因素可引起海进海退，或使海盆基底持续沉降变深，沉积物渐次被深埋，或使之抬升暴露于陆上，从而演化出不同的成岩阶段、不同的成岩环境与不同成岩作用的组合，形成不同类型的成岩序列。

📖 任务实施

一、目的要求

（1）掌握碳酸盐岩成岩作用标志的鉴别特征；
（2）了解碳酸盐岩成岩阶段与成岩环境概念。

二、资料和工具

（1）工作任务单；
（2）各种常见的碳酸盐岩手标本。

📖 任务考评

一、理论考评

（1）成岩阶段划分为以下 5 个次级阶段：①_____；②_____；③_____；④_____；⑤_____。

— 203 —

(2) 成岩作用的内在因素是沉积物的（　　　）和质点大小（其中包括有机质）。
A. 颗粒大小　　　　B. 原始成分　　　　C. 颗粒密度　　　　D. 矿物成分
(3) 判断题。
① 沉积物转变为沉积岩的一系列变化，称为沉积岩的成岩作用；沉积物转变为沉积岩的阶段，称为成岩作用阶段。（　　　）
② 缝合线是碳酸盐岩成岩过程中压实作用的产物。（　　　）
③ 成岩阶段是成岩作用发育和演化的过程，是时间的顺序。（　　　）
④ 重结晶作用又称为新生变形作用，在碳酸盐岩中十分普遍，通常表现为进变新生变形。（　　　）
⑤ 溶解作用是岩石中的组分进入溶液被带走而形成次生孔隙的过程与结果。（　　　）
⑥ 胶结作用是从孔隙水中通过化学方式沉淀结晶出新矿物，使松散的碳酸盐沉积物固结成岩石的过程与结果，也是胶结物形成的过程与结果。（　　　）
⑦ 成岩环境是成岩作用发生和引起岩石变化的场所。（　　　）

二、技能考评

看图片识别和鉴定碳酸盐岩的结构和构造，并总结。

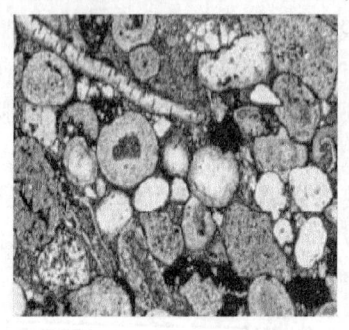

_____
_____
_____

项目七　碳酸盐岩主要岩石类型的鉴定

任务一　碳酸盐岩系统鉴定的观测内容

📖 任务描述

碳酸盐岩主要由碳酸盐矿物组成，还含有非碳酸盐自生矿物及陆源碎屑混入物晶体形态、排列方式、划分世代与期次及储集空间等。碳酸盐岩的观测内容和主要岩石类型鉴别通常包括颜色、颗粒组成、填隙物等方面。通过本任务的学习，观察岩石的结构、矿物成分和化石，推断出岩石形成时的古环境条件，如海水温度、盐度、氧化还原状态等；同时认识到碳酸盐岩是重要的油气储集岩，对其孔隙结构和流体包含物的研究有助于评估其储集潜力和预测油气迁移路径（视频51、视频52）。

相关知识

一、碳酸盐岩手标本观测

通常须借助放大镜、小刀和稀盐酸进行观察描述。应包括：岩石颜色、沉积构造、结构组分的特征及含量、矿物组成及含量等，同时观察岩石的次生变化及坚硬致密程度等内容。宏观的颜色、沉积构造、结构组分的类型是手标本观测的重点，应全面详细，矿物组成与结构组分含量的测定多是相对结果，可供参考。最后进行定名，以此作为薄片鉴定的基础。

视频 51
碳酸盐岩类手标本的观察与描述

视频 52
碳酸盐岩类镜下薄片的观察与描述

二、薄片的显微镜观察

碳酸盐岩薄片鉴定，一般先采用"混合液染色"后鉴别其矿物成分组成，区分白云石、方解石、泥质及陆源碎屑矿物，测定其含量，以确定岩石的基本名称是"灰岩""白云质灰岩""泥质灰岩"等。再采用低—中倍镜全面观测、中—高倍镜针对性观测的方式，对各种结构组分与孔隙逐一观测描述。

颗粒是碳酸盐岩中最特殊的组分，必须区分鲕粒、内碎屑、藻粒、球粒及生物。鲕粒和藻粒还须从核心、包壳、形态、大小等方面观测描述并测定含量。内碎屑须从粒径、形态、圆度、分选性、原岩类型等方面观测描述并测定含量。球粒须观测颜色、大小、形态等特征，区分粪球粒及球粒，并测定含量。

填隙物应区分胶结物与碳酸盐泥。胶结物须区别矿物成分是白云石、方解石或是其他矿物，观测晶体形态、排列方式，划分世代与期次，并测含量。碳酸盐泥须确定矿物成分，区分灰泥或云泥，并测含量。还须注意"晶粒"的有无、形态、分布特征及含量。

储集空间须分别观测裂缝与孔隙。裂缝须统计条数、类型及充填情况；孔洞须区分类型，并测定面孔率。还须观测描述（晶粒、胶结物、陆屑等）矿物的光学性质，观测描述成岩作用类型与成岩作用标志等内容。

以此为基础，按选定的分类命名方案进行综合命名，并绘素描图。最后，对岩石形成条件、沉积环境等进行必要的分析。

最后，对岩石形成条件、沉积环境等进行必要的分析。

碳酸盐岩薄片鉴定与碎屑岩不同的是，既要观测统计岩石的矿物组成，又要全面系统观测描述结构组分的类型与特征。与碎屑岩系统鉴定相同的是，须定性与定量并重，各种矿物组分的含量、各种结构组分的含量必须仔细测量，以保证其误差在规定的范围内。

任务实施

一、目的要求

（1）掌握碳酸盐岩的观察方法和描述内容；

（2）掌握碳酸盐岩研究的地质意义。

二、资料和工具

（1）工作任务单；
（2）各种常见的碳酸盐岩手标本。

任务考评

一、理论考评

（1）名词解释。

碳酸盐岩：

（2）简述碳酸盐岩系统鉴定观测描述内容。

二、技能考评

（1）碳酸盐岩的分类和命名。

① 方解石55%，白云石15%，黏土30%，岩石名称：

② 方解石95%，白云石3%，黏土2%，岩石名称：

（2）观察和描述实训室碳酸盐岩标本，初步分析其形成条件。

手标本描述：
_____
_____
_____
_____

薄片镜下描述：

成因分析：

定名：

结构素描图：

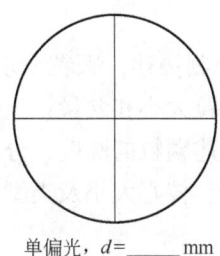

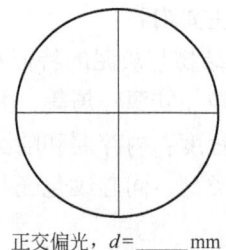

单偏光，d=_____mm　　　　　正交偏光，d=_____mm

任务二　颗粒灰岩的鉴别

📖 任务描述

颗粒灰岩是一种沉积岩，主要由碳酸盐矿物（通常是方解石）构成，并且含有一定比例的颗粒物质。这些颗粒物质可以是生物碎屑、内碎屑、鲕粒、球粒等，它们在石灰岩基质中分散分布。颗粒灰岩的研究，有助于了解古沉积环境和古生态条件；评估油气储集潜力和地下水资源；进行地层对比和古生物地理分布研究；应用于工程地质，评估岩石的物理和力学性质。颗粒灰岩的鉴定通常涉及岩石学、矿物学、古生物学和地球化学等多学科方法，以获得全面的岩石特性和成因信息。通过本任务的学习，掌握颗粒灰岩的鉴定内容，正确开展鉴别。

📖 相关知识

颗粒灰岩（或颗粒石灰岩）的突出特征是：

（1）主要由颗粒（相对含量≥50%）、少量亮晶方解石及灰泥组成。

（2）颗粒有内碎屑、陆源碎屑、鲕粒、藻粒、球粒、生物等多种类型，其中的内碎屑和陆源碎屑多为砂屑及砾屑，生物多为破碎状；岩石发育的颗粒类型及各类型颗粒的百分含量，是颗粒灰岩进一步分类的重要依据，也是分析沉积环境与沉积条件的重要标志。

（3）胶结物和灰泥的数量一般不高，二者的相对含量是石灰岩分类命名的重要标志，也是判定环境水动力强弱的有力证据。

（4）亮晶胶结物多为方解石和白云石，一定条件可为石膏、硬石膏、硅质或铁质等自生矿物。胶结物矿物的种类、胶结物的结构特征是岩石相互区别的重要标志，也是分析成岩史与成岩环境的重要标志。

（5）具有典型的粒屑结构，不同类型颗粒的结构特征有明显的差异；比如鲕粒的核心大小与类型、包壳的厚度及与鲕核半径的比例、鲕粒粒径与形状等结构特征，这些结构特征从不同的侧面反映环境条件的差异。

（6）常发育多种斜层理、递变层理、冲刷—充填等沉积构造。

（7）在剖面上多呈层状及透镜状产出、在平面上呈席状、带状、分枝状、透镜状，直接与环境条件有关。

颗粒灰岩是碳酸盐岩中分布较为广泛的岩石类型，对颗粒灰岩的鉴别，应该既重视岩石薄片的观测，又要重视野外及手标本的观测。野外及手标本着重观测颜色、致密程度与风化程度、沉积构造、岩层的产状、与其他岩层的组合关系和接触关系，同时尽可能确定颗粒类型与组合、矿物成分及含量等内容。

薄片观测描述的主要内容：

（1）对颗粒、胶结物与灰泥的特征及含量进行观测描述。颗粒要求区分内碎屑、鲕粒、生物碎屑、藻粒、球粒、陆源碎屑等，并测定各种颗粒大小和含量；生物碎屑还需进一步辨别生物的种属和破碎程度；内碎屑和陆源碎屑需要描述颗粒的圆度、分选性等结构特征；鲕粒与藻粒的描述包括类型、同心纹包壳与放射纹包壳、核心大小及类型、核半径与包壳厚度等结构特征。

（2）填隙物描述区分胶结物和灰泥，亮晶胶结物包括矿物成分、纤维、连晶胶结等胶结物结构和含量；灰泥的分布及含量。

（3）如果是铸体薄片，须观测孔隙与裂隙类型、喉道类型、连通情况与面孔率。

（4）岩石的显微构造，成岩作用类型与标志；初步分析沉积环境与沉积条件以及成岩环境。一般而言，颗粒之间以亮晶为主、灰泥数量极少时，是浅滩、障壁岛等高能环境的产物；颗粒之间以灰泥为主、亮晶很少时，是深水滩及滩间海等较低能沉积环境的产物。

在标本与薄片观测描述的基础之上，按选定的分类命名方案进行综合命名并绘素描图或照相。

任务实施

一、目的要求

（1）掌握颗粒灰岩观察与描述的方法；
（2）熟悉颗粒灰岩手标本的观察与描述的内容，掌握碳酸盐岩成分分类和命名原则；
（3）镜下观察，识别颗粒灰岩的成分、结构类型（胶结物及胶结类型）。

二、资料和工具

（1）工作任务单；
（2）放大镜10倍、小刀、地质锤、显微镜、岩石薄片、颗粒灰岩手标本。

任务考评

一、理论考评

（1）名词解释。

石灰岩：

（2）简述颗粒灰岩系统鉴定观测描述内容。

二、技能考评

观察和描述实训室颗粒灰岩标本，初步分析其形成条件。
手标本描述：
_____
_____
_____

薄片镜下描述：
_____
_____
_____

成因分析：
_____
_____

定名：_____
结构素描图：

单偏光，d=____mm　　　　正交偏光，d=____mm

任务三　泥晶灰岩的鉴别

任务描述

泥晶灰岩是一种主要由泥晶方解石组成的碳酸盐岩。泥晶是一种非常细小的碳酸盐矿物晶体，通常小于4μm，肉眼难以分辨。泥晶灰岩的鉴定通常需要使用偏光显微镜来观察其细腻的结构和矿物组成。此外，扫描电子显微镜（SEM）、X射线衍射（XRD）和稳定同位素分析等技术也常用于更深入的研究。泥晶灰岩的形成可能与生物有机作用有关，例如藻类活动产生的微生物碳酸盐，或者是化学沉淀作用的结果。在地质历史中，泥晶灰岩广泛分布，是研究古代海洋环境变化的重要岩石类型之一。通过本任务的学习，掌握泥晶灰岩的鉴定内容，正确开展鉴别。

相关知识

泥晶灰岩的突出特征是：

（1）泥晶灰岩主要由灰泥（相对含量≥50%）、少量颗粒组成。

（2）颗粒多为有孔虫、介形类等较为完好的细小生物化石及破碎的生物碎屑；也常有细砂及粉砂级的内碎屑、陆源碎屑等颗粒；在特殊条件下如风暴浪或重力流，可含有砾屑及异地的粗大生物化石；颗粒类型及各颗粒的百分含量，是泥晶灰岩进一步分类的重要依据，也是分析沉积环境与沉积条件的重要标志。

（3）泥晶灰岩一般无亮晶方解石胶结物，特殊条件下，如有体腔孔、遮蔽孔存在时，可出现亮晶方解石充填。如果存在早期选择性溶解，可出现亮晶方解石充填。

（4）泥晶灰岩具有典型泥晶结构或含颗粒泥晶结构，泥晶方解石常有不同程度的重结晶。

（5）泥晶灰岩常发育水平层理、生物钻孔、生物扰动、块状层理、鸟眼、沙纹层理等构造类型。

（6）泥晶灰岩在剖面上呈层状产出，有时也呈薄层或薄透镜状。在平面上多呈席状，如半深至深湖亚相沉积的泥晶灰岩。

泥晶灰岩是碳酸盐岩中分布最为广泛的岩石类型，对泥晶灰岩的鉴别，应以岩石薄片鉴定为主，手标本及野外现场为辅。野外及手标本着重观测颜色、致密程度与风化程度、沉积构造、岩层的产状、与其他岩层的组合关系和接触关系，同时尽可能观测确定灰泥与颗粒的数量比例、颗粒的类型与组合、矿物成分及含量等内容。

薄片观测描述的主要内容：

（1）在薄片的"混合液染色"区判断岩石的矿物成分，确定岩石的基本名称，即明确岩石是白云质泥晶灰岩、泥晶灰岩、泥晶白云岩或其他类型岩石。

（2）对泥晶与颗粒的数量比例、亮晶方解石的有无及分布进行观测描述。

（3）对于颗粒的描述请参考颗粒灰岩薄片鉴定要求。

（4）成岩作用类型与标志，以及显微构造进行观测描述。

（5）泥晶方解石是否重结晶、岩石重结晶程度、重结晶颗粒的结构特征等进行观察和描述；如果有亮晶方解石，应对其分布、结构与成因进行观测描述；确定岩石的结构类型属泥晶结构，还是含生物泥晶结构等。

（6）铸体薄片须对孔隙与裂缝类型、喉道类型、孔喉连通性、面孔率等进行描述。

（7）初步分析沉积环境与沉积条件、成岩环境。一般情况而言，泥晶灰岩是深海、半深海、深湖等低能环境的产物，当其生物等颗粒含量较多时，多为浅海、浅湖、低能潮坪等环境的产物。

在标本与薄片观测描述的基础之上，按选定的分类命名方案进行综合命名并绘素描图或照相。

任务实施

一、目的要求

(1) 掌握泥晶灰岩观察与描述的方法；
(2) 镜下观察，识别泥晶灰岩的成分、结构类型（胶结物及胶结类型）。

二、资料和工具

(1) 工作任务单；
(2) 放大镜10倍、小刀、地质锤、显微镜、岩石薄片、泥晶灰岩手标本。

任务考评

一、理论考评

(1) 判断题。
① 鲕粒灰岩一般形成于温暖浅水、中等搅动的环境，常产于水下浅滩及潮汐沙坝或潮汐三角洲地区。（　　）
② 泥晶灰岩多为深海、半深海、深湖等低能环境的产物。（　　）
(2) 简述泥晶灰岩系统鉴定观测描述内容。

二、技能考评

观察和描述实训室泥晶灰岩标本，初步分析其形成条件。

手标本描述：
_____
_____
_____

薄片镜下描述：
_____
_____
_____

成因分析：
_____
_____

定名：

结构素描图：

单偏光，$d=$_____ mm   正交偏光，$d=$_____ mm

任务四　晶粒白云岩的鉴别

任务描述

晶粒白云岩是一种由粗大的白云石晶体组成的碳酸盐岩。这种岩石的特征在于其晶体尺寸通常大于 4μm，能够用肉眼或手持放大镜观察到。这种岩石的晶体较大，肉眼可以观察到单个晶体或晶体集合体。晶粒白云岩可以形成于多种环境，包括潮下带、潮间带，甚至在某些情况下，也可以在深水环境中形成。晶粒白云岩的研究对于理解白云石化作用（一种重要的成岩作用）至关重要，晶粒白云岩的形成条件可以提供关于古海洋化学和古气候的线索，晶粒白云岩的孔隙结构和裂缝系统也对油气储集和地下水流动具有重要意义。通过本任务的学习，掌握晶粒白云岩的鉴定内容，正确开展鉴别。

相关知识

白云岩，按其结构组分的不同，可分为具有粒屑结构的白云岩和具有晶粒结构的白云岩。前者主要由颗粒、亮晶和泥晶组成的颗粒白云岩和泥晶白云岩，多为同生期和准同生期白云化作用的产物，其主要特征与颗粒（石）灰岩及泥晶（石）灰岩相同，观测描述内容相同。后者主要是由白云石晶粒所组成的晶粒白云岩，多为成岩期及后生期白云化作用产物，是晶粒碳酸盐岩中较为常见的岩石类型。

晶粒白云岩的突出特征是：

（1）主要由不同粒径的白云石晶粒（相对含量≥50%）组成，有时可有一定量的生物、鲕粒等残余结构组分，残余组分的数量可反映白云化作用的强度。

（2）白云石晶粒的粒径一般为"粉晶""细晶"级以及更粗大的粒级，多为半自形至自形晶体，多为等粒状，有时也可为"斑状"或"不等粒"状；还常见交代残余结构、交代假象结构等交代结构类型。

（3）交代残余物的类型多与原岩性质有关，如原岩为生物灰岩，则可有生物碎屑残余或生物屑的假象。

（4）常常可见或多或少的晶间孔及其他次生孔隙。

（5）通常具有块状层理构造，当交代作用不强时，可出现各种残余构造。

（6）晶粒白云岩的产状比较复杂，与白云化的方式及成岩环境有关。

对晶粒白云岩的鉴别，应该既重视岩石薄片综合鉴别，又重视野外及手标本的观测。野外及手标本着重观测颜色、致密程度与风化程度、沉积构造、岩层的产状、与其他岩层的组合关系和接触关系，同时尽可能鉴别矿物组成、晶粒大小及含量、残余结构组分的有无与含量等内容。

薄片观测描述的主要内容：
(1) 在薄片的"混合液染色"区判断岩石的矿物成分，确定岩石的基本名称。
(2) 对白云石晶粒进行观测描述，包括晶粒的粒径、自形程度、均一程度（等粒、斑状或不等粒）、含量等进行观测描述。
(3) 对残余结构组分的类型、特征及含量等进行观测描述。
(4) 注意雾心亮边结构、交代假象结构等交代结构的观测描述。
(5) 对可能的显微残余层理构造等构造类型的观测描述。
(6) 如果是铸体薄片，须对孔隙类型、喉道类型、连通情况、面孔率等进行观测描述。

在标本与薄片观测描述的基础之上，按选定的分类命名方案进行综合命名，并绘素描图或照相。

任务实施

一、目标要求

(1) 掌握晶粒白云岩观察与描述的方法；
(2) 镜下观察，识别晶粒白云岩的成分、结构类型（胶结物及胶结类型）。

二、资料和工具

(1) 工作任务单；
(2) 放大镜10倍、小刀、地质锤、显微镜、岩石薄片、晶粒白云岩手标本。

任务考评

一、理论考评

(1) 判断题。
① 晶粒是晶粒碳酸盐岩（也称结晶碳酸盐岩）的主要结构组分。（ ）
② 白云岩，按其结构组分的不同，可分为具有粒屑结构的白云岩和具有晶粒结构的白云岩。（ ）
(2) 简述具有粒屑结构的白云岩和具有晶粒结构的白云岩的区别。

二、技能考评

观察和描述实训室晶粒白云岩标本，初步分析其形成条件。
手标本描述：

薄片镜下描述：_____
_____
_____

成因分析：_____
_____
_____

定名：_____

结构素描图：

单偏光，$d=$_____ mm　　　　　正交偏光，$d=$_____ mm

参 考 文 献

陈漫云，金巍，郑长青，2009. 变质岩鉴定手册［M］. 北京：地质出版社.

陈世悦，2002. 矿物岩石学［M］. 东营：石油大学出版社.

陈芸菁，1987. 晶体光学［M］. 北京：地质出版社.

方世虎，赵孟军，卓勤功，2015. 准噶尔盆地中—新生代构造与沉积演化［M］. 北京：石油工业出版社.

冯增昭，2013. 中国沉积学［M］. 2版. 北京：石油工业出版社.

管守锐，赵澄林，1991. 岩浆岩及变质岩简明教程［M］. 东营：石油大学出版社.

姜尧发，2015. 矿物岩石学［M］. 2版. 北京：石油工业出版社.

李德惠，1993. 晶体光学［M］. 北京：地质出版社.

李继红，2021. 宝石矿物肉眼与偏光显微镜鉴定（下）［M］. 武汉：中国地质大学出版社.

孙鼐，彭亚明，1985. 火成岩石学［M］. 北京：地质出版社.

唐洪明，2007. 矿物岩石学［M］. 北京：石油工业出版社.

唐洪明，2014. 矿物岩石学实验教程［M］. 北京：石油工业出版社.

赵澄林，等，1997. 现代沉积学［M］. 北京：石油工业出版社.

赵澄林，朱筱敏，2001. 沉积岩石学［M］. 3版. 北京：石油工业出版社.

附录　课程思政案例设计

本教材全面落实课程思政要求，进行思政元素挖掘及教学案例设计，配有思政案例电子版资源包，便于教师根据教学实际进行案例的选取、挖掘和拓展。具体思政案例设计见附表1-1。

附表1-1　课程思政案例

教学情境	相关单元	专业知识点	思政案例
学习情境一 矿物手标本的系统鉴定	课程简介	矿物岩石学的概念、发展概况、研究对象、内容、意义及学习方法	文化自信——古代岩矿文明、新疆·可可托海国家矿山公园介绍
	矿物的晶体构造分析	晶体的概念及晶体与非晶体的区别，晶体内部的格子构造特征	安全生产——实验室安全操作规程，筑牢安全生产责任意识
	晶体的几何特征分析	单位平行六面体的七种型式及晶胞参数、晶体宏观对称分析	专业认同，爱国奉献——先进科研成果展示
	晶体对称要素找寻	各晶系的对称型分析	责任担当——学生的职业道德和职业规范养成
	晶体的形态类型分析	47种单形形态和常见矿物聚形分析的方法步骤	共同体意识——正确理解中华民族多元一体格局与共同体意识的关系
	晶体的自然形态分析	单体、集合体形态；双晶概念、要素及类型	树立尊重自然、顺应自然、保护自然的生态文明理念——矿产资源开发与生态环境保护的共赢
	单形、聚形与双晶的认识	不同单形、聚形、双晶在各晶族及晶系中的分布	实事求是——培养学生发现问题、解决问题的能力
	矿物的化学组成、矿物的化学键和晶格类型分析	常见矿物的化学组成和矿物中水的类型、矿物的基本晶格类型	爱岗敬业——《最美大学生——书写绚烂无悔的青春篇章》
	同质多象、类质同象、矿物的化学式和化学性质分析	同质多象、类质同象的概念、转变类型及研究意义；正确书写矿物的化学式，了解可能损害储层的几类敏感性矿物	科学发展——观看视频《看习总书记怎样保护绿水青山》
	矿物的物理性质分析	分析矿物光学性质和力学性质的具体内容	严谨求实——严谨的科学精神的小故事分享与讨论
	肉眼鉴定矿物的物理性质	用科学的方法和实验室工具来观察与描述常见的矿物	科技强国——学习文章：嫦娥五号怀揣月壤回来了。矿物，为什么会形成五彩斑斓的颜色？
学习情境二 偏光显微镜下常见透明矿物的系统鉴定	光在矿物晶体内传播的基本特性的认识	光学基本知识、光在介质中的传播特点、光率体概念及特征	文化自信——视频：北宋　王希孟《千里江山图》 文章：千里江山图千年来不褪色，矿物颜料的力量你知多少？

续表

教学情境	相关单元	专业知识点	思政案例
学习情境二 偏光显微镜下常见透明矿物的系统鉴定	偏光显微镜的构造及使用方法	偏光显微镜的构造及使用方法	科技改变世界——显微镜的发展历史
	单偏光镜下的晶体光学性质的观察	晶体矿物在单偏光镜下光学性质及其观察方法；矿物的边缘、贝克线、突起特征	匠人精神——"90后"裴先锋："匠人精神"成就"大国工匠"故事分享与讨论
	正交偏光镜下的晶体光学性质分析	晶体矿物在正交偏光镜下的光学性质	匠人精神——喜报！新港公司员工李海军荣获"大国工匠"称号
	正交偏光镜下的晶体光学性质的观察	正交偏光镜下矿物光学性质的观察和测定方法	文化自信——古丝绸之路上的宝石
	锥光镜下的晶体光学性质的观察	一轴晶和二轴晶矿物干涉图的成因、特点及观察方法	爱国奉献——百名院士的红色情缘闵恩泽："国家需要什么，我就做什么"
	透明矿物的系统鉴定	透明矿物的系统观察的内容、鉴定未知矿物的一般程序	安全生产——实验室5S管理：整理、整顿、清扫、清洁、素养
	矿物的成因和分类	矿物的分类方法及命名方法	文化自信——一睹芳容！以中国人姓氏命名的30种新矿物汇总；李氏钨矿：一种新矿物，以中国地质大学矿物学家姓名命名
	常见矿物的肉眼鉴定	肉眼鉴定矿物的操作方法	科技创新——在没有金属探测器的古代，要怎么找矿？北京冬奥会的"科技范儿"
	均质体矿物、一轴晶矿物的认识	常见均质体、一轴晶矿物的矿物特征及鉴定方法	专业认同，爱国奉献——新疆油田稠油开采加工：从"跟跑"到"领跑"
	二轴晶矿物、不透明矿物的认识	常见二轴晶矿物、不透明矿物的矿物特征及鉴定方法	科技强国——人民要论：古丝绸之路与共建一带一路
学习情境三 岩浆岩的系统鉴定	岩浆岩认识	岩浆岩概念、成因及结晶作用、物质成分、结构与构造特征	科普知识——我国丰富的地质资源以及独特的地貌特征
	岩浆岩结构与构造的鉴别	岩浆岩产状分类、岩浆岩相的概念、岩浆岩的分类方法	学习原文——习近平生态文明思想指引下，中国人民凝心聚力，坚定不移走绿色发展之路，人与自然和谐共生的美丽中国，正在从蓝图变为现实
	岩浆岩各论	超基性岩类、基性岩类、中性岩类酸性岩类、碱性岩类、脉岩类，岩浆岩的成因及其与地质构造的关系	院士风采——我国著名的矿床地质学家、中国工程院院士陈毓川：愿为地质找矿奉献一生
	岩浆岩系统鉴定的观测	超基性岩类、基性岩类、中性岩类的观察与鉴定；酸性岩类、碱性岩类的观察与鉴定	安全生产——规章制度学习、安全生产警示片观看及讨论
		超基性岩类、基性岩类、中性岩类的观察与鉴定；酸性岩类、碱性岩类的观察与鉴定	敢于质疑的科学精神——著名地质学家李四光和他的"不相信"

续表

教学情境	相关单元	专业知识点	思政案例
学习情境四 变质岩的系统鉴定	变质岩矿物成分的鉴别	变质岩概念；理解变质作用方式及概念、变质岩物质成分	文化自信——故宫里的"汉白玉"是如何运进紫禁城呢？
	变质岩结构与构造的鉴别	变质岩的结构和构造、变质岩的分类	科学发展——新时代推进生态文明建设，打好污染防治攻坚战是重点任务
	变质岩各论	五类变质岩类岩石及其鉴定特征	回顾历史——人民英雄纪念碑（大理岩）浮雕·抗日战争
	变质岩系统鉴定的观测内容	动力变质岩、热接触变质岩类的观察与鉴定	科研诚信——细心观察、认真分析、科学总结
		区域变质岩、交代变质岩、混合岩类观察与鉴定	院士风采——中国科学院院士、著名岩石学家、地质学家——池际尚
学习情境五 沉积岩的系统鉴定	沉积岩分类及常见沉积构造的鉴定	沉积岩石学的概念、发展概况、研究对象、内容、意义及学习方法	文化自信——中国的地质"金钉子"
	陆源碎屑岩结构组分与结构特征的鉴定	砾石、杂基、胶结物观察与鉴定	科技强国——新疆油田"玛湖大发现"
	沉积岩系统鉴定的观测内容	沉积岩系统观察与描述	一江碧水奔流，一派新貌展现——习近平总书记谋划推动长江经济带发展谱写新篇章